山 东 省 中 等 职 业 教 育 课 程 改 革 教 材

加工制造类

AutoCAD应用

王翠玲　张登成　主编

山东科学技术出版社

图书在版编目（CIP）数据

AutoCAD 应用 / 王翠玲，张登成主编．—济南：山东科学技术出版社，2018.8（2019.8 重印）
ISBN 978-7-5331-9546-5

Ⅰ．① A… Ⅱ．①王… ②张… Ⅲ．① AutoCAD 软件 – 教材 Ⅳ．① TP391.72

中国版本图书馆 CIP 数据核字 (2018) 第 168581 号

主　编： 王翠玲　张登成
副主编： 赵　涛　高丽萍　史连杰
管　辉　崔胜博　魏　东

AutoCAD 应用
AutoCAD YINGYONG

责任编辑：邱赛琳　焦　卫
装帧设计：孙　佳

主管单位：山东出版传媒股份有限公司
出 版 者：山东科学技术出版社
地址：济南市市中区英雄山路 189 号
邮编：250002　电话：（0531）82098088
网址：www.lkj.com.cn
电子邮件：sdkj@sdcbcm.com
发 行 者：山东科学技术出版社
地址：济南市市中区英雄山路 189 号
邮编：250002　电话：（0531）82098071
印 刷 者：日照梓名印务有限公司
地址：山东省日照市莒县城区潍徐南路西侧
邮编：276500　电话：（0633）6826211

规格： 16 开（184mm × 260mm）
印张： 19.25　**字数：** 430 千
版次： 2018 年 8 月第 1 版　2019 年 8 月第 2 次印刷
定价： 39.80 元

前言

本系列教材以《山东省中长期教育改革和发展规划纲要（2011—2020年）》和《山东省人民政府关于加快建设适应经济社会发展的现代职业教育体系的意见》为政策依据，根据山东省教育厅2013年7月制定的《山东省中等职业学校制冷和空调设备运行与维修专业教学指导方案（试行）》中《AutoCAD应用课程标准》编写。

本书以目前的最新版本AutoCAD 2018为基础进行讲解。

本书的编写以《山东省中等职业学校制冷和空调设备运行与维修专业教学指导方案（试行）》为依据，合理安排了课程教学内容，体现了社会主义核心价值观，体现了以学生为本的原则，体现了山东地方职业教育特色，引领教学改革。本书主要有以下特点：

1.本教材采用项目引领、任务驱动的模式编写。培养目标明确，培养过程清晰，适合中职学校教学和学生自学使用。本书采用项目—任务编写模式。每个项目下设具体工作任务。每项任务都有设置【任务目标】【任务准备】【任务实施】【任务拓展】等环节，环环相扣，由已知到未知，帮助学生自主学习。

2.本教材的编写采用以学生为主体、以教师为主导的学习模式，满足学生自主学习需求，实践性强的课程采用项目—任务模式进行编写，将学生需要掌握的知识和技能分解为一个个学习任务。每个任务设置【任务准备】环节，便于学生做课前准备；每项任务都设置【任务实施】实践环节，或以步骤呈现，或以表格形式一步步清晰列出图片，便于学生由浅入深一步步理解、掌握，最终实现翻转课堂教学模式的推广；每个任务后面都有【任务拓展】环节，帮助学生在掌握基本知识和技能的前提下进一步锻炼提高专业能力。

3.本教材内容由简而繁、由易而难，广度和深度逐渐加大，体现基础性、趣味性、开拓性相统一的课程思想，激发学生对所学课程的热爱，鼓励学生开展创造性思维活动。同时，为教师留有根据实际教学情况进行调整和创新的空间。

本书在各项目后均有简要的内容小结和思考题，可供教师教学时参考和学生复习与总结。

本书共需108教学课时，各项目的参考课时见下表：

项目	内容	课时
项目一	AutoCAD 2018基础知识	16课时
项目二	基本二维图形的绘制	20课时
项目三	二维图形的编辑	20课时
项目四	图形的标注	20课时
项目五	图块及其属性	10课时
项目六	常见基本实体的绘制	10课时
项目七	图形输入输出处理	4课时
项目八	典型制冷系统综合应用实例	8课时

本教材主编为王翠玲、张登成，副主编为赵涛、高丽萍、史连杰、管辉、崔胜博、魏东，大家分工合作，合力完成教材编写。本教材由孙中升教授担任责任主审。

本教材的编写是对职业教育新课程体系和理工类课程翻转课堂教学模式的探索，编者水平有限，衷心希望使用本书的教师和学生对本书存在的不妥之处提出宝贵意见。

编者

2018年7月

目录

CONTENTS

项目四 图形的标注

项目五 图块及其属性

项目六 常见基本实体的绘制

项目七 图形输入输出处理

项目八 典型制冷系统综合应用实例

项目一

AutoCAD 2018基础知识

项目描述

AutoCAD 是一款功能强大的绘图软件，主要应用于计算机辅助设计领域，是目前使用最为广泛的计算机辅助绘图软件之一。使用该软件不仅能够将涉及的方案用规范、美观的图纸表现出来，还能有效地帮助设计人员提高设计水平及工作效率，从而解决传统手工绘图效率低、准确度差以及工作强度大等问题。

项目目标

知识目标

1. 了解标题栏、绘图区、坐标系图标等操作界面的相关概念；
2. 能根据要求设置相应的绘图环境和图层；
3. 掌握新建、打开、保存的文件管理的方法；
4. 掌握图形的缩放和平移的方法；

5. 掌握点样式的设置方法；
6. 掌握操作命令基本输入、执行、重复、撤销及重做的方式；
7. 掌握操作对象的选择及去除方法。

● 能力目标

能熟练掌握 AutoCAD 2018 的基本操作及管理。

● 素质目标

1. 具有认真细致、严禁规范的图纸绘制意识；
2. 具有分析及解决实际问题的能力；
3. 具有创新意识及获取新知识、新技能的学习能力。

任务一 AutoCAD 2018 工作界面的基本操作

任务目标

● **知识目标**

1. 了解 AutoCAD 2018 工作界面的构成；
2. 能对工作界面进行基本操作。

● **能力目标**

1. 扎实记忆 AutoCAD 工作界面的组成；
2. 演示 AutoCAD 工作界面的基本操作。

● **素质目标**

1. 培养学生在使用计算机的过程中具有安全操作及规范操作的意识；
2. 培养学生在绘图的过程中具有认真严谨的态度和吃苦耐劳的精神。

任务准备

一、AutoCAD 概述

在学习 AutoCAD 制图之前，首先要了解并掌握 AutoCAD 的一些基本功能，为后期的深入学习打下坚实的基础。

二、操作界面

1. 标题栏

标题栏位于整个程序窗口上方，用于说明当前程序和图形文件的状态，主要包括程序图标、程序名称、“快速访问”工具栏，以及图形文件的文件名称和窗口控制按钮等，如图 1－1－1 所示。

图 1－1－1 标题栏

• 程序图标：标题栏最左侧是程序图标。单击该图标，可以展开 AutoCAD 2018 用于管理图形文件的各种命令，如新建、打开、保存、打印和输出等。

• 程序名称：即程序的名称及版本号，AutoCAD 表示程序名称，而 2018 则表示程序版本号。

•“快速访问”工具栏：用于存储经常访问的命令。

• 文件名称：图形文件名称用于表示当前图形文件的名称。Drawing1 为当前图形文件的名称，dwg 表示文件的扩展名。

• 窗口控制按钮：标题栏右侧为窗口控制按钮，单击“最小化”按钮可以将程序窗口最小化，单击“最大化/还原”按钮可以将程序窗口充满整个屏幕或以窗口方式显示，单击“关闭”按钮可以关闭 AutoCAD 2018 程序。

2. 绘图区

绘图区是用户绘制图形的区域，位于屏幕中央空白区域，也被称为视图窗口。绘图区是一个无限延伸的空白区域，无论多大的图形，用户都可以在其中进行绘制。

3. 坐标系图标

在绘图区的左下角，有一个箭头指向的图标，称之为坐标系图标，表示用户绘图时可使用的坐标系样式。坐标系图标的作用是为点的坐标确定一个参照系。根据工作需要，用户可以选择将其关闭，其方法是选择菜单栏中的“视图”→“显示”→“UCS 图标”→“开”命令。

4. 菜单栏

在 AutoCAD 2018 标题栏的下方是菜单栏，同其他 Windows 程序一样，AutoCAD 2018 的菜单也是下拉形式的，并在菜单中包含子菜单。AutoCAD 2018 的菜单栏中包含 12 个菜单：“文件”“编辑”“视图”“插入”“格式”“工具”“绘图”“标注”“修改”“参数”“窗口”“帮助”。这些菜单几乎包含了 AutoCAD 2018 的所有命令。。

5. 工具栏

工具栏是一组按钮工具的集合，把光标移动到某个按钮上，稍停片刻即在按钮的一侧显示相应的功能提示，然后，单击按钮就可以启动相应的命令。

（1）工具栏的打开和关闭。将光标放在操作界面中已打开的任何工具栏上单击右键，系统会打开一个浮动菜单，如图 1－1－2 所示。单击其中某一个围在操作界面显示的工具栏名，系统在操作界面中打开该工具栏；反之，关闭工具栏。

（2）工具栏的“固定”“浮动”与“打开”。工具栏可以在绘图区“浮动”显示，此时显示该工具栏标题，并可关闭该工具栏。可以拖动“浮动”工具栏到绘图区边界，使它变为“固定”工具栏，此时该工具栏标题隐藏。也可以把“固定”工具栏拖出，使它成为“浮动”工具栏。

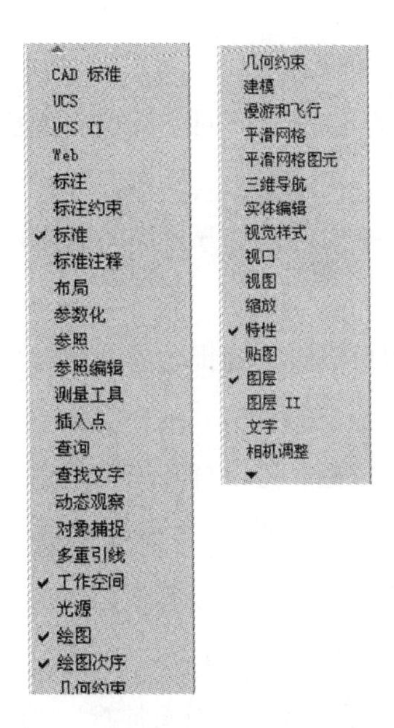

图 1 – 1 – 2　工具栏快捷菜单

有些工具栏按钮的右下角带有一个小三角，单击会打开相应的工具栏，将光标移动到某一按钮上并单击，该按钮就变为当前显示的按钮。单击当前显示的按钮，即可执行相应的命令。

6. 命令行窗口

命令行位于屏幕下方，主要用于输入命令以及显示正在执行的命令和相关信息。执行命令时，在命令行中输入相应操作的命令，按 Enter 键或空格键后系统将执行该命令；在命令的执行过程中，按 Esc 键可取消命令的执行；按 Enter 键确定参数的输入。

7. 布局标签

AutoCAD 系统默认设定一个“模型”空间和“布局 1”“布局 2”图样空间布局标签。

AutoCAD 的空间分模型空间和图样空间两种。模型空间是通常绘图的环境，而在图样空间中，用户可以创建叫作“浮动视口”的区域，以不同视图显示所绘图形。用户可以在图样空间中调整浮动视口并决定所包含视图的缩放比例。如果用户选择图样空间，可打印多个视图，也可以打印任意布局的视图。AutoCAD 系统默认打开模型空间，用户可以通过单击操作界面下方的布局标签，选择需要的布局。

8. 状态栏

状态栏位于 AutoCAD 2018 窗口下方，如图 1 – 1 – 3 所示。状态栏左边是“模型”和“布局”选项卡；右边包括多个经常使用的控制按钮，如捕捉、栅格、正交等，这些按钮均属于开/关型按钮，即单击该按钮一次，则启用该功能，再单击一次则关闭该功能。

图 1 – 1 – 3　状态栏

状态栏中主要工具按钮的作用如下。

- 模型：单击该按钮，可以控制绘图空间的转换。当前图形处于模型空间时单击该按钮就切换至图纸空间。
- 显示图形栅格：单击该按钮可以打开或关闭栅格显示功能，打开栅格显示功能后，将在屏幕上显示出均匀的栅格点。
- 捕捉模式：单击该按钮可以打开捕捉功能，光标只能在设置的“捕捉间距”上进行移动。
- 正交限制光标：单击该按钮，可以打开或关闭“正交”功能。打开“正交”功能后，光标只能在水平和垂直方向上进行移动，方便地绘制水平和垂直线条。
- 极轴追踪：单击该按钮可以启动“极轴追踪”功能。绘制图形时，移动光标可以捕捉设置的极轴角度上的追踪线，从而绘制具有一定角度的线条。
- 对象捕捉：单击该按钮可以打开“对象捕捉”功能，在绘图过程中可以自动捕捉图形的中点、端点、垂点等特征点。
- 对象捕捉追踪：单击该按钮，可以启动“对象捕捉追踪”功能。打开对象追踪功能后，当自动捕捉到图形中某个特征点时，再以这个点为基准点沿正交或极轴方向捕捉其追踪线。
- 自定义：单击该按钮，可以弹出用于设置状态栏工具按钮的菜单。其中，带勾标记的选项表示该工具按钮已经在状态栏中打开，如图1－1－4所示。选择菜单中未选中的选项，可以将对应的工具按钮在状态栏中打开，如图1－1－5所示的“线宽”和“单位”按钮小数。

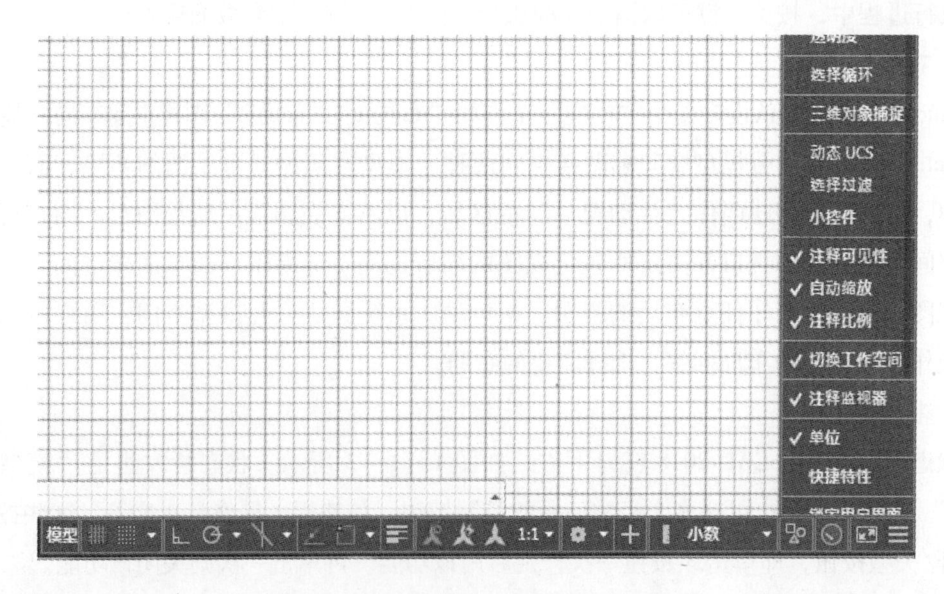

图1－1－4　自定义状态栏工具按钮

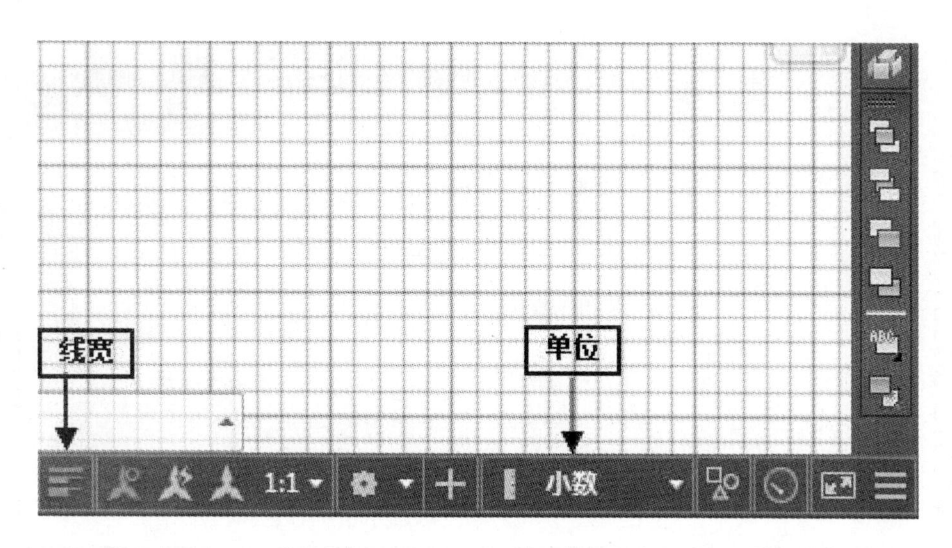

图1-1-5　显示其他按钮

9. 滚动条

在 AutoCAD 的绘图区下方和右侧还提供了用来浏览图形的水平和竖直方向的滚动条。拖动滚动条中的滚动块，可以在绘图区按水平或垂直两个方向浏览图形。

任务实施

修改默认的工作界面。

在“快速访问”工具栏中单击“自定义快速访问工具栏”下拉按钮，在弹出的菜单中选择“显示菜单栏”命令，如图1-1-6所示，即可在默认的工作界面中显示菜单栏，如图1-1-7所示。

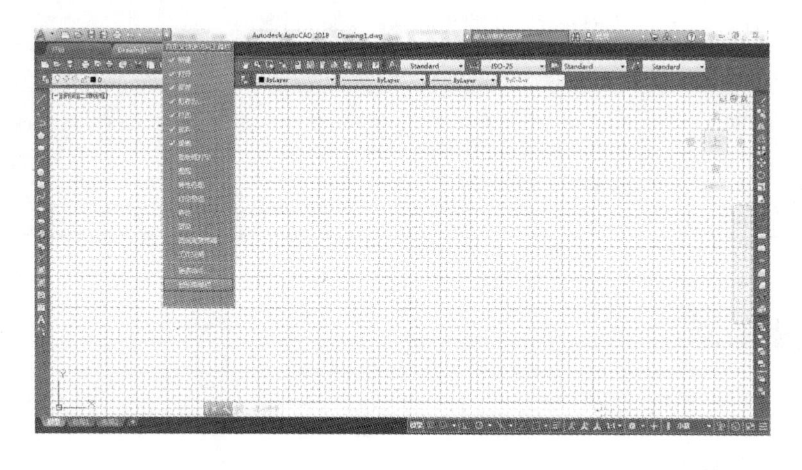

图1-1-6　选择“显示菜单栏”命令

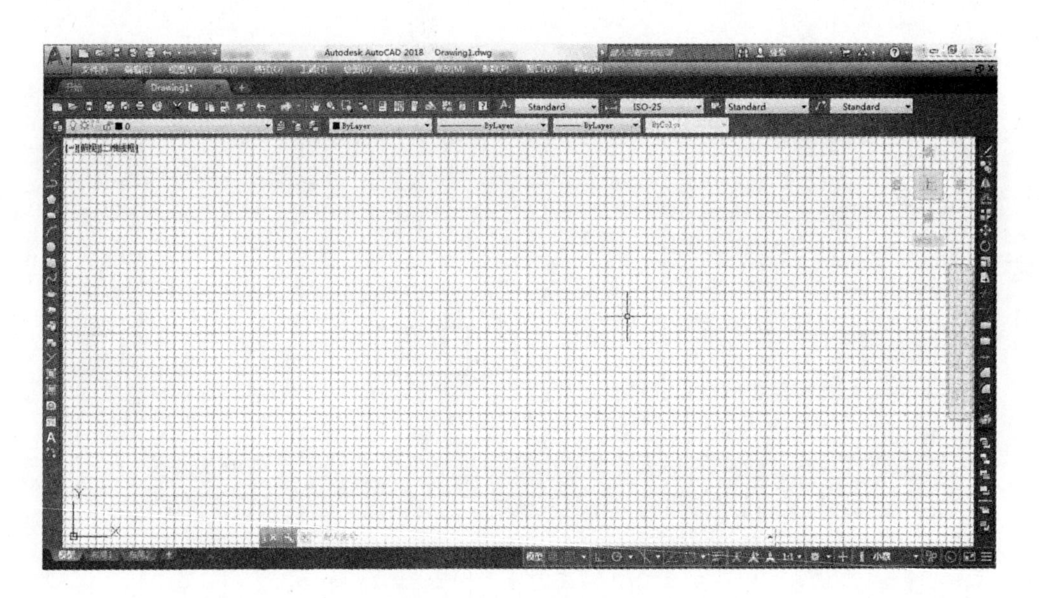

图1－1－7 显示菜单栏

任务测试

任务测试表（见表1－1－1）。

表1－1－1 任务测试表

班组人员签字：

任务名称	AutoCAD 2018 工作界面的基本操作	规格型号	
检查数量		检验日期	年 月 日
检验项目	质量标准	测量方法	检验结果
操作界面	了解并能完成操作	目测	
备注			
作品自我评价			
小组			
指导教师评语			

任务拓展

AutoCAD 自从2015版开始彻底取消了经典模式。同学们可以通过以下步骤，自己动手，创建经典工作界面。

1. 打开AutoCAD 2018，找到左上角的向下三角形，打开，点击“显示菜单栏”，如图1－1－8。

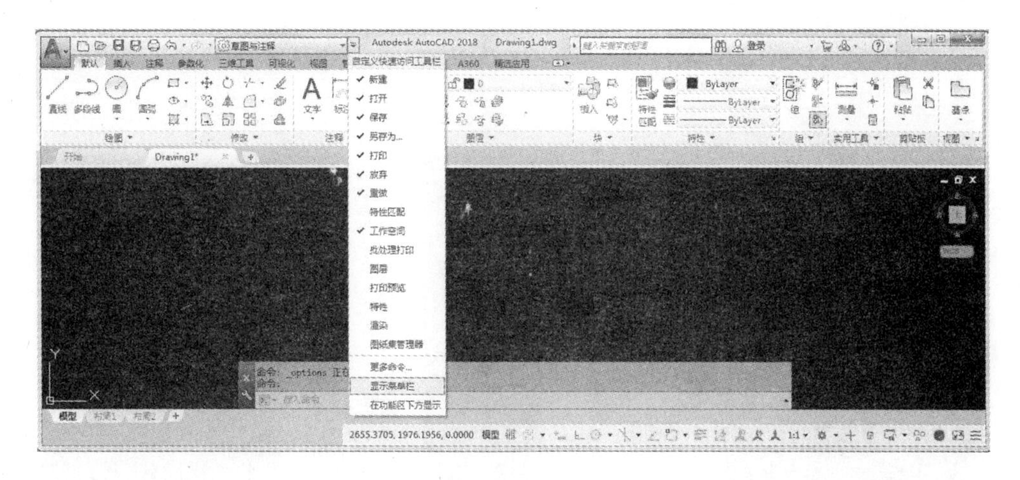

图1-1-8　单击“显示菜单栏”

注： 单击快速启动栏的按钮▼，在下拉菜单中单击【隐藏菜单栏】命令，隐藏菜单栏，或者在菜单栏工具条上右击，单击“显示菜单栏”，则系统不显示经典菜单栏。

2. 经过上一步操作后，系统显示经典菜单栏，包含“文件、编辑、视图、插入、格式、工具、绘图、标注、修改、参数、窗口、帮助”，如图1-1-9所示。

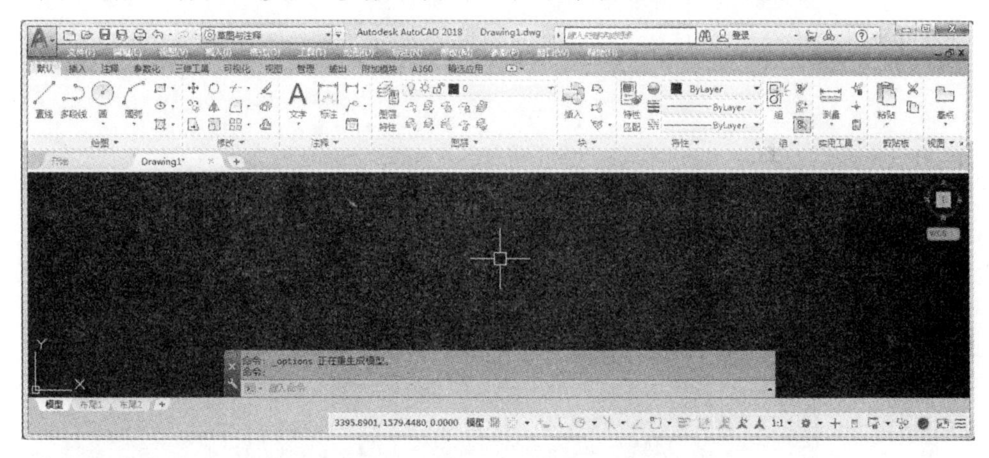

图1-1-9　显示菜单栏后的界面

3. 打开工具菜单，工具栏，AutoCAD，把标准，样式，图层，特性，绘图，修改，绘图次序勾上，如图1-1-10和图1-1-11所示。

图 1－1－10　展开工具菜单

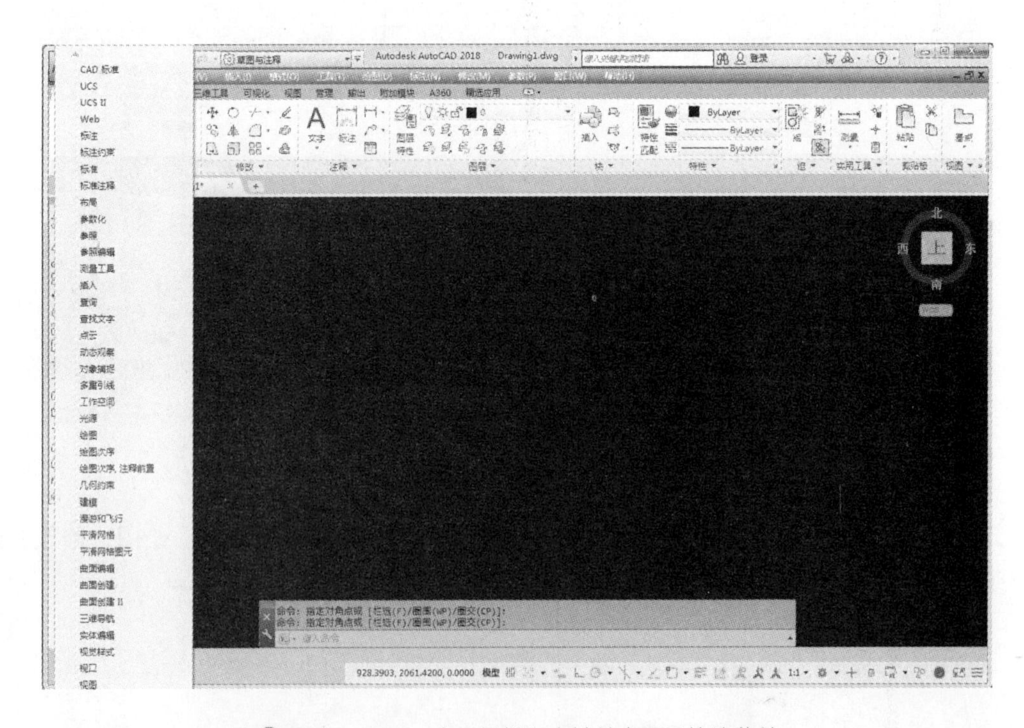

图 1－1－11　在工具栏上右键单击显示快捷菜单

4. 将当前工作空间另存为 AutoCAD 2018 经典，保存，如图 1－1－12 和图 1－1－13 所示。

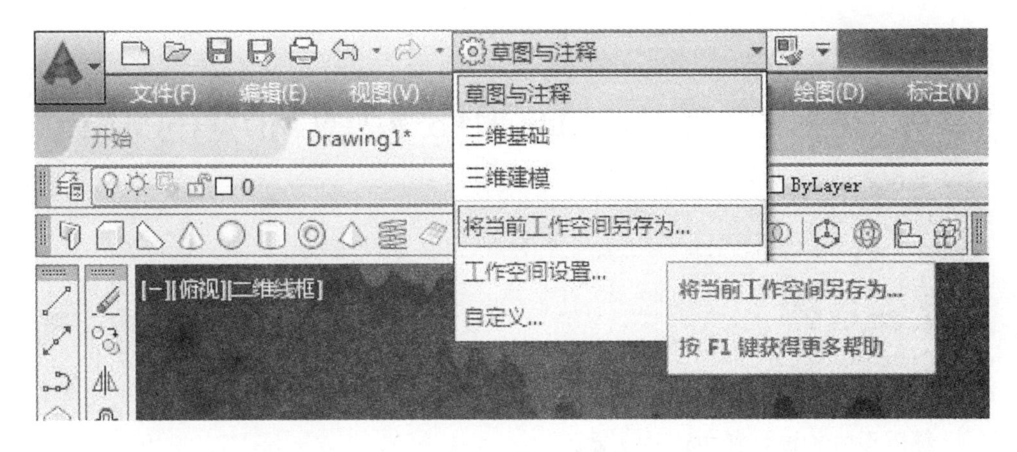

图 1－1－12　选择“将工作空间另存为”命令

图 1－1－13　保存工作空间对话框

5. 初战告捷！以后如有需要，启动软件后，在工作空间列表中选择“AutoCAD 2018经典”即可。

任务二 AutoCAD 2018 绘图环境的设置

任务目标

● **知识目标**

1. 了解图形的单位设置和边界设置；
2. 能用图层特性管理器对图层进行基本操作。

● **能力目标**

1. 能够根据要求设置相应的绘图环境；
2. 能够根据要求设置相应的图层。

● **素质目标**

1. 培养学生在使用计算机的过程中具有安全操作及规范操作的意识；
2. 培养学生在绘图的过程中具有认真严谨的态度和吃苦耐劳的精神。

任务准备

一、图形单位设置

由于 AutoCAD 可以完成不同类型的工作，因此，可以使用不同的度量单位。选择菜单命令“格式－单位”，打开“图形单位”对话框，如图 1－2－1 所示。

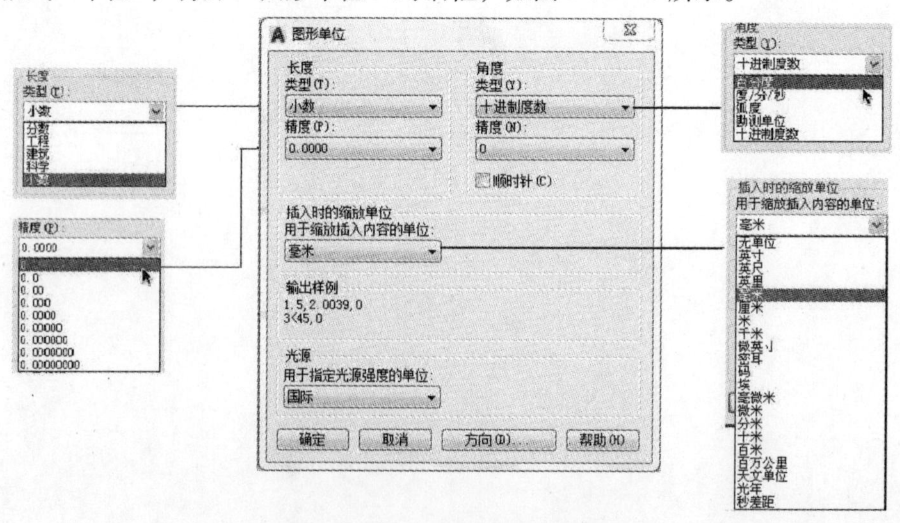

图 1－2－1 “图形单位”对话框

在“长度”项目下，“类型”选择“小数”，“精度”选择0.00。

在“角度”项目下，“类型”选择“十进制度数”，“精度”选择0.0。不修改默认的正角度方向（逆时针方向）。

“插入时的缩放单位”选择“毫米”。

单击“方向”按钮，打开方向控制对话框，可以选择基准角度的起点。采用系统默认的“基准角度”是“东”即可。

二、图形边界设置

用于设置绘图区域的大小，因为绘制不同的图形可能需要不同大小的图纸，如在A4幅面图纸上绘图，其绘图区域应设置为297×210 mm。

边界的限制功能分两种，在打开状态下，绘图元素不能超出边界；在关闭状态下，绘图元素超出边界也可以画出。

操作方法：

单击【格式】再单击【图形界限】，然后在命令栏中：

指定左下角点或［开（ON）/关（OFF）］＜－6.3500，－6.3500＞：［输入0，0（数据随意输入即在屏幕中点取一点）回车］。

指定右上角点＜420.0000，297.0000＞：（输入297，210）。

设置完成，如图所1－2－2所示。

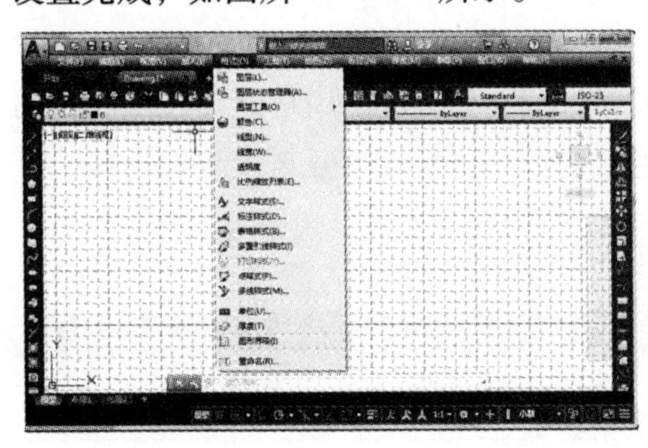

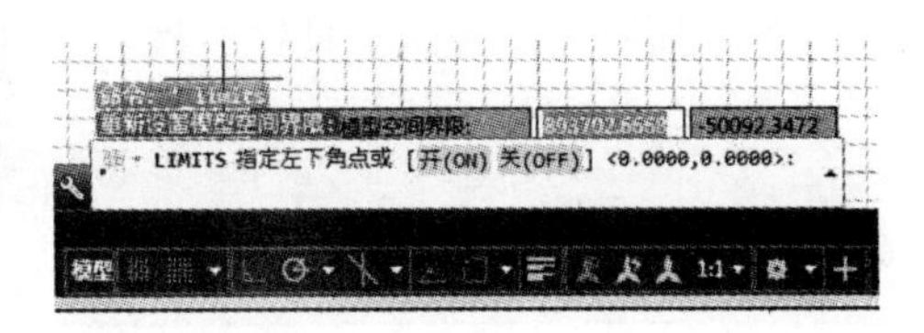

图1－2－2　图形边界设置

三、图层设置

1. 利用对话框设置图层

（1）执行方式

命令行：LAYER

菜单：格式→图层

工具栏：图层→图层特性管理器。

（2）操作步骤

命令：LAYER↙

系统打开“图层特性管理器”对话框，如图 1－2－3 所示。

可以按照需要设置。

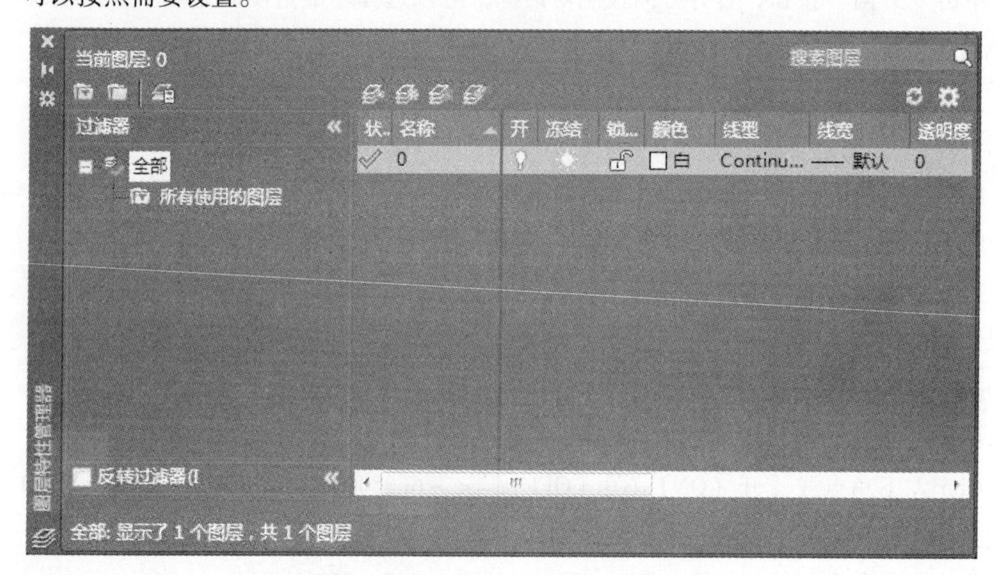

图 1－2－3 “图层特性管理器”对话框

2. 利用面板设置图层

AutoCAD 提供了一个“特性”工具栏，如图 1－2－4 所示。用户能够控制和使用工具栏上的工具图标，快速地察看和改变所选对象的图层、颜色、线型和线宽等特性。在绘图屏幕上选择任何对象都将在工具栏上自动显示它所在图层、颜色、线型等属性。

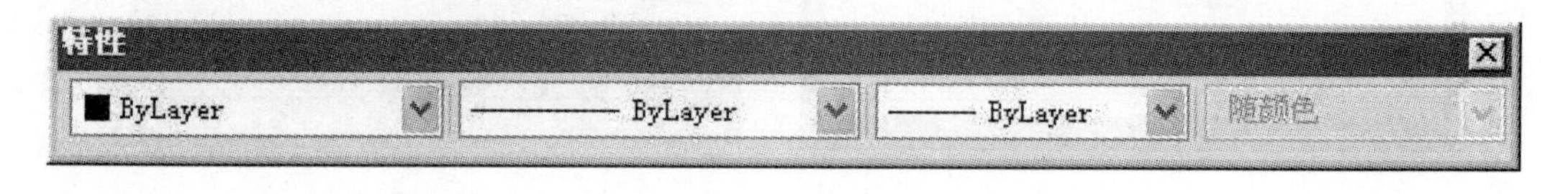

图 1－2－4 “特性”工具栏

“颜色控制”下拉列表框：单击右侧的向下箭头，弹出一下拉列表，用户可从中选择使之成为当前颜色，如果选择“选择颜色”选项，AutoCAD 打开“选择颜色”对话框以选择其他颜色。

“线型控制”下拉列表框：单击右侧的向下箭头，弹出一下拉列表，用户可从中选择某一线型使之成为当前线型。

“线宽”下拉列表框：单击右侧的向下箭头，弹出一下拉列表，用户可从中选择一个线宽使之成为当前线宽。

“打印类型控制”下拉列表框：单击右侧的向下箭头，弹出一下拉列表，用户可从中选择一种打印样式使之成为当前打印样式。

3. 设置图层的颜色

AutoCAD 允许用户为图层设置颜色，为新建的图形对象设置当前颜色，还可以改变已有图形对象的颜色。

（1）执行方式

命令行：COLOR

菜单：格式→颜色。

（2）操作步骤

命令：COLOR↙

单击相应的菜单项或在命令行输入 COLOR 命令后回车，AutoCAD 打开“选择颜色”对话框。

其中，“索引颜色”标签：打开此标签，可以在系统所提供的 255 色索引表中选择所需要的颜色，如图 1－2－5 所示。

“真彩色”标签：打开此标签，可以选择需要的任意颜色，可以拖动调色板中的颜色指示光标和“亮度”滑块选择颜色及其亮度。也可以通过“色调”“饱和度”和“亮度”调节钮来选择需要的颜色。所选择的颜色的红、绿、蓝值显示在下面的“颜色”文本框中，也可以直接在该文本框中输入自己设定的红、绿、蓝值来选择颜色，如图 1－2－6 所示。

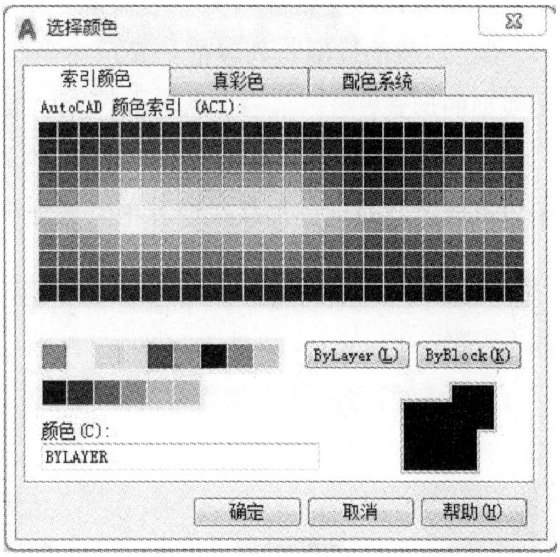

图 1－2－5 “选择颜色”对话框

“配色系统”标签：打开此标签，可以从标准配色系统中选择预定义的颜色，可以在“配色系统”下拉列表框中选择需要的系统，然后拖动右边的滑块来选择具体的颜色，所选择的颜色编号显示在下面的“颜色”文本框中，也可以直接在该文本框中输入编号值来选择颜色，如图 1－2－7 所示。

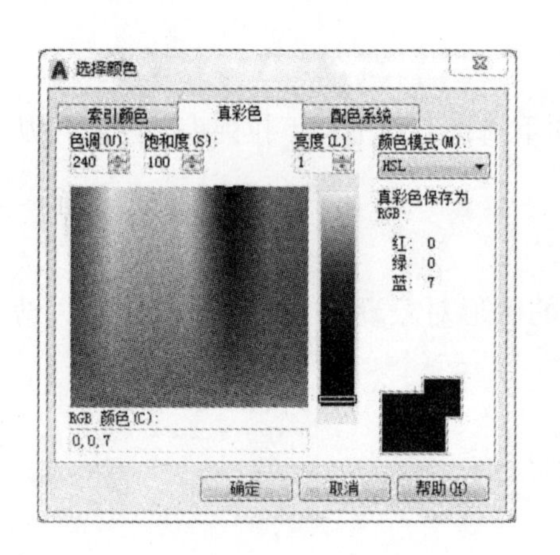

图 1-2-6 “真彩色”标签

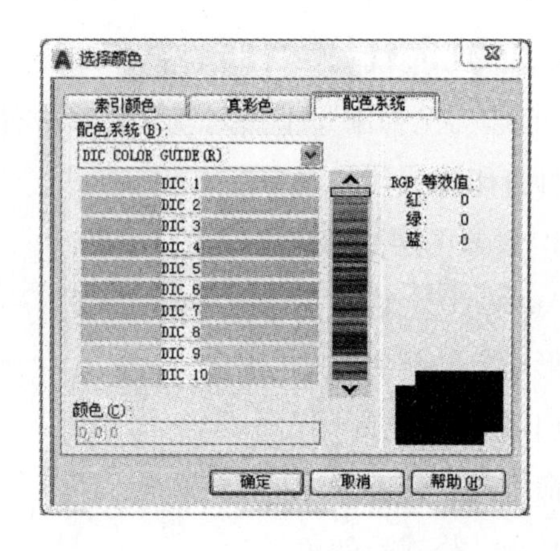

图 1-2-7 “配色系统”标签

4. 设置图层的线型

(1) 在“图层特性管理器”对话框中设置线型

按照上节讲述方法，打开“图层特性管理器”对话框，在图层列表的线型项下单击线型名，系统打开“选择线型”对话框，如图 1-2-8 所示。其中：

“已加载的线型”列表框：显示在当前绘图中加载的线型，可供用户选用，其右侧显示出线型的形式。

“加载”按钮：单击此按钮，打开“加载或重载线型”对话框，如图 1-2-9 所示，用户可通过此对话框加载线型并把它添加到线型列表中。

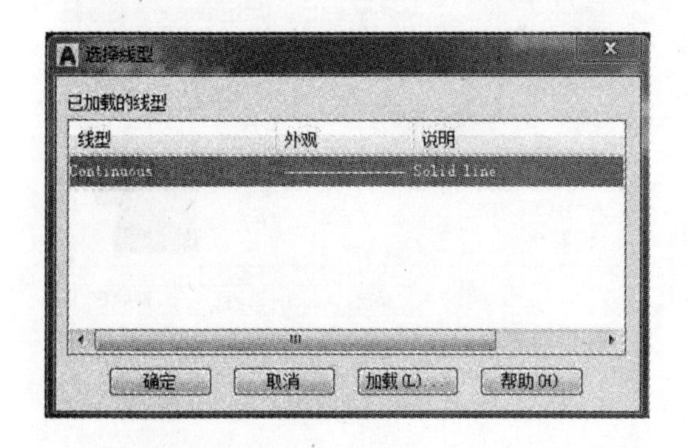

图 1-2-8 “选择线型”对话框

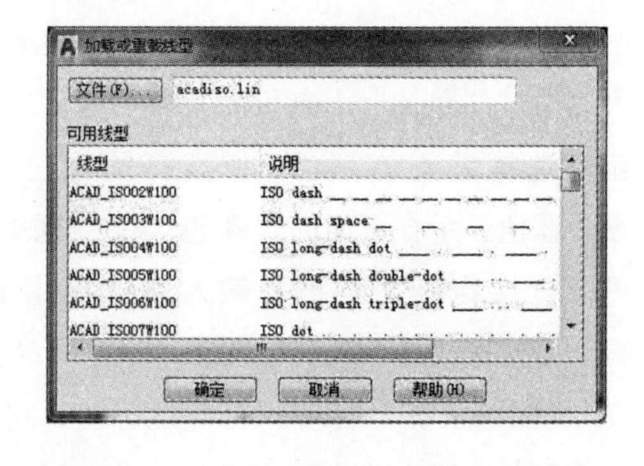

图 1-2-9 “加载或重载线型”对话框

(2) 直接设置线型

命令行：LINETYPE

在命令行输入上述命令后，系统打开“线型管理器”对话框，如图 1-2-10 所示。该对话框与前面讲述的相关知识相同。

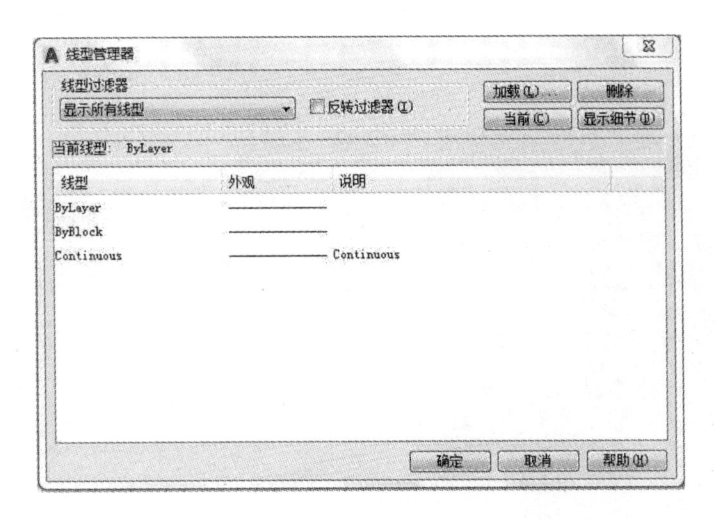

图 1-2-10　“线型管理器”对话框

任务实施

在一次操作中建立新图层 01，02，03，04，05；并把 01 设置为当前层，03 和 04 层的颜色设置为黄色，线型设置为虚线；把图层 05 的颜色设置为蓝色。步骤如图 1-2-11 至图 1-2-17 所示。

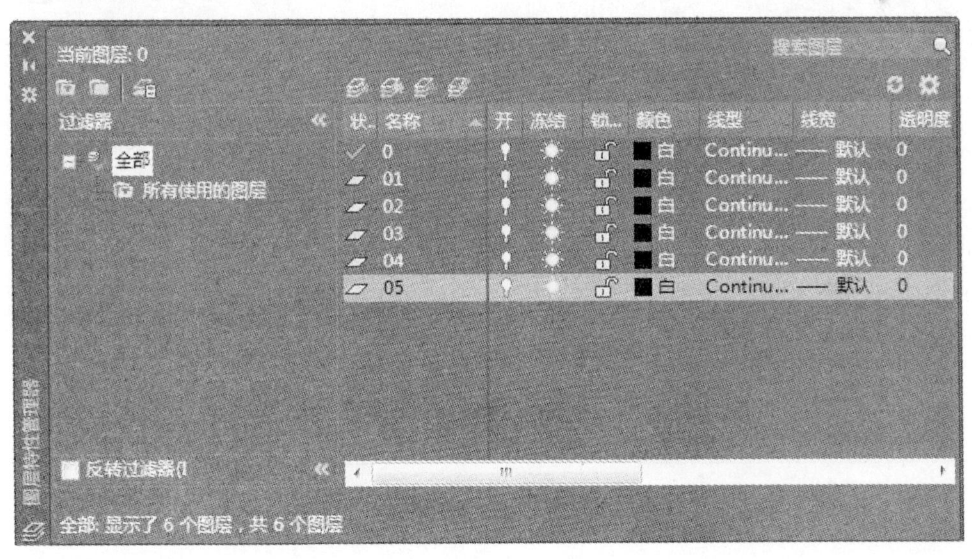

图 1-2-11　步骤（一）

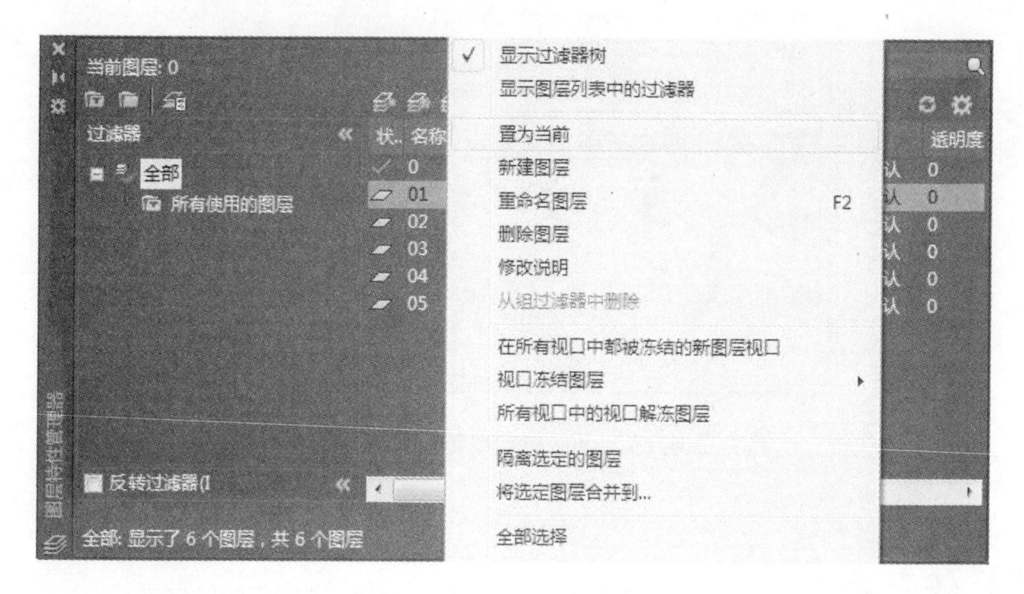

图 1－2－12　步骤（二）

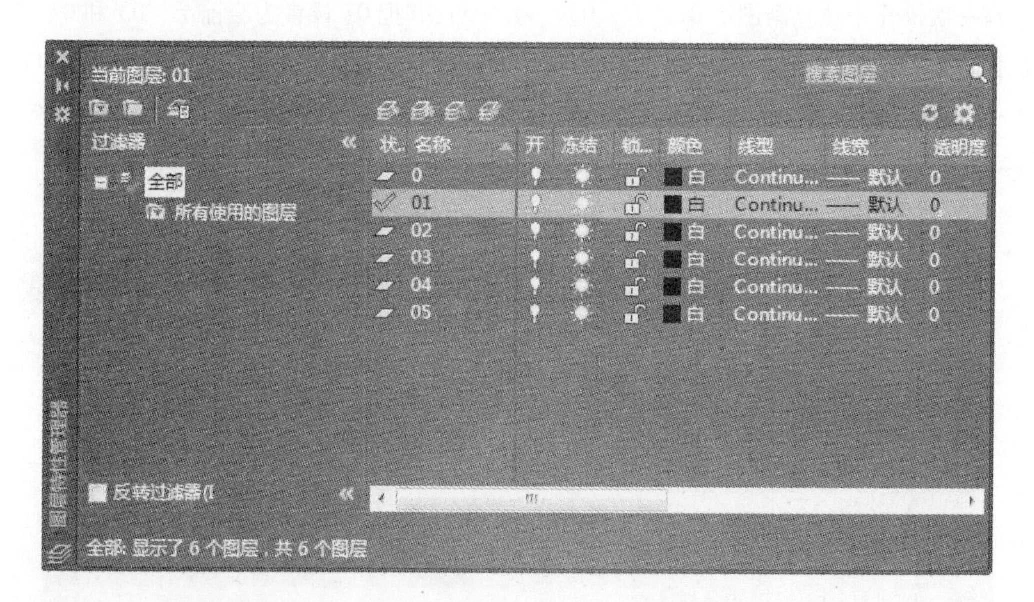

图 1－2－13　步骤（三）

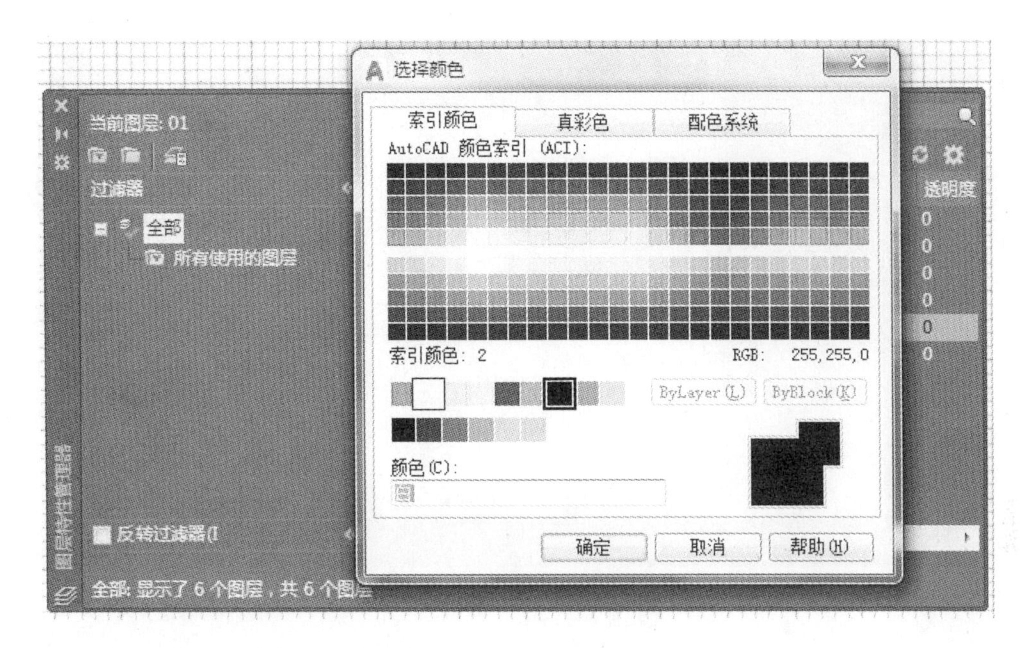

图 1－2－14 步骤（四）

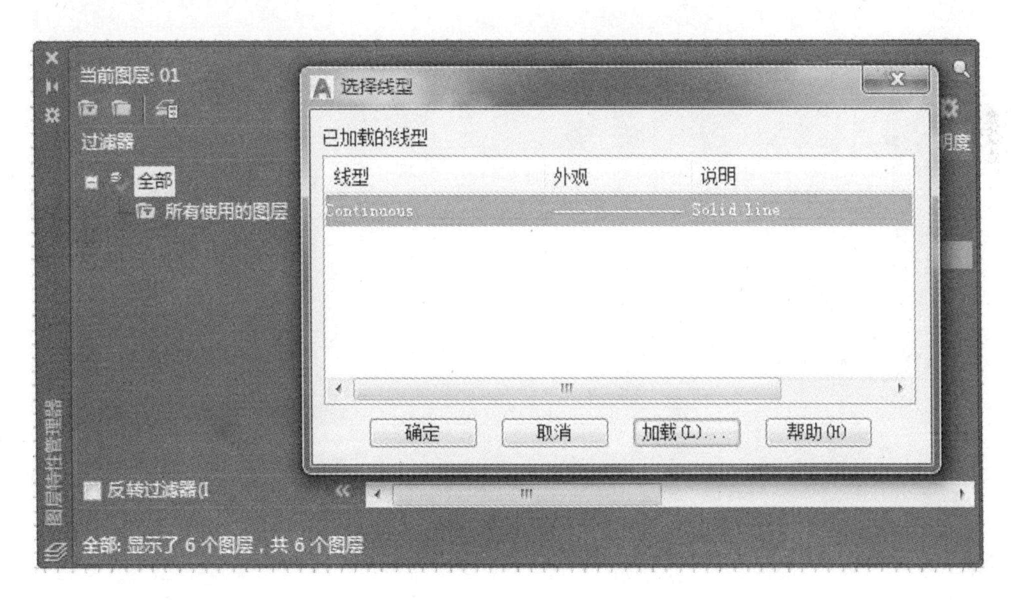

图 1－2－15 步骤（五）

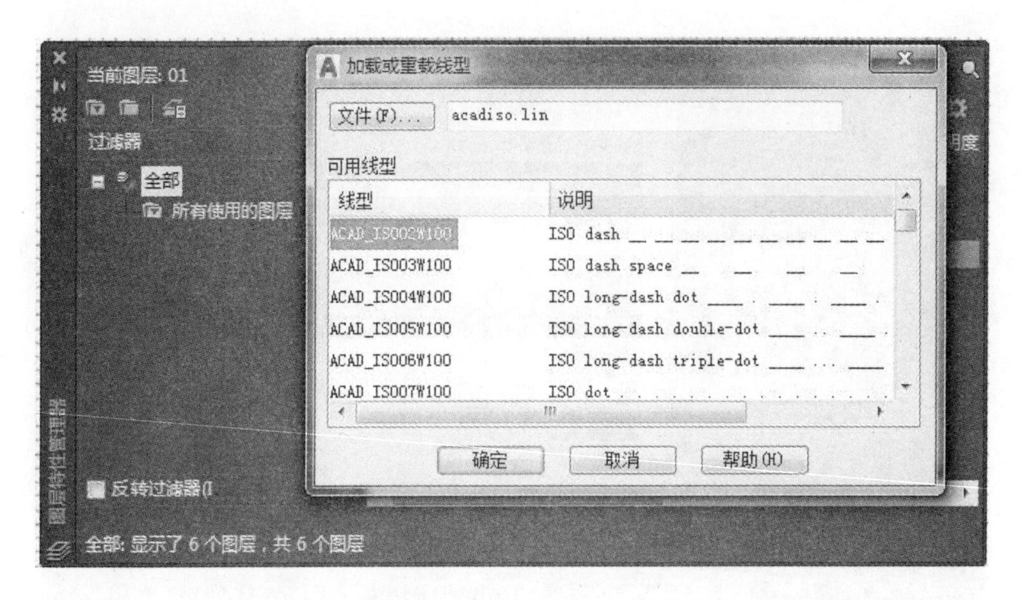

图 1－2－16　步骤（六）

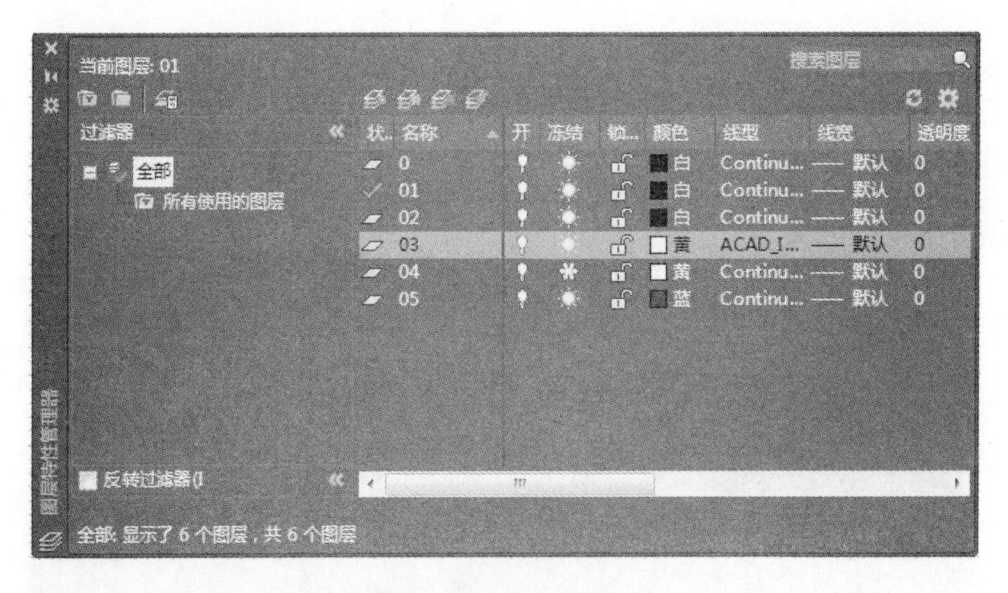

图 1－2－17　步骤（七）

任务测试

任务测试表（表1－2－1）。

表1－2－1　任务测试表

班组人员签字：

任务名称	绘图环境的设置	规格型号	
检查数量		检验日期	年　月　日
检验项目	质量标准	测量方法	检验结果
图形单位、边界的设置	能完成操作	目测	
利用对话框设置图层	能完成操作	目测	
利用面板设置图层	能完成操作	目测	
设置图层的颜色和线型	能完成操作	目测	
备注			
作品自我评价			
小组			
指导教师评语			

任务拓展

练习用多种方法更换图层

画图时应养成按层画图的好习惯，利于后期图形的编辑修改和图纸输出。

更换图层的操作方法：

1. 单击“图层”工具栏中下拉列表，如图1－2－18所示，点击所需图层，即可将该图层置为当前层。

2. 选中某图形对象，单击图1－2－18中按钮，则该图形对象所在图层被置为当前层。

3. 欲将某图形对象换层，首先选中该图形对象，然后在图1－2－18所示图中点击即可。

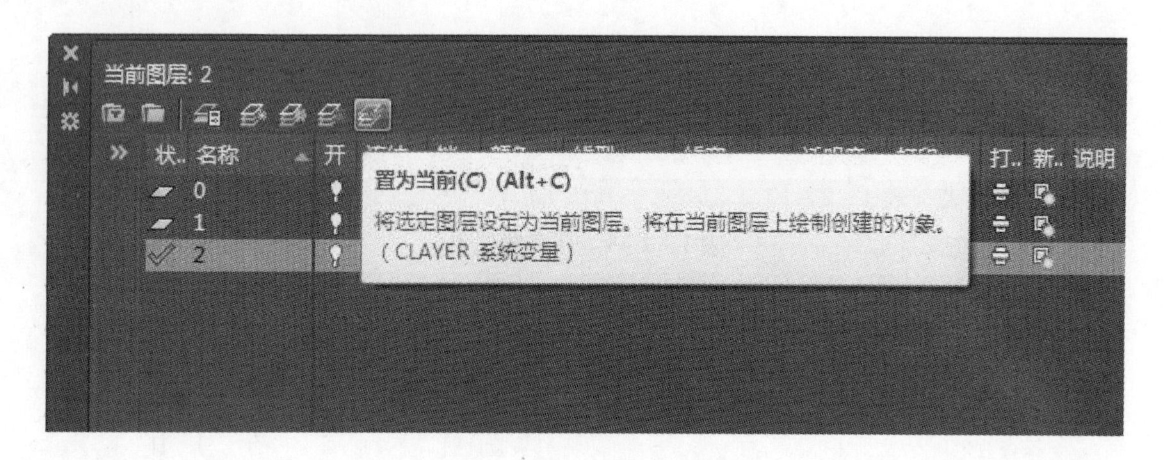

图 1－2－18　多种方法更换图层

任务三 AutoCAD 2018 文件的基本操作及图形管理

任务目标

● **知识目标**

了解文件的基本操作及图形管理。

● **能力目标**

1. 能够熟练掌握文件的基本操作如新建、打开、保存等；
2. 对图形可以进行实时的缩放和平移。

● **素质目标**

1. 培养学生在使用计算机的过程中具有安全操作及规范操作的意识；
2. 培养学生在绘图的过程中具有认真严谨的态度和吃苦耐劳的精神。

任务准备

本节介绍有关文件管理的一些基本操作方法，包括新建文件、打开已有文件、保存文件、删除文件等。这些都是进行 AutoCAD 2018 操作最基础的知识。

一、新建文件

【命令调用方式】

- 单击“快速访问”工具栏中的“新建”按钮。
- 在图形窗口的图形名称选项卡右方单击“新图形”按钮。
- 显示菜单栏，然后选择“文件”和“新建”命令。
- 按 Ctrl + O 组合键。
- 输入 NEW 命令并确定。

【操作方法】

执行新建文件命令，打开“选择样板”对话框。在其中可以选择并打开 acad 选项，创建一个空白文档，还可以选择其他样板文件作为新图形文件的基础，如图 1－3－1 所示。

图1-3-1 “选择样板”对话框

二、打开文件

【命令调用方式】

- 单击“快速访问”工具栏中的“打开”按钮。
- 选择“文件”|“打开”命令。
- 按Ctrl+O组合键。
- 输入OPEN命令并确定。

【操作方法】

执行打开文件命令，打开“选择文件”对话框，在该对话框中可以选择文件的位置并打开指定文件，如图1-3-2所示。单击“打开”按钮右侧的三角形按钮，可以选择打开文件的4种方式，即“打开”、“以只读方式打开”、“局部打开”和“以只读方式局部打开”，如图1-3-3所示。

图1-3-2 “选择文件”对话框

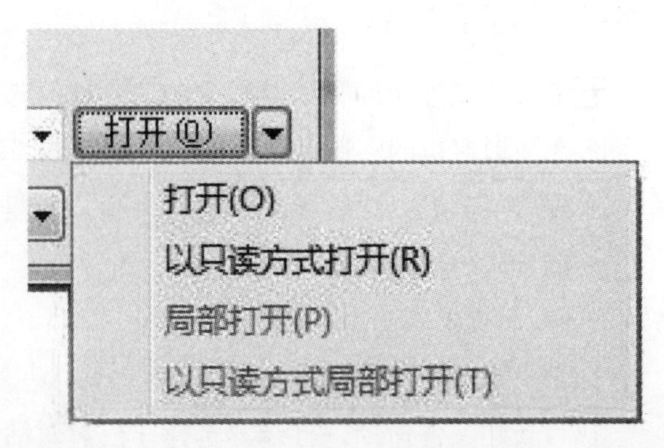

图1-3-3 选择打开方式

三、保存文件

【命令调用方式】

- 单击“快速访问”工具栏中的“保存”按钮。
- 选择“文件”和“保存”命令。
- 按 Ctrl + S 组合键。
- 输入 SAVE 命令并确定。

【操作方法】

执行保存文件命令，打开“图形另存为”对话框。在该对话框中指定相应的保存路径和文件名称，然后单击“保存”按钮，即可保存图形文件，如图 1 – 3 – 4 所示。

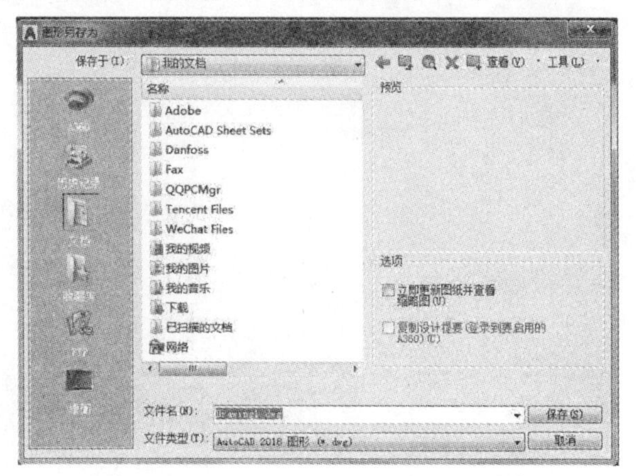

图 1 – 3 – 4　“图形另存为”对话框

四、实时缩放

【命令调用方式】

1. 使用 ZOOM 命令缩放视图。
2. 使用缩放命令和“缩放”工具栏缩放图形对象。

五、实时平移

【命令调用方式】

在命令行输入“PAN”命令、单击“标准工具栏”中的“实时平移”按钮，或选择“视图”、“平移”命令中的子命令，可以实现视图的平移。两个常用工具在标准工具栏中如下图 1 – 3 – 5 所示。

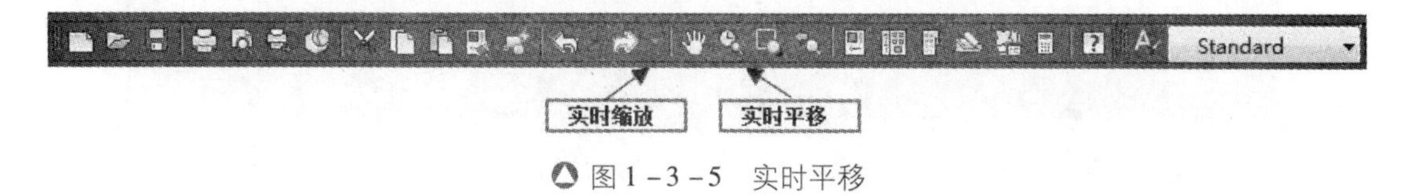

图 1 – 3 – 5　实时平移

任务实施

打开 AutoCAD 2018，上机练习新建、打开并保存一个文件。对其进行实时缩放和平移的命令。步骤如图 1－3－6 至 1－3－11 所示。

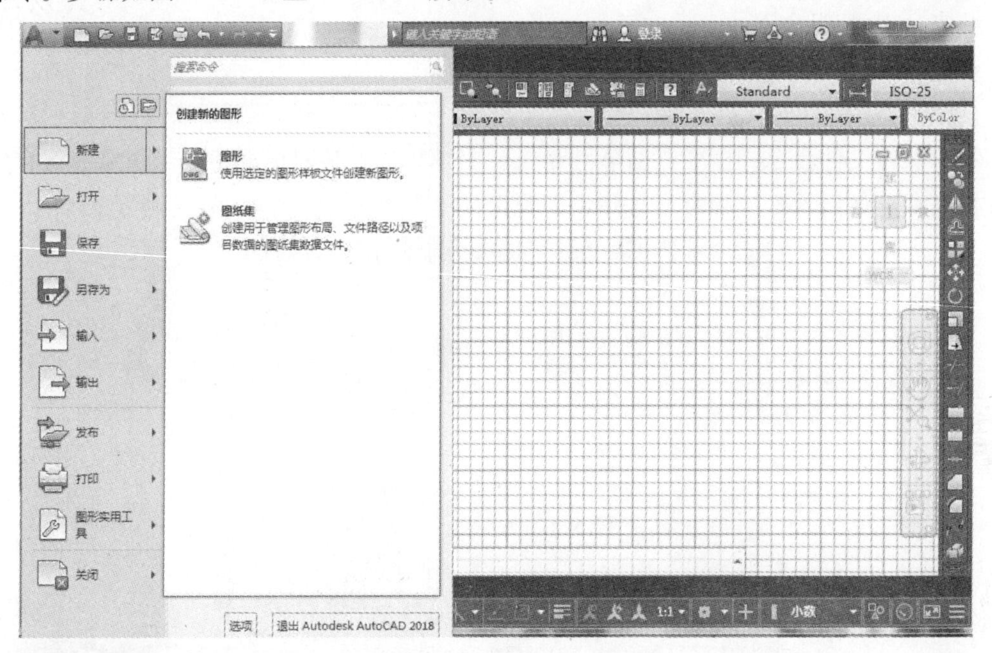

图 1－3－6　步骤（一）

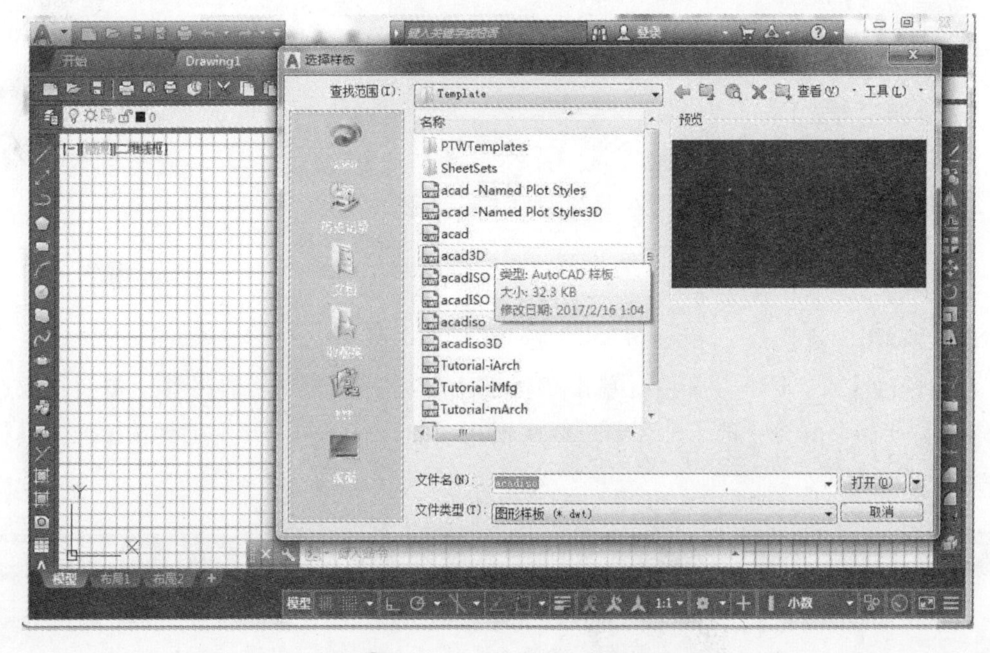

图 1－3－7　步骤（二）

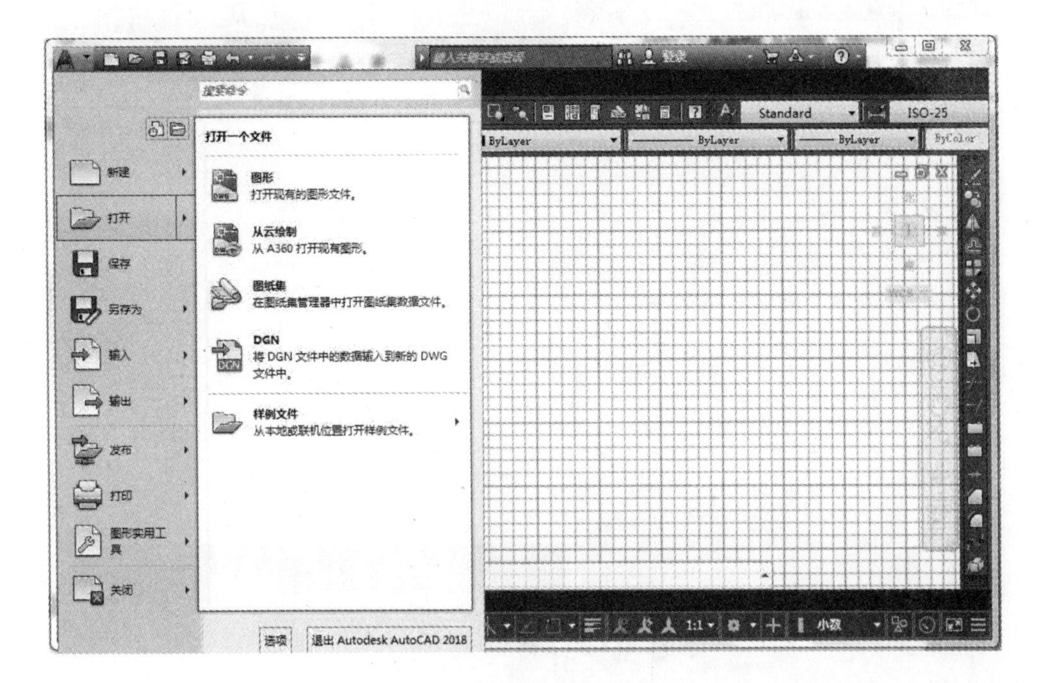

图 1-3-8　步骤（三）

图 1-3-9　步骤（四）

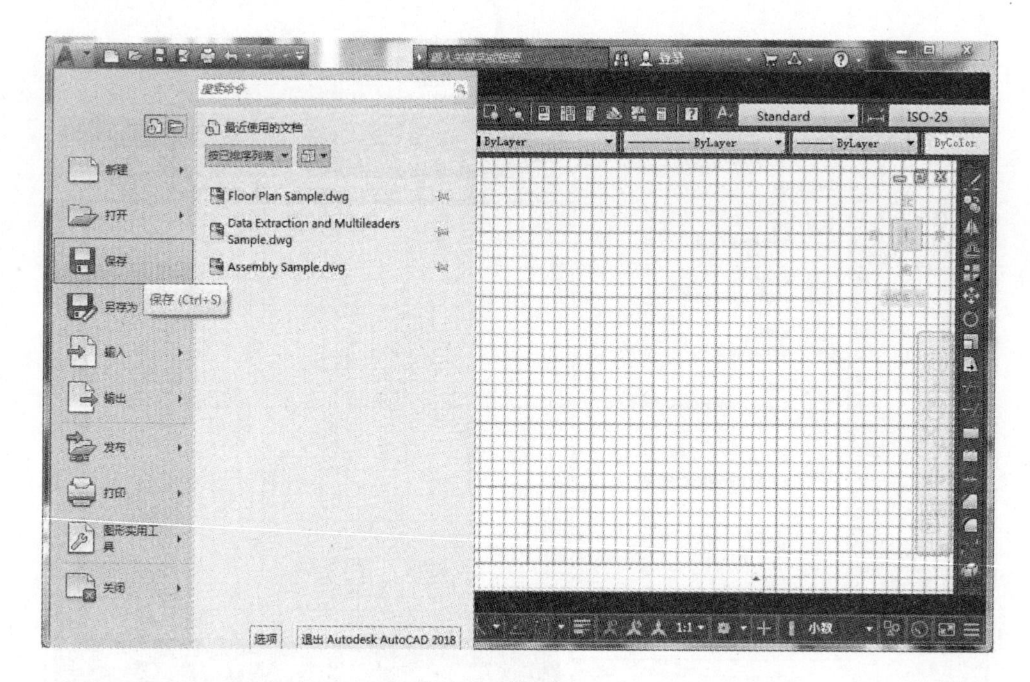

图 1-3-10　步骤（五）

图 1-3-11　步骤（六）

任务测试

任务测试表（表1－3－1）。

表1－3－1 任务测试表

班组人员签字：

任务名称	文件的基本操作及图形管理	规格型号	
检查数量		检验日期	年 月 日
检验项目	质量标准	测量方法	检验结果
文件的新建、打开和保存	了解并能完成操作	目测	
实时缩放	了解并能完成操作	目测	
实时平移	了解并能完成操作	目测	
备注			
作品自我评价			
小组			
指导教师评语			

任务拓展

练习“另存为”功能

1. 菜单栏：选择菜单栏中的“文件→另存为”命令，如图1－3－12所示。

2. 执行上述操作后，打开“图形另存为”对话框。如图1－3－13所示，用新的文件名保存，并为当前图形更名。

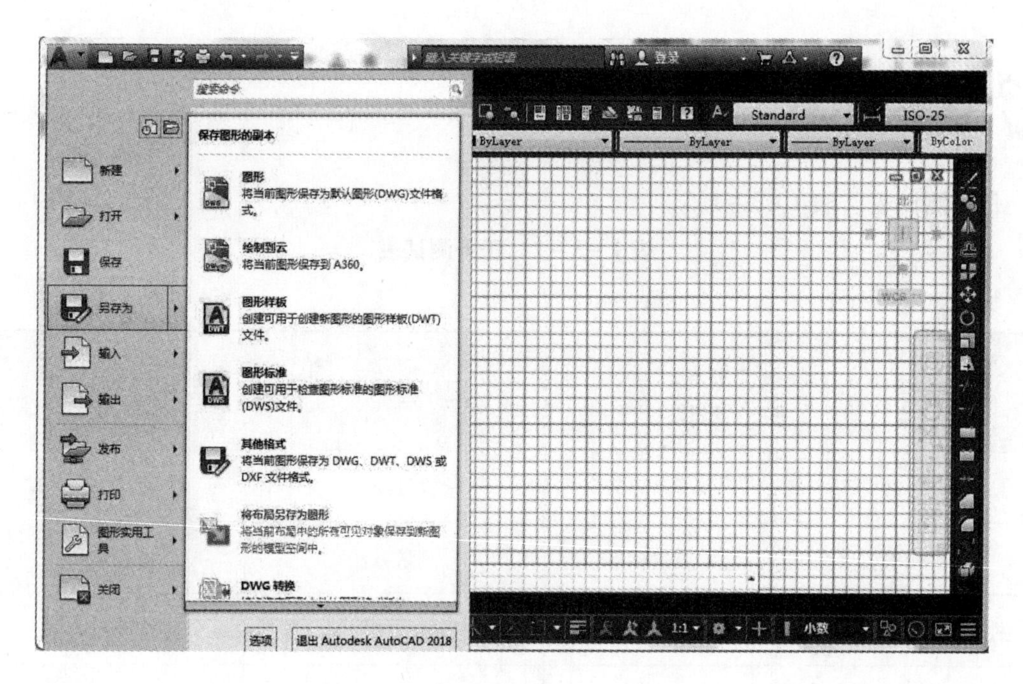

图 1－3－12　文件－另存为菜单

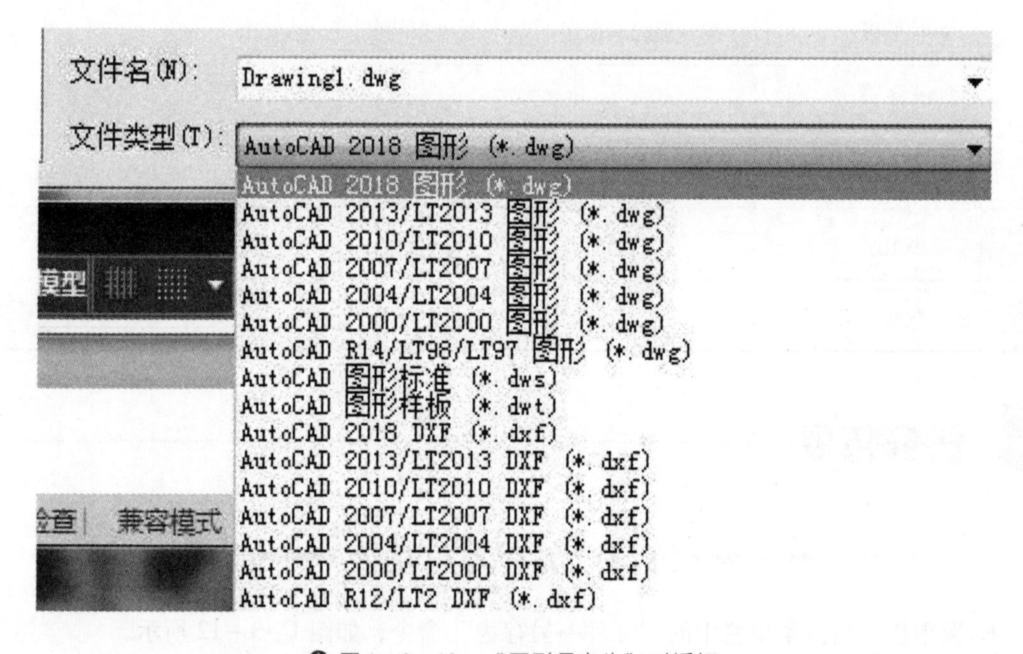

图 1－3－13　“图形另存为”对话框

任务四　AutoCAD 2018 基本输入操作

任务目标

● 知识目标

1. 了解图形的命令输入方式；
2. 了解图形的命令执行方式；
3. 学会命令的重复、撤销、重做的基本操作。

● 能力目标

1. 能够熟练操作命令基本输入及执行方式；
2. 能够独立完成命令的重复、撤销、重做的基本操作。

● 素质目标

1. 培养学生在使用计算机的过程中具有安全操作及规范操作的意识；
2. 培养学生在绘图的过程中具有认真严谨的态度和吃苦耐劳的精神。

任务准备

一、命令输入方式

AutoCAD 交互绘图必须输入必要的指令和参数。有多种 AutoCAD 命令输入方式，下面以画直线为例，介绍命令输入方式。

1. 在命令行输入命令名

命令字符可不区分大小写，例如，命令“LINE”。执行命令时，在命令行提示中经常会出现命令选项。

2. 在命令行输入命令缩写字

如 L（Line）、C（Circle）、Z（Zoom）、R（Redraw）、M（Move）、CO（Copy）、E（Erase）等。

3. 选择“绘图”菜单栏中对应的命令

选择“绘图”菜单栏中对应的命令，在命令行窗口中可以看到对应的命令说明及命令名。

4. 单击“绘图”工具栏中对应的按钮

单击“绘图”工具栏中对应的按钮，命令行窗口中也可以看到对应的命令说明及命令名。以上命令输入方式中，最常用的是工具栏和菜单栏。

二、命令执行方式

不管以何种方式输入命令，都需要随时观察命令提示区的提示信息，并根据提示信息进行下一步操作（对话框除外）。

中止命令的方式：命令执行完毕；调用另一命令，当前命令自动终止；从右键菜单中选择确认或取消；任何时候要中断命令，按下 Esc 键，有的需按两次。

除了在文字输入的情况下，空格键与回车键具有同等的功效，对于一些命令或命令选项，右击也相当于回车。

执行完一条命令后直接回车，可重复执行该命令。

三、命令的重复、撤销、重做

1. 重复命令

在完成一个命令的操作后，如果要重复执行上一次使用的命令，可以通过以下几种方法快速实现。

- 按 Enter 键：在一个命令执行完成后，按 Enter 或空格键，即可再次执行上一次执行的命令。
- 右击：若用户设置了禁用右键快捷菜单，可在前一个命令执行完成后右击，继续执行前一个操作命令。
- 按方向键↑：按下键盘上的↑方向键，可依次向上翻阅前面在命令行中所输入的数值或命令。当出现用户所执行的命令后，按 Enter 键即可执行命令。

注意：

在 AutoCAD 中，除了在输入文字内容等特殊情况下，通常可以使用空格键代替 Enter 键来快速执行确定操作。

2. 撤销命令

AutoCAD 中，系统提供了图形的恢复功能。使用图形恢复功能，可以取消绘图过程中的操作。

【命令调用方式】

- 选择“放弃”命令：选择“编辑” | “放弃”命令。
- 单击“放弃”按钮：单击“快速访问”工具栏中的“放弃”按钮，可以取消前一次执行的命令。连续单击该按钮，可以取消多次执行的操作。

● 执行 U 或 Undo 命令：执行 U 命令可以取消前一次的命令；或执行 Undo 命令，并根据提示输入要放弃的操作数目，可以取消前面对应次数执行的命令。

● 执行 Oops 命令：执行 Oops 命令，可以取消前一次删除的对象。但使用 Oops 命令只能恢复前一次被删除的对象而不会影响前面所进行的其他操作。

● 按 Ctrl + Z 组合键。

3. 重做命令

AutoCAD 中，系统提供了图形的重做功能。使用图形重做功能，可以重新执行放弃的操作。

【命令调用方式】

● 选择“重做”命令：选择“编辑”|“重做”命令。

● 单击“重做”按钮：单击“快速访问”工具栏中的“重做”按钮，可以恢复已放弃的上一步操作。

执行 Redo 命令：在执行放弃命令操作后，紧接着执行 Redo 命令即可恢复已放弃的上一步操作。

四、坐标系统与数据的输入方法

坐标系由 *X*、*Y*、*Z* 轴和原点构成。AutoCAD 中包括笛卡尔坐标系统、世界坐标系统和用户坐标系统 3 种坐标系。

1. 笛卡尔坐标系统

AutoCAD 采用笛卡尔坐标系来确定位置，该坐标系也被称为绝对坐标系。在进入 AutoCAD 绘图区时，系统将自动进入笛卡尔坐标系第一象限，其坐标原点在绘图区内的左下角，如图 1 - 4 - 1 所示。

2. 世界坐标系统

世界坐标系统（World Coordinate System，简称 WCS）是 AutoCAD 的基础坐标系统，它由 3 个相互垂直相交的坐标轴 *X*、*Y* 和 *Z* 组成。在绘制和编辑图形的过程中，WCS 是预设的坐标系统，其坐标原点和坐标轴都不会改变。默认情况下，*X* 轴以水平向右为正方向，*Y* 轴以垂直向上为正方向，*Z* 轴以垂直屏幕向外为正方向，坐标原点位于绘图区内的左下角，如图 1 - 4 - 2 所示。

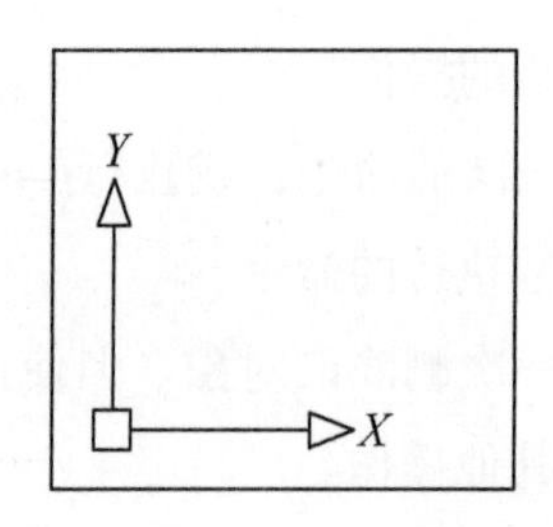

图1-4-1　笛卡尔坐标系统

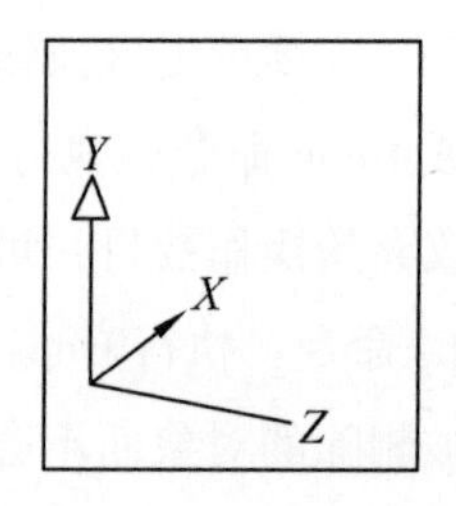

图1-4-2　世界坐标系统

3. 用户坐标系统

为方便用户绘制图形，AutoCAD提供了可变的用户坐标系统（User Coordinate System，简称UCS）。通常情况下，用户坐标系统与世界坐标系统相重合。而在进行一些复杂的实体造型时，用户可以根据具体需要，通过UCS命令设置适合当前图形应用的坐标系统。

注意：

在二维平面绘图中绘制和编辑工程图形时，只需输入 *X* 轴和 *Y* 轴的坐标数值；而Z轴的坐标数值可以不输入，由AutoCAD自动赋值为0。

AutoCAD中使用各种命令时，通常需要提供与该命令相应的指示与参数，以便指引该命令所要完成的工作或动作执行的方式和位置等。

在绘制图形时，直接使用鼠标虽然便于制图，但不能进行精确的定位。进行精确的定位则需要通过采用键盘输入坐标值的方式来实现。常用的坐标输入方式包括：绝对直角坐标、相对直角坐标、绝对极坐标和相对极坐标。其中，相对坐标与相对极坐标的原理相同，只是格式不同。

1. 输入绝对直角坐标

绝对直角坐标以笛卡尔坐标系的原点（0，0，0）为基点定位。用户可以通过输入（*X*，*Y*，*Z*）坐标的方式来定义一个点的位置。

例如，在图1-4-3所示的示意图中，*O* 点绝对坐标为（0，0，0）；*A* 点绝对坐标为（10，10，0）；*B* 点绝对坐标为（30，10，0）；*C* 点绝对坐标为（30，30，0）；*D* 点绝对坐标为（10，30，0）。

2. 输入相对直角坐标

相对直角坐标是以上一点为坐标原点确定下一点的位置。输入相对于上一点坐标（*X*，*Y*，*Z*）增量为（*X*，*Y*，*Z*）的坐标时，格式为（@*X*，*Y*，*Z*）。其中，@字符是指定与上一个点的偏移量（即相对偏移量）。

例如，在图1-4-3所示的示意图中，对于 *O* 点而言，*A* 点的相对坐标为（@10，10），如果以 *A* 点为基点，那么 *B* 点的相对坐标为（@20，0），*C* 点的相对坐标为（@20，@20），*D* 点的相对坐标为（@0，20）。

注意：在用户绘图过程中，如果指定了图形的第一个点，在直接输入下一个点的坐标值时，系统将自动将其转换成相对坐标。因此，在绘图过程中输入相对坐标时，可以省略@符号的输入。如果此时要使用绝对坐标，则需要在坐标前添加#。

3. 输入绝对极坐标

绝对极坐标是以坐标原点（0，0，0）为基点定位所有的点，通过输入距离和角度的方式来定义一个点的位置。其绝对极坐标的输入格式为“距离 < 角度”。

例如，在图 1－4－4 所示的示意图中，*C* 点距离 *O* 点的长度为 25 mm，角度为 30°，则输入 *C* 点的绝对极坐标为（25 <30）。

4. 输入相对极坐标

相对极坐标是以上一点为参考基点，通过输入极距增量和角度值，来定义下一个点的位置。其输入格式为“@距离 < 角度”。

例如，在图 1－4－4 所示的示意图中，输入 *B* 点相对于 C 点的极坐标为（@50 <0）。

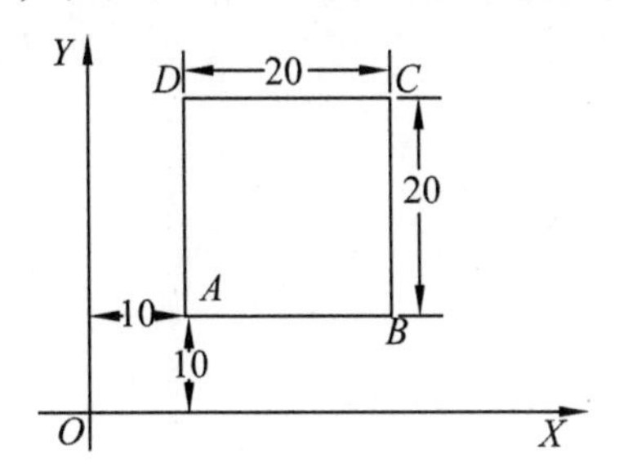

图 1－4－3 直角坐标示意图

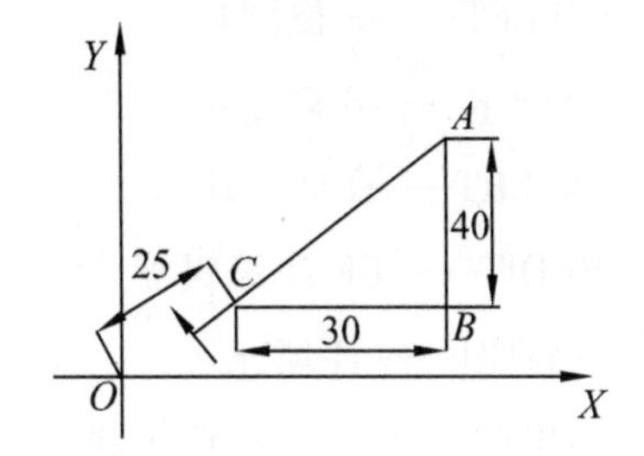

图 1－4－4 极坐标示意图

五、按键定义

1. 图层篇

（1）layoff——FF 冻结选择层

（2）layer——LA 图层管理

（3）layerp——TYY 恢复至上一个图层状态

（4）laymcur——RT 改变所选择图元所属层为当前层

（5）PURGE——PU——清理图层

（6）laytrans——SD 图层转换器

（7）Layon——AA 打开所有层

2. 常用快捷键篇

（1）circle——C 圆

（2）OFFSET——O——Q 偏移

（3）MIRROW——MI——WW 镜像

(4) PLIE——PL——FG 多段线
(5) PEDIT——PE——GF 编辑多段线（与 mpedit 类似）
(6) MEASURE——ME 定距等分
(7) DIVIDE——DIV 定数等分
(8) DIST——DI 测量距离
(9) DIMSTYLE——D 标注样式管理器
(10) MATCHPROP——MA——SA 特性匹配
(11) ROTATE——RO——RG 旋转
(12) STRETCH——S 拉伸
(13) QSELECT——QS 快速选择
(14) ALIGN——AL 对齐
(15) CHAMFER——CHA 倒方角
(16) FILLET——F 倒圆角
(17) BLOCK——B 创建块
(18) INSERT——I 插入块
(19) BEDIT——BE 块编辑器
(20) HATCH——H 填充
(21) COPY——CO——CC 复制
(22) ARRAY——AR 阵列
(23) MTEXT——MT 多行文字（T 单行文字）
(24) MOVE——M 移动
(25) SCALE——SC 缩放
(26) TRIM——TR 修剪（类似于 EXTRIM）
(27) EXTEND——EX 延伸
(28) BREAK——BR 打断
(29) JOIN——J 合并
(30) EXPLODE——X 分解
(31) RECTANG——REC 矩形
(32) CTRL + A——全部选择
(33) CTRL + S——保存
(34) CTRL + SHIFT + S——另存为
(35) CTRL + C——复制
(36) CTRL + X——剪切

（37）CTRL + P——打印

（38）CTRL + Z——放弃

（39）CTRL + F4——关闭当前窗口

（40）CTRL + 0——全屏显示

（41）CTRL + C——复制

3. 其他可用命令篇

（1）DDSELECT——OP 选项

（2）OPEN \ CTRL + O——DA 打开图纸

（3）CTRL + TAB——窗口切换

任务实施

在【工具】——【自定义】——【编辑程序参数】里将原有的快捷键改为你自己想定义的快捷键即可，最好保留自带的快捷键。若 png 无相应的命令名称，则只要在其上添加相对应的命令全称即可。修改完 ACAD. PGP 文件后，键入 REINIT 命令，钩选 PGP，不必重新启动 AutoCAD 即可加载刚刚修改过的 ACAD. PGP 文件 . 注意不要有快捷键的冲突。快捷键的定义是为了操作更为迅速便捷，所以，最好将所定义的快捷键设置在左边键盘，这样与右手鼠标配合使用。

加载“. lsp”或“. fas”或“. vlx”文件的方法：

1. 将次文件直接拖入正在使用的 cad 中即可（临时加载）且只适用与当前一个文档；

2. 工具——加载应用程序——从查找范围中找到程序点击“加载”（临时加载）；

3. 工具——加载应用程序——启动组—内容—添加—找到文件点击加载即可（永久性加载）；

4. 我的电脑——cad 安装文件夹——cad2008/support/cad2008. lsp——打开此文件将所有的”. lsp”或“. fas”文件复制到里面后，保存即可（注意格式），（永久性加载，不适用于“. vlx”文件）。填充之后有些区域不好修剪，可将填充定义成块，再用 REFEDIT 命令，即可修剪。

任务测试

任务测试表（表1-4-1）。

表1-4-1　任务测试表

班组人员签字：

<table>
<tr><td>任务名称</td><td>文件的基本操作及图形管理</td><td>规格型号</td><td colspan="2"></td></tr>
<tr><td>检查数量</td><td></td><td>检验日期</td><td colspan="2">年　月　日</td></tr>
<tr><td>检验项目</td><td>质量标准</td><td>测量方法</td><td colspan="2">检验结果</td></tr>
<tr><td>命令的输入与执行</td><td>了解并能完成操作</td><td>目测</td><td colspan="2"></td></tr>
<tr><td>命令的重复、撤销、重做</td><td>了解并能完成操作</td><td>目测</td><td colspan="2"></td></tr>
<tr><td>坐标系统与数据的输入方法</td><td>了解并能完成操作</td><td>目测</td><td colspan="2"></td></tr>
<tr><td>备注</td><td colspan="4"></td></tr>
<tr><td>作品自我评价</td><td colspan="4"></td></tr>
<tr><td>小组</td><td colspan="4"></td></tr>
<tr><td>指导教师评语</td><td colspan="4"></td></tr>
</table>

任务拓展

练习使用各种不同方式输入同一命令。

 AutoCAD 2018 对象的选择与去除操作

 任务目标

● **知识目标**

1. 了解对象的选择；
2. 了解对象的去除。

● **能力目标**

熟练操作对象的选择及去除方法。

● **素质目标**

1. 培养学生在使用计算机的过程中具有安全操作及规范操作的意识；
2. 培养学生在绘图的过程中具有认真严谨的态度和吃苦耐劳的精神。

 任务准备

一、选择对象

• 直接拾取方式：只需将拾取框移动到希望选择的对象上，并单机鼠标即可。对象被选择后，会以虚线形式显示。

• 选择全部对象：在“选择对象”提示下输入“All”后按“Enter”键，AutoCAD 将自动选中屏幕上的所有默认对象。

• 矩形窗口拾取方式：将拾取框移动到图中空白地方并单击鼠标，会提示指定对角点。在该提示下将光标移到另一个位置后单击，AutoCAD 自动以这两个拾取点为对角点确定一个矩形拾取窗口。如果矩形窗口是从左向右定义的，那么窗口内部的对象均被选中，而窗口外部以及与窗口边界相交的对象不被选中；如果窗口是从右向左定义的，那么不仅窗口内部的对象被选中，与窗口边界相交的那些对象也被选中。在使用矩形窗口拾取方式时，无论是从左向右还是从右向左定义窗口，被选中的对象均为位于窗口内的对象。

• 交叉矩形窗口拾取方式：在“选择对象：”提示下输入“C”并按 Enter 键，AutoCAD 会依次提示确定矩形拾取窗口的两个角点，拾取第一个角点：指定对角点，确定矩形拾取

窗口的两个角点后，所选对象不仅包括位于矩形窗口内的对象，而且也包括与窗口边界相交的所有对象。

● 不规则窗口的拾取方式：在“选择对象:”提示下输入“WP”后按 Enter 键，AutoCAD 提示：第一圈围点（确定不规则拾取窗口的第一个顶点位置）指定直线的端点或［放弃（U）］：在指定第一圈围点和直线的端点后，AutoCAD 会连续给出“指定直线的端点或［放弃（U）］:”提示，根据提示确定出不规则拾取窗口的其他个顶点位置后按 Enter 键，AutoCAD 将选中由这些点确定的不规则窗口内的对象。

● 栏选方式：在“选择对象”提示下输入“F”后按 Enter 键，AutoCAD 提示第一栏选点（确定第一点）指定直线的端点或［放弃（U）］，在该提示下确定其他各点后按 Enter 键，则与这些点确定的围线相交的对象被选中。

● 交替选择方式：当在“选择对象”提示下选择某一对象时，如果该对象与其他对象相距很近，那么就很难准确的选择该对象。在“选择对象:”提示下，按 Ctrl 键，然后将拾取框压住要拾取的对象并单击鼠标，这时被拾取框压住的对象之一就会被选中。如果该对象不是所需要的对象，松开 Ctrl 键后继续单击鼠标，随着每一次单击，AutoCAD 会依次选中拾取框所压住的其他对象，这样，就可以方便的选择所需要的对象了。

● 快速选择对象：AutoCAD 还提供了快速选择对象的工具——“快速对象”对话框。选择“工具”|“快速选择”命令后，即可打开“快速选择”对话框。

二、去除对象

启用删除命令的方法有如下几种：

命令行输入 Erase。

菜单操作［修改］——［删除］。

工具栏操作，在“修改”工具栏单击图标执行命令后，AutoCAD 会提示：

选择对象：(选择要删除的对象)

选择对象：↙（也可继续选择对象）

按提示选择要删除的对象后，按 Enter 键，即可将这些对象删除。

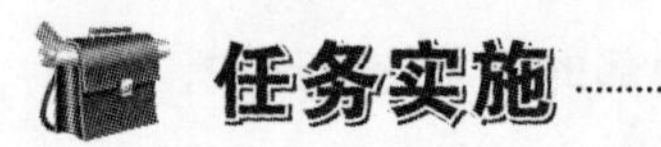

上机练习矩形窗口选择的操作方式，如图 1－5－1 至 1－5－4 所示。

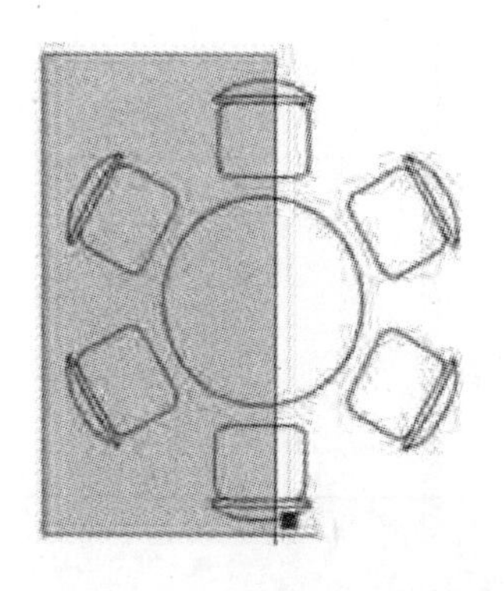

图 1－5－1　从左向右定义窗口选择对象

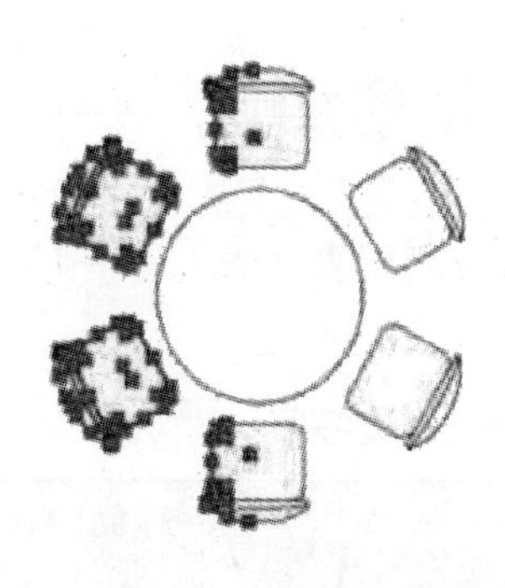

图 1－5－2　已选择对象的效果

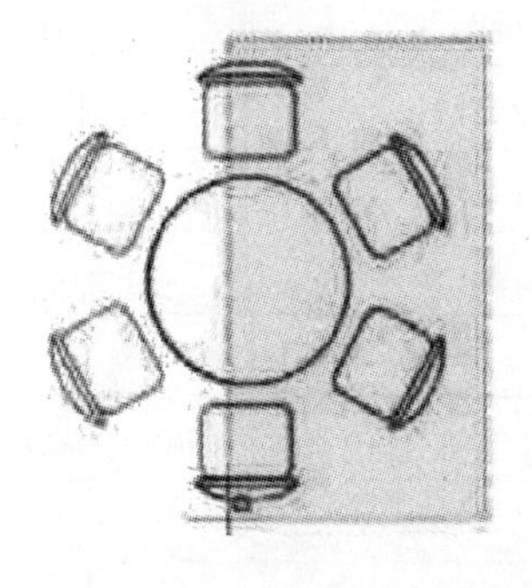

图 1－5－3　从右向左定义窗口选择对象

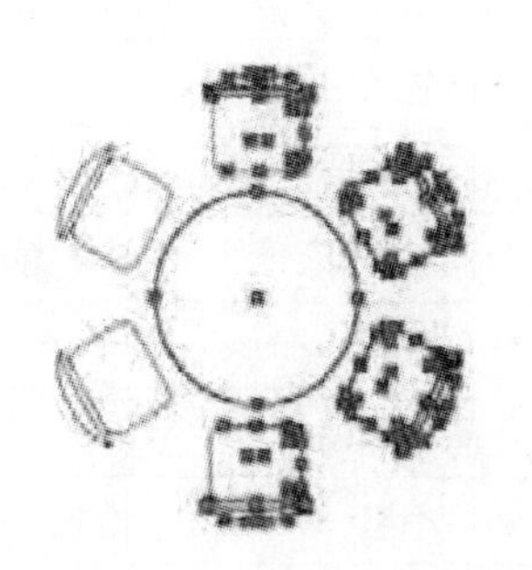

图 1－5－4　已选择对象的效果

上机练习交叉矩形窗口选择的操作方式，如图 1－5－5 所示。

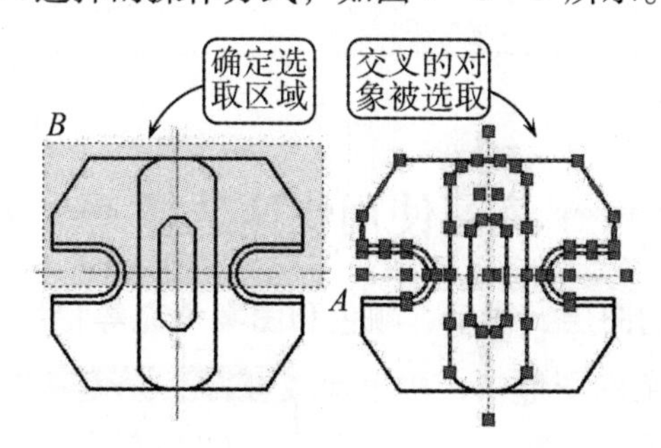

图 1－5－5　交叉窗口选取

上机练习不规则窗口选择的操作方法，如图 1－5－6 所示。

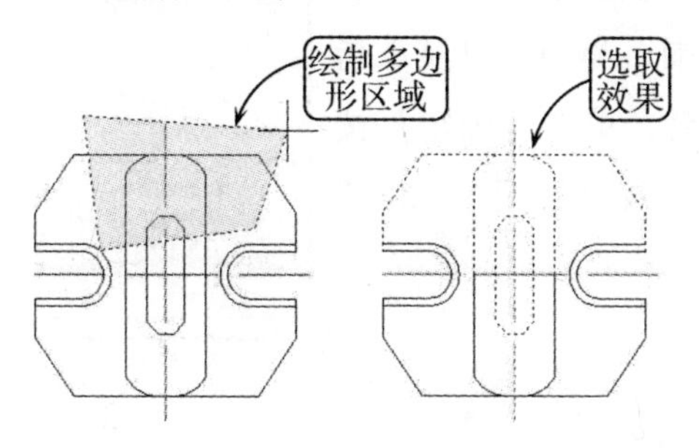

图 1－5－6　不规则窗口选取

任务测试

任务测试表（表1-5-1）。

表1-5-1　任务测试表

班组人员签字：

任务名称	对象的选择与去除操作	规格型号	
检查数量		检验日期	年　月　日
检验项目	质量标准	测量方法	检验结果
对象的选择	能完成操作	目测	
对象的去除	能完成操作	目测	
备注			
作品自我评价			
小组			
指导教师评语			

任务拓展

练习使用快速选择

快速选择是根据对象的图层、线型、颜色和图案填充等特性或类型来创建选择集，从而使用户可以准确地从复杂的图形中，快速地选择满足某种特性要求的图形对象。

在命令行中输入 QSELECT 指令，并按下回车键，将打开【快速选择】对话框，在该对话框中指定对象应用的范围、类型，以及欲指定类型相对应的值等选项后，单击【确定】按钮，即可完成对象的选择，效果如图1-5-7所示。

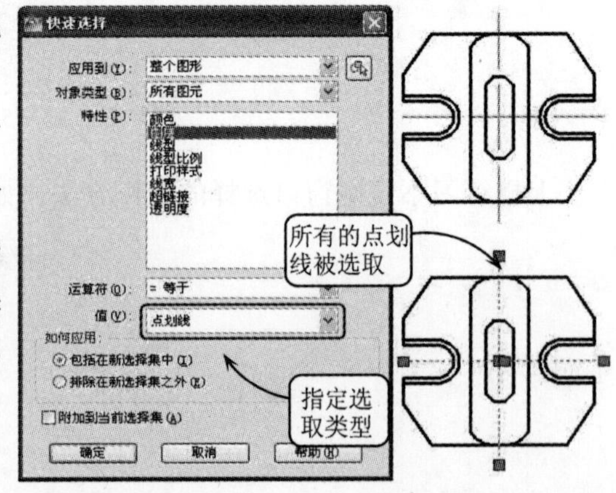

图1-5-7　快速选择

本项目主要介绍了 AutoCAD 2018 基础知识，通过五个任务使同学们掌握工作界面的各种基本操作及使用方法，掌握最基本的操作技巧，锻炼同学们的实际动手能力和解决问题的能力，为以后的学习打下一个坚实的基础。

项目思考题

1. 如何改变绘图窗口的背景颜色?
2. 如何确定点? 目前你知道的方式有哪些?
3. AutoCAD 的基本绘图思想是什么?
4. 圆弧有时显示成多段折线，与出图是否有关? 可以用什么命令控制显示?
5. 视图缩放命令“ZOOM”是否改变了图形的真实大小?
6. 在 AutoCAD 中，提供了哪些精确绘图辅助工具?
7. 极轴追踪与对象捕捉追踪有何区别?
8. 进入图纸空间，主要方法有哪两种?

项目二
基本二维图形的绘制

项目描述

任何复杂的图形都可以分解成简单的点、线、面等基本图形。用户使用“绘图”菜单中的命令，可以方便地绘制出点、直线、圆、圆弧、多边形、圆环等简单的二维图形。二维图形的形状都很简单，创建起来也很容易，它们是整个 AutoCAD 的绘图基础，因此，用户只有熟练地掌握它们的绘制方法和技巧，才能够更好地绘制出复杂的二维图形。通过本课程的学习，学生能熟练掌握 AutoCAD 软件的使用方法，能根据工作要求完成图纸的绘制任务，掌握基本二维图形的绘制是学会 CAD 制图的基础，是能否绘制图纸的关键训练环节，所以本项目在整门课程的学习中显得尤为重要。

本项目根据基本绘图命令的特点，分为直线类命令的使用、曲线类命令的使用、圆类命令的使用、平面图形类命令的使用、图案填充命令的使用、点的操作六个学习任务。让学生在完成学习任务的同时，为绘制机械设备的零件图、装配图和制冷系统图打下基础。

项目目标

● 知识目标

1. 了解直线、多线、样条曲线等命令的相关概念；
2. 了解绝对直角坐标、相对直角坐标的含义，掌握坐标的输入方法；
3. 了解图案填充的相关概念及对话框中个选项的含义；
4. 了解构造线、圆、圆弧等命令的相关概念；
5. 理解多段线的概念、应用场合以及各命令选项的含义；
6. 了解矩形和正多边形个命令选项的含义；
7. 掌握矩形、正多边形的绘图方法；
8. 掌握运用点命令绘制单点和多点的方法；
9. 掌握点样式的设置方法；
10. 理解定数等分和定距等分的含义；
11. 掌握运用圆环和椭圆命令绘制图形的方法。

● 能力目标

能熟练使用 AutoCAD 软件进行基本二维图形的绘制。

● 素质目标

1. 具有认真细致、严禁规范的图纸绘制意识；
2. 具有分析及解决实际问题的能力；
3. 具有创新意识及获取新知识、新技能的学习能力。

任务一 直线类命令的使用

任务目标

● 知识目标

1. 学会直线类命令的使用方法；
2. 学会正确使用各种坐标方式来确定点；
3. 学会动态输入功能的应用。

● 能力目标

操作者必须熟练掌握直线类命令的使用方法和操作技术，达到熟练绘制直线类平面图形的能力。

● 素质目标

1. 培养学生在使用计算机的过程中具有安全操作及规范操作的意识；
2. 培养学生在绘图的过程中具有认真严谨的态度和吃苦耐劳的精神。

任务准备

直线类命令的使用

一、直线命令

直线命令用于绘制直线段或折线段或闭合多边形对象。

1. 操作方法

（1）菜单栏：单击【绘图】→【直线】命令。

（2）工具栏：单击功能区【默认】选项卡→【绘图】面板中的【直线】按钮。

（3）命令行：LINE（或缩写：L）。

2. 确定第二点的方法

（1）输入绝对坐标值，如直角坐标 100，100；极坐标 100 <45。

（2）输入相对坐标，如相对直角坐标@100，100；相对极坐标@100<45。

（3）打开【动态输入】模式，移动鼠标指示直线方向，输入直线长度值，如100。

（4）如果要绘制垂直或水平的直线，可以按F8打开正交模式。

二、构造线命令

构造线命令用于创建无限长的构造线，对于创建构造线和参照线以及修剪边界十分有用。

1. 操作方法

（1）菜单栏：单击【绘图】→【构造线】命令。

（2）工具栏：单击功能区【默认】选项卡→【绘图】面板中【构造线】按钮。

（3）命令行：XLINE（或缩写：XL）。

2. 构造线的创建

（1）水平或垂直构造线的创建

命令：xline	//激活 XLINE 命令
指定点或［水平（H）/垂直（V）/角度（A）/二等分（B）/偏移（O）］：h	//选择“水平”选项，绘制水平构造线
指定通过点	//在绘图区中拾取一点作为通过点
指定通过点	//按【Enter】键结束 XLINE 命令
命令：	//按【Enter】键再次执行 XLINE 命令
XLINE 指定点或［水平（H）/垂直（V）/角度（A）/二等分（B）/偏移（O）］：v	//选择“垂直”选项，绘制垂直构造线
指定通过点：	//在绘图区中拾取一点作为通过点
指定通过点：	//按【Enter】键结束 XLINE 命令

（2）指定角度构造线的创建

命令：xline	//激活 XLINE 命令
指定点或［水平（H）/垂直（V）/角度（A）/二等分（B）/偏移（O）］：a	//选择“角度”选项，绘制具有角度的构造线
输入构造线的角度（O）或［参照（R）］：45	//指定构造线的倾斜角度
指定通过点：	//指定构造线的位置
指定通过点：	//按【Enter】键结束 XLINE 命令

三、射线命令

射线用于创建向一个方向无限延伸的直线，用于其他对象的参照。

1. 操作方法

（1）菜单栏：单击【绘图】→【射线】命令。

（2）工具栏：单击功能区【默认】选项卡→【绘图】面板中【射线】按钮。

（3）命令行：RAY。

2. 射线的创建

命令：_ ray	//激活 RAY 命令
指定起点：	//在绘图区中任意点取一点
指定通过点：@100 <0	//指定第一条射线的位置，本例用的是相对坐标来确定射线位置
指定通过点：@100 <15	//指定第二条射线的位置
指定通过点：@100 <30	//指定第三条射线的位置
指定通过点：@100 <45	//指定第四条射线的位置
指定通过点：	//按【Enter】键结束 RAY 命令

任务实施

使用直线命令，利用相对直角坐标或相对极坐标绘图，如图 2－1－1 所示。

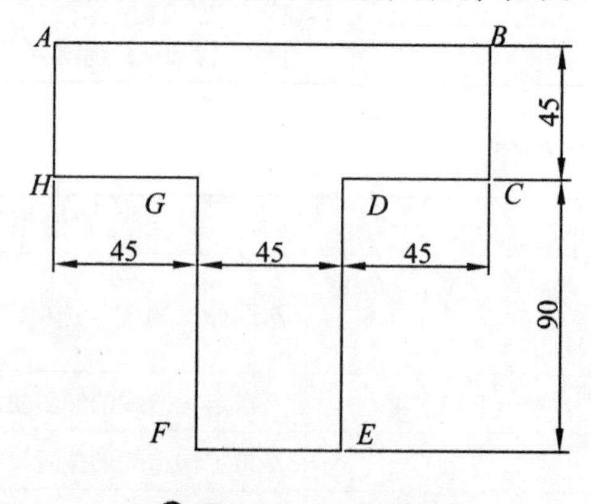

图 2－1－1　T形图

打开 AutoCAD 2018，新建空白文件，如图 2－1－2 所示界面：设置绘图环境（图形界限 210×297）；设置图层（默认图层）。

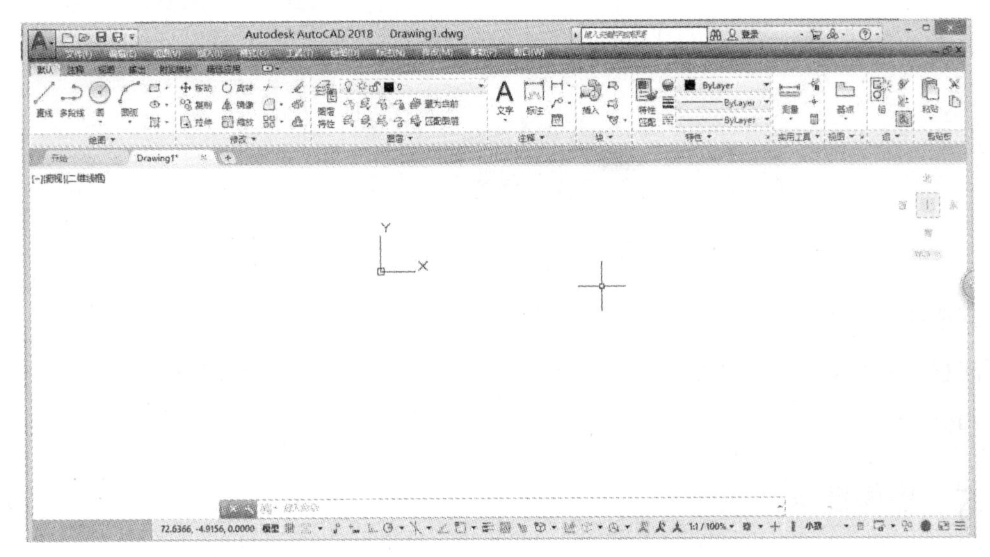

图 2－1－2　AutoCAD 2018 初始界面

一、操作步骤

用直线命令绘制图形，按 F8 指定正交模式。

单击状态栏中的【动态输入】按钮，（系统默认打开动态输入）关闭动态输入，单击功能区【默认】选项卡→【绘图】面板中的【直线】按钮，出现图 2－1－3 命令行，命令行提示与操作如下：

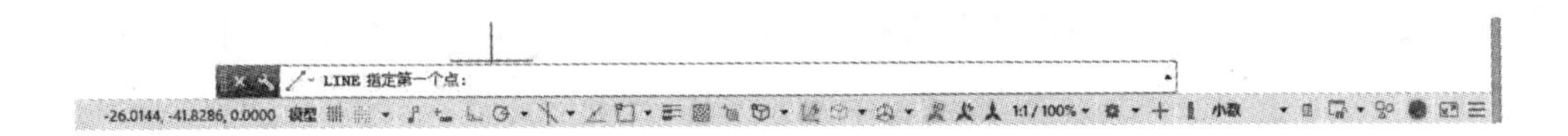

图 2－1－3　直线命令命令行提示

命令：_ line

指定第一个点：0，0（在图 2－1－3 命令行中输入绝对直角坐标值“0，0”T 形图中 A 点），空格键或回车键确认。

指定下一点或［放弃（U）］：@135，0（在命令行中输入相对坐标值“@135，0”，图中 B 点）。

用鼠标确定方向后，指定下一点或［放弃（U）］：45（直接输入距离确定下一点坐标，图中 C 点）如图2－1－4所示。

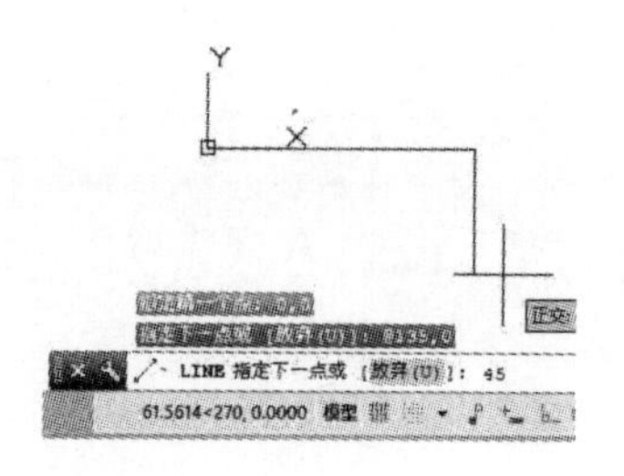

图2－1－4　C点效果图

其他点参照A、B、C三点。

注意： 这里给出了绝对直角坐标、相对坐标命令执行方式，相对极坐标命令执行方式与其相似。

二、操作提示

➢ 当定位下一点时默认输入的就是相对坐标，坐标值前的@符号可省略；AutoCAD 2018可用鼠标确定方向后，直接输入距离确定下一点坐标。

➢ 输入数据的过程中，标点符号、小于号、大于号等要用英文的符号输入。捕捉没有给出坐标的点时，要用极轴追踪和对象追踪等方法。

➢ 在状态栏的坐标区域中单击鼠标右键，在弹出的快捷菜单中选择相应的选项，可以切换相对、绝对、关等3种坐标模式。正交模式下用户在绘图区使用十字光标只能在水平方向上绘制水平线和垂直方向上绘制竖直线。

➢ 在默认情况下，【视图】选项卡中的【坐标】面板是隐藏的，在功能区空白处单击鼠标右键，在弹出的快捷菜单中选择【显示面板】→【坐标】命令即可显示坐标面板。

➢ 正交模式将光标限制在水平或垂直（正交）轴上，因为不能同时打开正交模式和极轴追踪，正交模式打开时，AutoCAD会自动关闭极轴追踪，如果再次打开极轴追踪，AutoCAD将关闭正交模式。

任务测试

任务测试表（表2－1－1）。

表2－1－1　任务测试表

班组人员签字：

任务名称	直线类命令的使用	规格型号	
检查数量		检验日期	年　月　日
检验项目	质量标准	测量方法	检验结果
线段 AB \ CD \ EF \ HG	水平线	目测	
线段 AH \ BC \ DE \ FG	垂直线	目测	
各段直线的长度	符合图纸	测量尺寸	
备注			
作品自我评价			
小组			
指导教师评语			

任务拓展

一、动态输入知识链接

AutoCAD 中绘图方法十分灵活，例如，在绘制 T 形时，上面使用了相对直角坐标和相对极坐标，也可使用绝对坐标，只是绝对坐标要进行坐标换算，显得麻烦一些。使用动态输入功能可以在工具栏提示中输入坐标值，而不必在命令行中进行输入，光标旁边显示的工具栏提示信息将随着光标的移动而动态更新。当某个命令处于活动状态时，可以在工具栏提示中输入值，如图2－1－5所示。

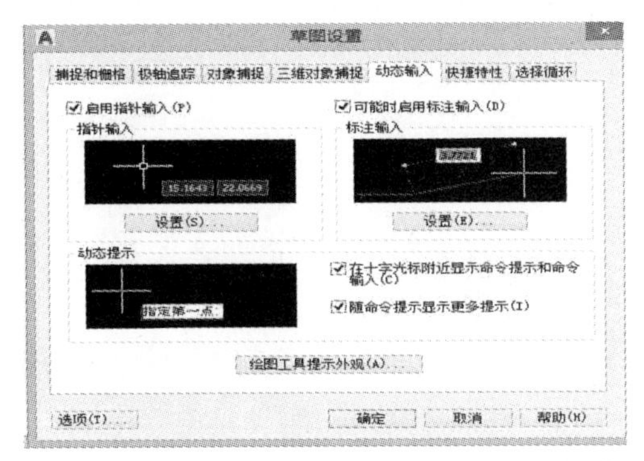

图2－1－5　草图设置对话框

1. 启用指针输入

选中【启用指针输入】复选框可以启用指针输入功能。可以在【指针输入】选项组中单击【设置】按钮，使用打开的【指针输入设置】对话框设置指针的格式和可见性。

2. 启用标注输入

选中【可能时启用标注输入】复选框可以启用标注输入功能。在【标注输入】选项组中单击【设置】按钮，使用打开的【标注输入的设置】对话框，可以设置标注的可见性。

3. 显示动态提示

选中【动态提示】选项组中的【在十字光标附近显示命令提示和命令输入】复选框，可以在光标附近显示命令提示，动态输入可以完全取代 AutoCAD 传统的命令行，为用户提供了一种全新的操作体验，通过辅助工具栏上的按钮控制。动态输入特性也体现了面向图元对象的概念，用动态输入代替命令行，可以使操作者的注意力不必下移到绘图区的下面，直接在图元的位置就可以输入、显示、回应在执行 AutoCAD 命令过程中的交互要求，利用好这一特性对提高绘图效率是有很大帮助的。

二、用动态输入功能绘制 T 形

首先，单击状态栏上【动态输入】按钮，系统默认打开动态输入，或按 F12，然后使用直线命令绘制 T 形，详细操作步骤如下：

1. 操作步骤

用直线命令绘制图形，按 F8 指定正交模式。

单击功能区【默认】选项卡→【绘图】面板中的【直线】按钮，命令行提示与操作如下：

命令：_ line

指定第一个点：(用鼠标单击绘图区中任意点，T 形图中 A 点)。

指定下一点或［放弃（U)］:（动态输入数值 135　图中 B 点）如图 2－1－6 所示。

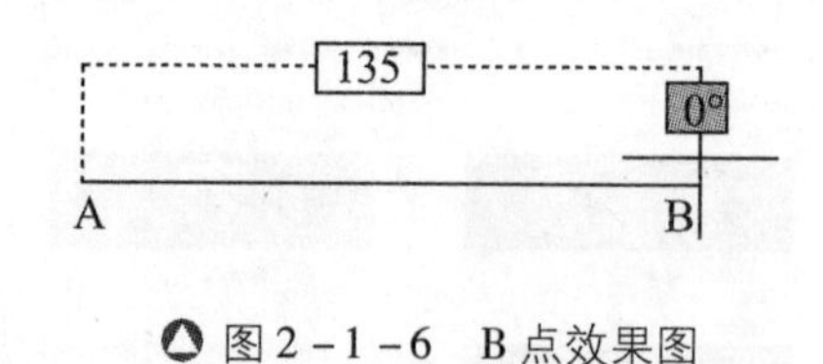

图 2－1－6　B 点效果图

指定下一点或［放弃（U）］：（动态输入数值45　图中C点）如图2－1－7所示。

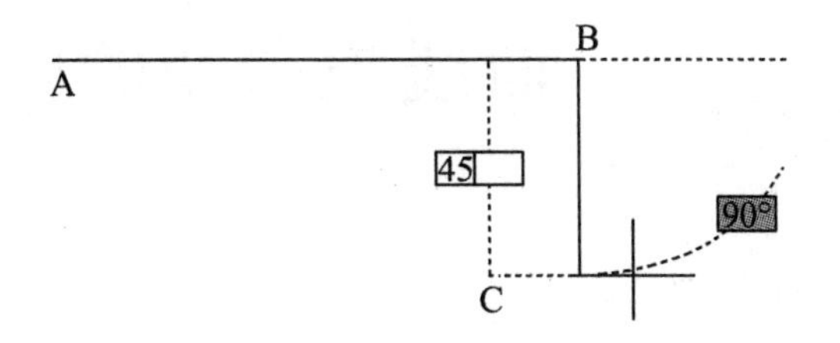

图2－1－7　C点效果图

指定下一点或［闭合（C）/放弃（U）］：（动态输入数值45　图中D点）如图2－1－8所示。

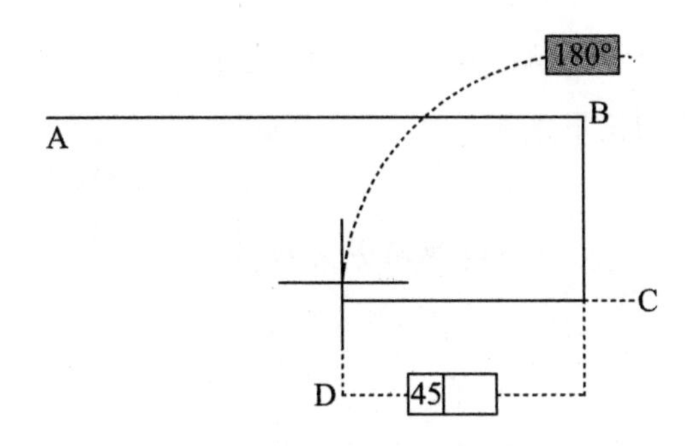

图2－1－8　D点效果图

其他点参照以上几点。

操作提示：用Tab键可切换动态输入的长度和角度输入框。

任务二　曲线类命令的使用

任务目标

● 知识目标

1. 学会多段线命令的使用方法；
2. 正确理解多段线命令各选项的意义及使用方法；
3. 学会样条曲线命令的使用方法。

● 能力目标

操作者必须熟练掌握曲线类命令的使用方法和操作技术，达到熟练绘制曲线类平面图形的能力。

● 素质目标

1. 培养学生在使用计算机的过程中具有安全操作及规范操作的意识；
2. 培养学生在绘图的过程中具有认真严谨的态度和吃苦耐劳的精神。

任务准备

曲线类命令的使用

一、多段线命令

多段线是作为单个对象创建的相互连接的线段组合图形。该组合线段作为一个整体，可以由直线段、圆弧段或两者的组合线段组成，并且可以是任意开放或封闭的图形。

1. 操作方法

（1）菜单栏：单击【绘图】→【多段线】命令。

（2）工具栏：单击功能区【默认】选项卡→【绘图】面板中的【多段线】按钮。

（3）命令行：PLINE（或缩写：PL）。

2. 选项说明

（1）圆弧（A）：绘制圆弧的方法与“圆弧”命令相似。命令行提示与操作如图2－2－1。

指定圆弧的端点(按住 Ctrl 键以切换方向)或
PLINE [角度(A) 圆心(CE) 方向(D) 半宽(H) 直线(L) 半径(R) 第二个点(S) 放弃(U) 宽度(W)]:

图2－2－1　圆弧（A）命令行提示

（2）半宽（H）：指定从宽线段的中心到一条边的宽度。

（3）长度（L）：按照与上一线段相同的角度方向创建指定长度的线段。如果上一线段是圆弧，将创建与该圆弧相切的新直线段。

（4）宽度（W）：指定下一线段的宽度。

（5）放弃（U）：删除最近添加的线段。

二、样条曲线命令

样条曲线是经过或接近影响曲线形状的一系列点的平滑曲线。用于创建形状不规则的曲线。

1. 操作方法

（1）菜单栏：单击【绘图】→【样条曲线】命令。

（2）工具栏：单击功能区【默认】选项卡→【绘图】面板中的【样条曲线】按钮。

（3）命令行：SPLINE。

2. 选项说明

（1）第一个点：指定样条曲线的第一个点，或者第一个拟合点和第一个控制点。

（2）方式（M）：控制使用拟合点或控制点创建样条曲线：拟合点（F）：通过指定样条曲线必须经过的拟合点创建3阶B样条曲线：控制点（CV）：通过指定控制点创建样条曲线。使用此方法创建1阶（线性）、2阶（2次）、3阶（3次）直到最高为10阶的样条曲线。通过移动控制点调整样条曲线的形状。

（3）节点（K）：用来确定样条曲线中连续拟合点之间的零部件曲线如何过渡。

（4）对象（O）：将二维或三维的二次或三次样条曲线的拟合多段线转换为等阶的样条曲线，然后删除该拟合多段线。

任务实施

使用多段线命令，绘制仪表，如图2－2－2所示。

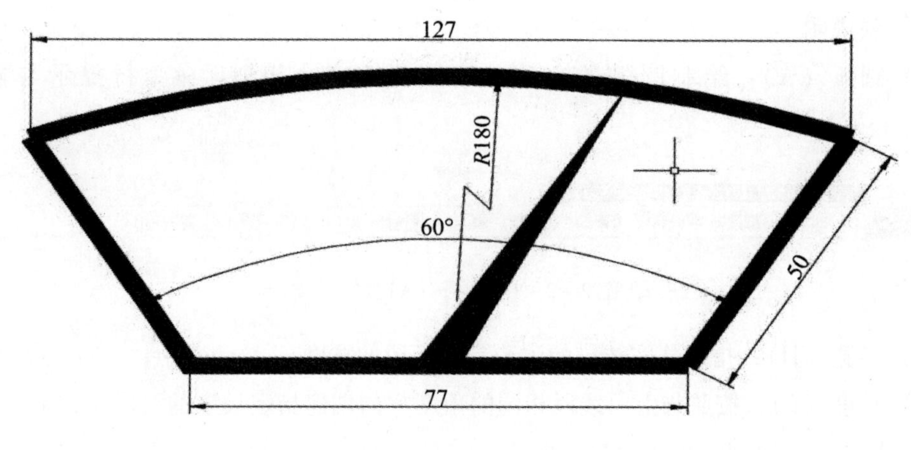

图2-2-2　仪表

1. 打开 AutoCAD 2018，新建空白文件界面。

2. 设置绘图环境，(图形界限 210×297)。

3. 设置图层（默认图层）。

一、操作步骤

单击功能区【默认】选项卡→【绘图】面板中的【多段线】按钮，在图中合适位置绘制图2-2-2。

1. 绘制表盘

命令行提示与操作如下：

命令：_ pline（启动多段线命令）。

当前线宽为0.0000（系统提示信息）。

指定下一个点或［圆弧（A）/半宽（H）/长度（L）/放弃（U）/宽度（W）]：w（选择宽度选项）。

指定起点宽度 <3.0000>：3（指定起点宽度为3）。

指定端点宽度 <3.0000>：3（指定端点宽度为3）。

指定下一个点或［圆弧（A）/半宽（H）/长度（L）/放弃（U）/宽度（W）]：@50<60（下一点坐标）。

指定下一个点或［圆弧（A）/半宽（H）/长度（L）/放弃（U）/宽度（W）]：A（选择圆弧选项）。

指定圆弧的端点（按住 Ctrl 键以切换方向）或［角度（A）/圆心（CE）/闭合（CL）/方向（D）/半宽（H）/直线（L）/半径（R）/第二个点（S）/放弃（U）/宽度（W）]：R（选择指定圆弧半径），如图2-2-3所示。

指定下一点或 [圆弧(A)/闭合(C)/半宽(H)/长度(L)/放弃(U)/宽度(W)]: A
指定圆弧的端点(按住 Ctrl 键以切换方向)或
[角度(A)/圆心(CE)/闭合(CL)/方向(D)/半宽(H)/直线(L)/半径(R)/第二个点(S)/放弃(U)/宽度(W)]: R
PLINE 指定圆弧的半径:

图2-2-3　圆弧半径输入提示

命令行输入圆弧半径180，效果如图2-2-4所示。

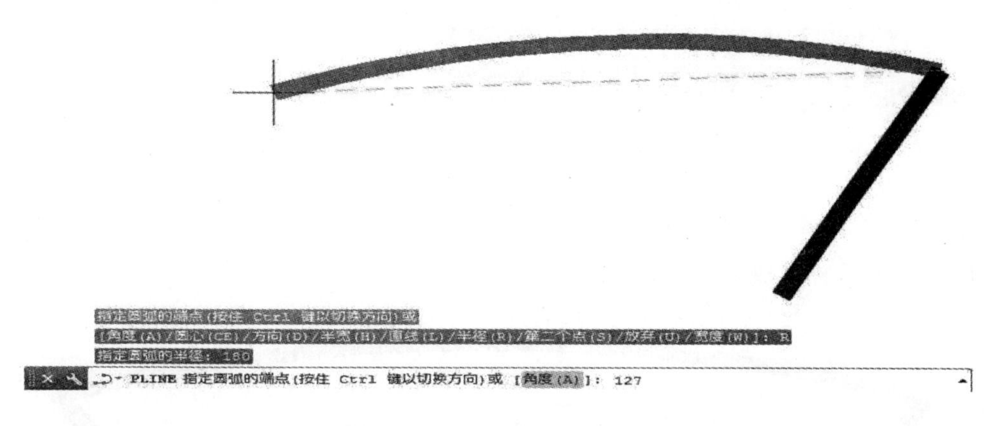

图2-2-4　绘制多段线圆弧

指定圆弧的端点（按住Ctrl键以切换方向）或［角度（A）］：127（下一点坐标）效果如图2-2-5所示。

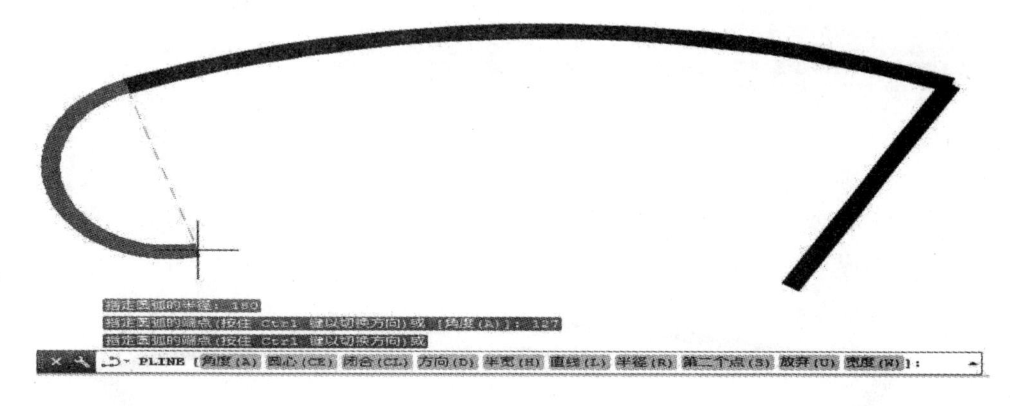

图2-2-5　指定圆弧端点

指定圆弧的端点（按住Ctrl键以切换方向）或［角度（A）/圆心（CE）/闭合（CL）/方向（D）/半宽（H）/直线（L）/半径（R）/第二个点（S）/放弃（U）/宽度（W）］：L（选择直线选项），如图2-2-6所示。

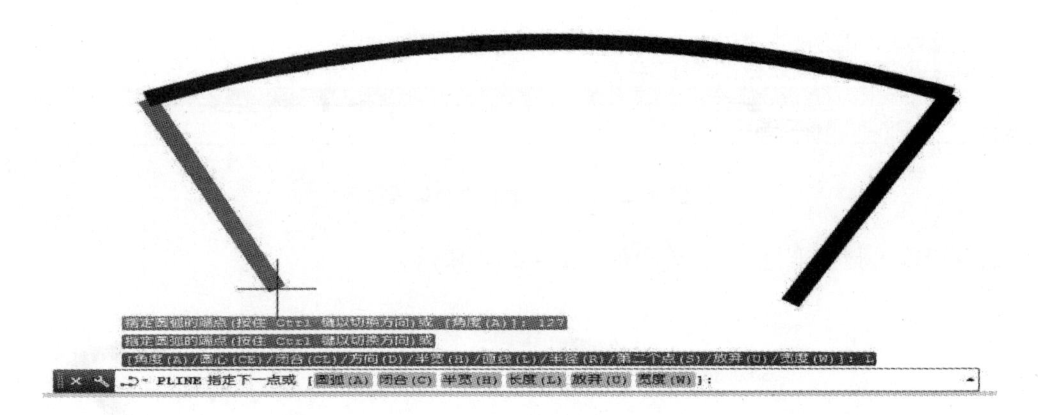

图 2－2－6　绘制另一段直线

指定下一个点或［圆弧（A）/半宽（H）/长度（L）/放弃（U）/宽度（W）］：@50<300（下一点坐标）效果如图 2－2－7 所示。

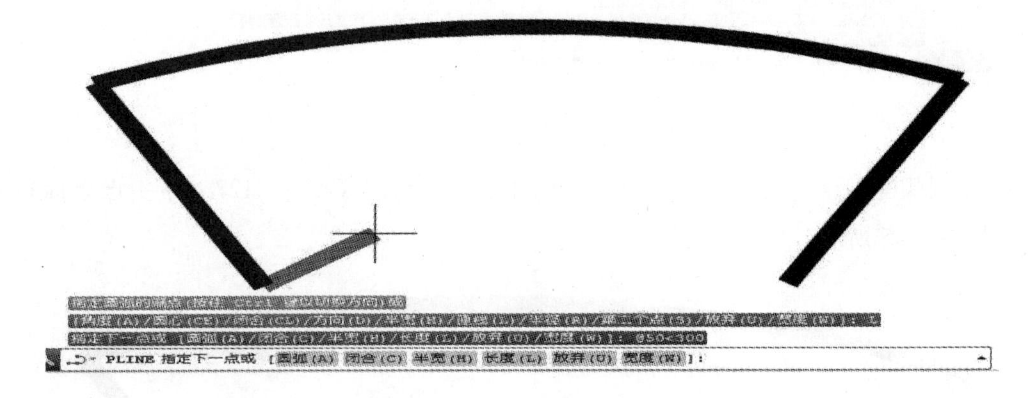

图 2－2－7　指定直线端点

指定下一个点或［圆弧（A）/半宽（H）/长度（L）/放弃（U）/宽度（W）］：（选择下一点闭合图形）效果如图 2－2－8 所示。

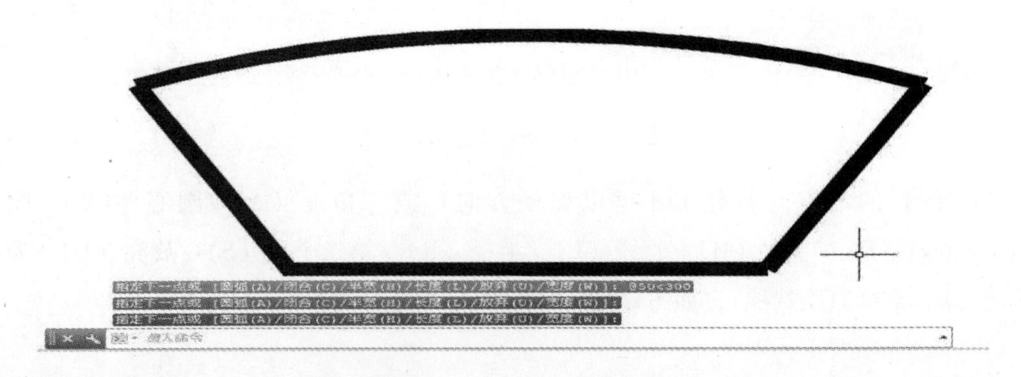

图 2－2－8　仪表盘效果图

2. 画指针

命令行提示与操作如下：

命令：_ pline（启动多段线命令）。

指定起点：（指定水平直线的中点）。

当前线宽为 3.0000（系统提示信息）（选择宽度选项）。

指定下一个点或［圆弧（A）/半宽（H）/长度（L）/放弃（U）/宽度（W）］：w（选择宽度选项）。

指定起点宽度 <3.0000 >：6（指定起点宽度为 6）。

指定端点宽度 <7.0000 >：0（指定端点宽度为 0）。

指定下一个点或［圆弧（A）/半宽（H）/长度（L）/放弃（U）/宽度（W）］：L（选择直线选项）。

指定直线的长度：50（输入直线长度）。

二、操作提示

➤ 定义多段线的半宽和宽度时，注意以下事项：

1. 起点宽度将成为默认的中点宽度。

2. 端点宽度在再次修改宽度之前将作为所有后续线段的统一宽度。

3. 宽线段的起点和端点位于线段的中心。

4. 典型情况下，相邻多段线线段的交点将倒角。但在圆弧段互不相切、有非常尖锐的角或者使用点划线线型的情况下将不倒角。

任务测试

任务测试表（表 2－2－1）。

表 2－2－1　任务测试表

班组人员签字：

任务名称	曲线类命令的使用	规格型号	
检查数量		检验日期	年　月　日
检验项目	质量标准	测量方法	检验结果
圆弧的弯曲方向	符合图纸	目测	
两斜线的倾斜方向	符合图纸	目测	
各段线的尺寸	符合图纸	测量尺寸	

续表

任务名称	曲线类命令的使用	规格型号	
各段线的线宽	符合图纸	特性检测	
指针的形式	符合图纸	特性检测	
备注			
作品自我评价			
小组			
指导教师评语			

任务拓展

1. 设置线宽

AutoCAD 中对象线宽的设置一般在对象特性中设置，但对象特性中的线宽设置 AutoCAD 是提供一个线宽序列（0.00、0.05、0.09、0.13）供用户选用。而在多段线命令中设置线宽，用户可以不受线宽序列的限制，自由的设置线宽（如0.04、0.10、……）。

已设定线宽的多段线在打印输出时，如果设定宽度大于打印输出中该颜色线条设定的宽度，则以图面设定的宽度为准，不受打印输出中不同颜色线条的宽度限制；如果多段线的图面宽度小于打印输出中该颜色线条的设定宽度，则根据其颜色按打印输出中设定的进行打印。

2. 利用多段线绘制如图2-2-9所示样条曲线

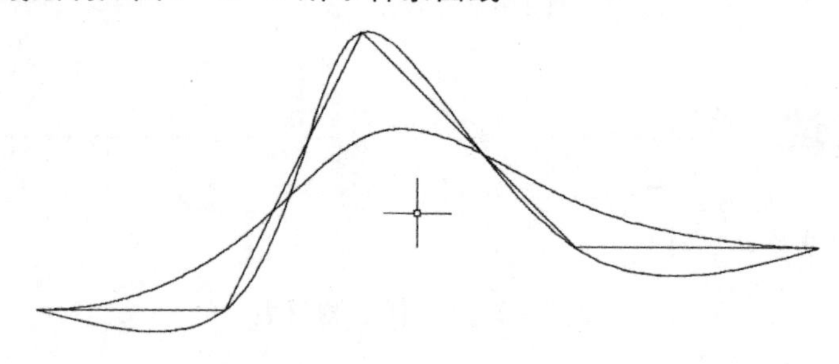

图2-2-9　样条曲线

单击功能区【默认】选项卡→【绘图】面板中的【样条曲线】按钮，命令行提示与操作如下：

命令：_ SPLINE

当前设置：方式=拟合　节点=弦

指定第一个点或［方式（M）/节点（K）/对象（O）］：_ M

输入样条曲线创建方式［拟合（F）/控制点（CV）］ <拟合>：_ FIT

指定第一个点或［方式（M）/节点（K）/对象（O）］：（指定样条曲线的第一拟合点）。

输入下一个点或［起点切向（T）/公差（L）］：（指定样条曲线的下一个拟合点）。

输入下一个点或［端点相切（T）/公差（L）/放弃（U）］：（指定样条曲线的下一个拟合点）。

依次确定样条曲线的各个拟合点（或控制点），直到回车结束命令。

注意：这里只介绍了“拟合（F）”形式的样条曲线创建方式，图 2－2－9 中有“控制点（CV）”形式的样条曲线，创建方式与拟合方式相同。

操作提示：在命令前加一下划线表示采用菜单或工具栏方式执行命令，与命令行方式效果相同。

任务三　圆类命令的使用

任务目标

● 知识目标

1. 学会圆类命令的使用方法；

2. 正确理解圆类命令各选项的意义及使用方法；

3. 了解圆、圆弧等命令的相关概念。

● 能力目标

操作者必须熟练掌握圆类命令的使用方法和操作技术，达到熟练绘制圆类平面图形的能力；能根据已知条件合理选用命令选项绘制圆及圆弧。

● 素质目标

1. 培养学生在使用计算机的过程中具有安全操作及规范操作的意识；

2. 培养学生在绘图的过程中具有认真严谨的态度和吃苦耐劳的精神。

任务准备

圆类命令的使用

一、圆命令

圆是最简单的封闭曲线，也是绘制工程图形时经常用到的图形单元。

1. 操作方法

（1）菜单栏：单击【绘图】→【圆】命令。

（2）工具栏：单击功能区【默认】选项卡→【绘图】面板中的【圆】按钮，下拉菜单如图 2－3－1 所示。

（3）命令行：CIRCLE（或缩写：C）。

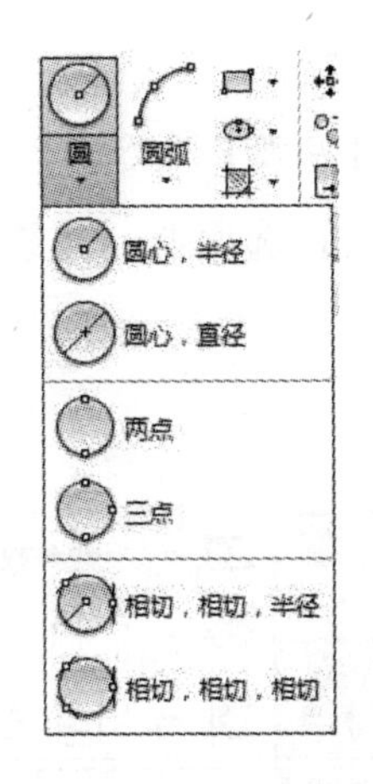

图 2-3-1　圆下拉菜单

2. 选项说明（图 2-3-2）

（1）圆心、半径：通过给定圆心和半径绘制一个圆。

（2）圆心、直径：通过给定圆心和直径绘制一个圆。

（3）两点（2P）：通过给定两个点绘制一个圆。

（4）三点（3P）：通过给定圆上的三点绘制一个圆。

（5）切点、切点、半径（T）：通过给出的半径绘制与两个已知对象相切的圆。

（6）相切、相切、相切：绘制与三个已知对象相切的圆。

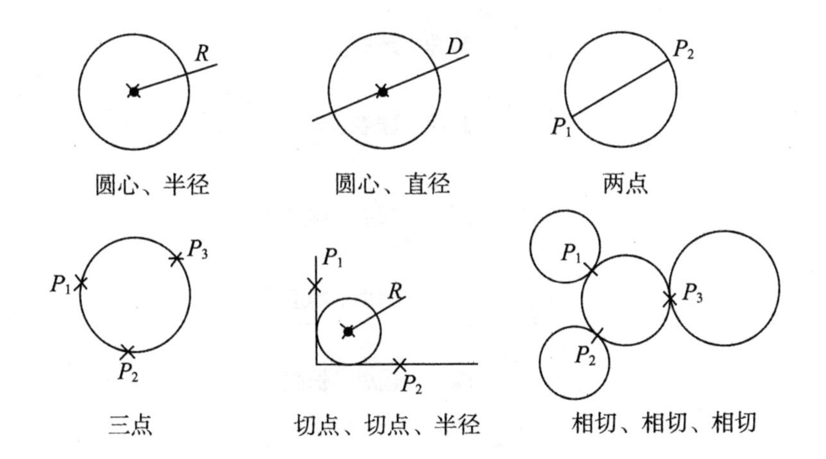

图 2-3-2　圆命令选项

二、圆弧命令

圆弧是圆的一部分。在工程造型中，圆弧的使用比圆更普遍。通常强调的流线型造型或圆润的造型实际就是圆弧造型。

1. 操作方法

（1）菜单栏：单击【绘图】→【圆弧】命令。

（2）工具栏：单击功能区【默认】选项卡→【绘图】面板中的【圆弧】按钮，下拉菜单如图 2-3-3 所示。

（3）命令行：ARC（缩写：A）。

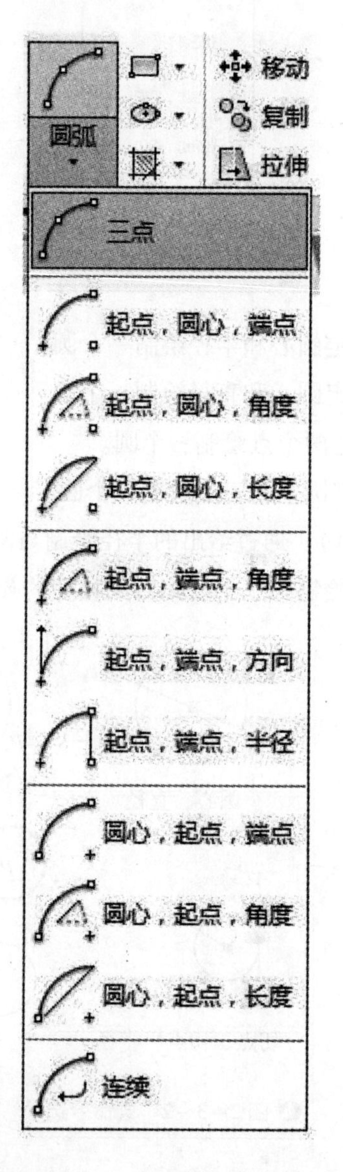

图 2-3-3 圆弧命令下拉菜单

2. 选项说明

（1）三点：通过指定圆弧上的三点，即圆弧的起点、通过的第二个点和端点绘制圆弧，如图 2-3-4（a）所示。

（2）起点、圆心、端点：通过给定圆弧的起点、圆心和端点绘制圆弧，如图2－3－4（b）所示。

（3）起点、圆心、角度：通过给定圆弧的起点、圆心和包含角绘制圆弧，如图2－3－4（c）所示。

（4）起点、圆心、长度：通过给定圆弧的起点、圆心和弦长绘制圆弧，如图2－3－4（d）所示。

注意：输入的圆弧弦长数值不能超过圆弧直径，否则将提示输入值无效并取消命令。

（5）起点、端点、角度：通过给定圆弧的起点、端点和包含角绘制圆弧，如图2－3－4（e）所示。

（6）起点、端点、方向：通过给定圆弧的起点、端点和圆弧在起点处的切线方向绘制圆弧，如图2－3－4（f）所示。

（7）起点、端点、半径：通过给定圆弧的起点、端点和圆弧半径绘制圆弧，如图2－3－4（g）所示。

（8）圆心、起点、端点：通过给定圆弧的圆心、起点和端点绘制圆弧，如图2－3－4（h）所示。

（9）圆心、起点、角度：通过给定圆弧的圆心、起点和圆心角绘制圆弧，如图2－3－4（i）所示。

（10）圆心、起点、长度：通过给定圆弧的圆心、起点和弦长绘制圆弧，如图2－3－4（j）所示。

（11）连续：在绘制其他直线、圆弧或多段线后，选择该选项，系统将自动以刚才绘制的对象的终点为起点，绘制与之相切的圆弧，如图2－3－4（k）所示。

圆弧子菜单中的“连续”选项，等价于在圆弧命令的第一个提示下直接按“Enter”键。

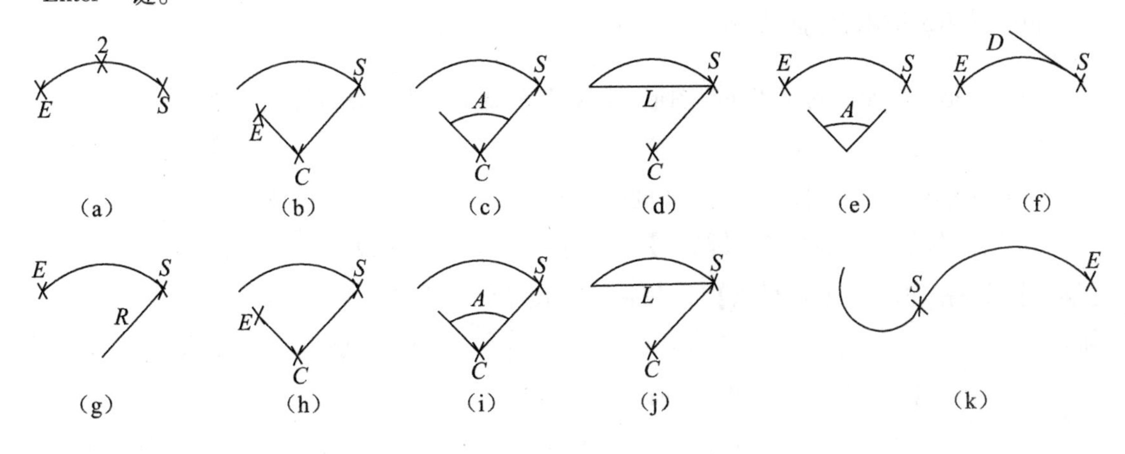

图2－3－4　各种绘制圆弧的方式

三、圆环命令

圆环可以看作两个同心圆，利用圆环命令可以快速地完成同心圆的绘制。

1. 操作方法

（1）菜单栏：单击【绘图】→【圆环】命令。

（2）工具栏：单击功能区【默认】选项卡→【绘图】面板中的【圆环】按钮。。

（3）命令行：DONUT（缩写：DO）。

2. 选项说明

（1）若指定内径为零，则画出填充实心圆，如图2－3－5（a）所示。

（2）若指定内径相等，则画出普通圆，如图2－3－5（b）所示。

（3）绘制不等内外径，则画出填充圆环，如图2－3－5（c）所示。

（4）用命令FILL可以控制圆环是否填充，命令行提示与操作如下。

命令：FILL

输入模式［开（ON）/关（OFF）］<开>：

选择“开”表示填充，选择“关”表示不填充，如图2－3－5（d）所示。

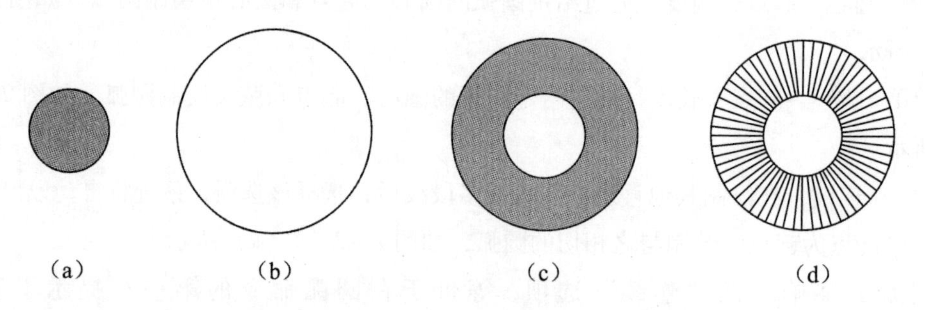

图2－3－5　圆环命令

四、椭圆与椭圆弧命令

椭圆也是一种典型的封闭曲线图形，圆在某种意义上可以看成椭圆的特型。

1. 操作方法

（1）菜单栏：单击【绘图】→【椭圆】命令。

（2）工具栏：单击功能区【默认】选项卡→【绘图】面板中的【椭圆】按钮，或【椭圆弧】按钮，下拉菜单如图2－3－6所示。

（3）命令行：ELLIPSE（缩写：EL）。

椭圆弧

图2－3－6　椭圆下拉菜单

2. 选项说明

（1）指定椭圆的轴、端点：根据两个端点定义椭圆的第一条轴（这是默认选项）。

指定轴的另一个端点：(指定一点)

指定另一条半轴长度：以一个轴的两端点和另一条半轴的长绘制椭圆（图 2－3－7），这是默认方式。操作过程按照图 2－3－7 中标识 1－2－3 顺序绘制。

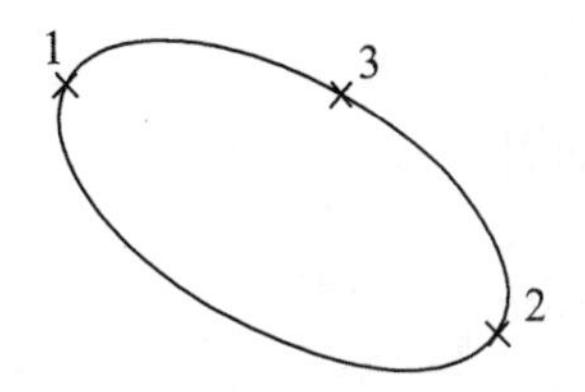

图 2－3－7　绘制椭圆

图 2－3－7 操作过程按照图 2－3－7 中标识 1－2－3 顺序绘制。旋转（*R*）：通过绕第一条轴旋转圆来创建椭圆，相当于将一个圆绕椭圆轴翻转一个角度后的投影视图。

（2）指定椭圆的轴、端点［弧（*A*）／中心点（*C*）］。

圆弧（*A*）：用于创建一段椭圆弧，与单击功能区【默认】选项卡→【绘图】面板中的【椭圆弧】按钮相同，其中，第一条轴的角度确定了椭圆弧的角度。第一条轴既可以是长轴也可以是短轴。其绘制方式有三种：

以起始角度和终止角度绘制椭圆弧（图 2－3－8）。

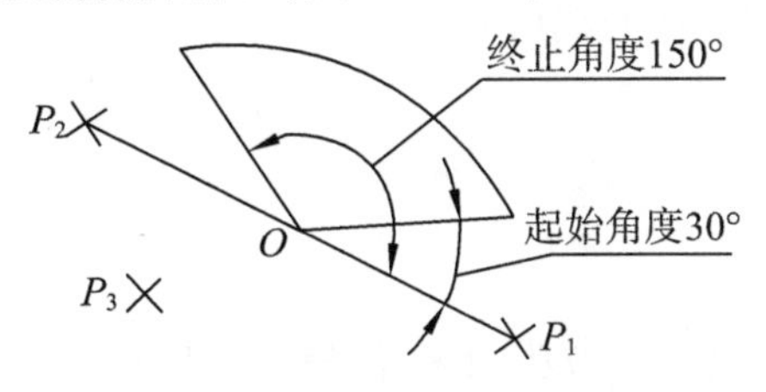

图 2－3－8　椭圆弧绘制方式

以起始角度和包含角度绘制椭圆弧（图 2－3－9）。

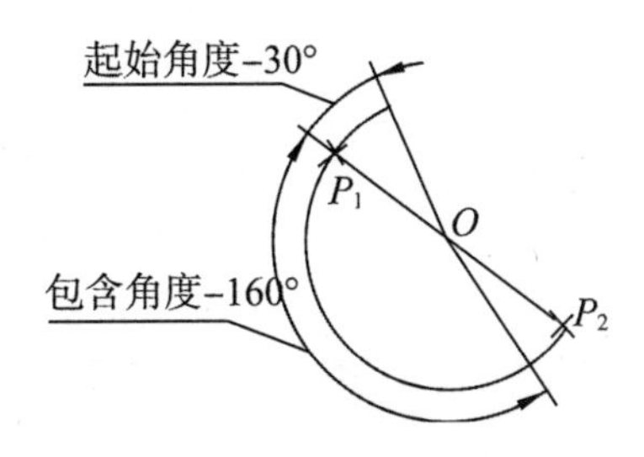

图 2－3－9　椭圆弧绘制方式

使用参数确定椭圆弧的起点和终点。

p（u）=c+acos（u）+bsin（u）

中心点（C）：通过指定的中心点创建椭圆。

任务实施

使用圆类命令，绘制连杆，如图2-3-10所示。

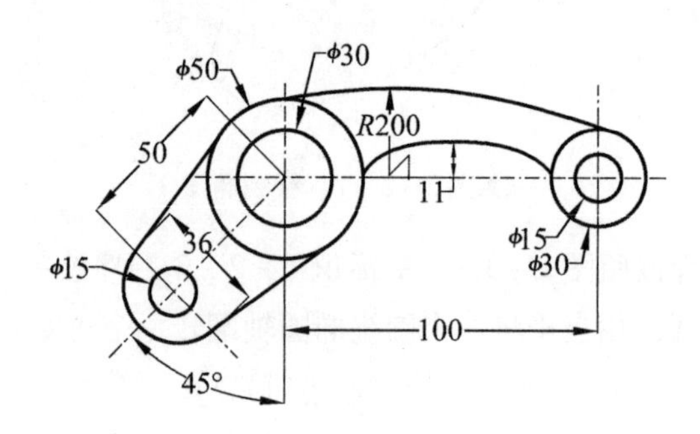

图2-3-10 连杆

1. 打开AutoCAD 2018，新建空白文件界面。
2. 设置绘图环境，图形界限210×297。
3. 设置图层（粗实线层，中心线层）。

一、操作步骤

1. 绘制中心线

将中心线层设为当前图层，单击功能区【默认】选项卡→【绘图】面板中的【直线】按钮，按任务要求在图中合适位置绘制中心线，ϕ50圆的中心点在坐标原点位置，效果如图2-3-11所示。

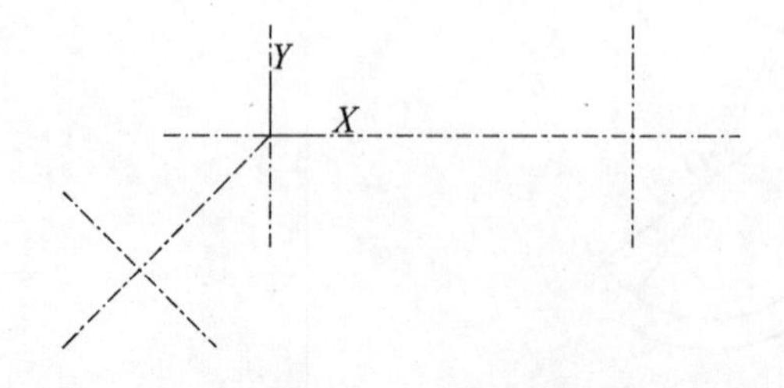

图2-3-11 绘制中心线

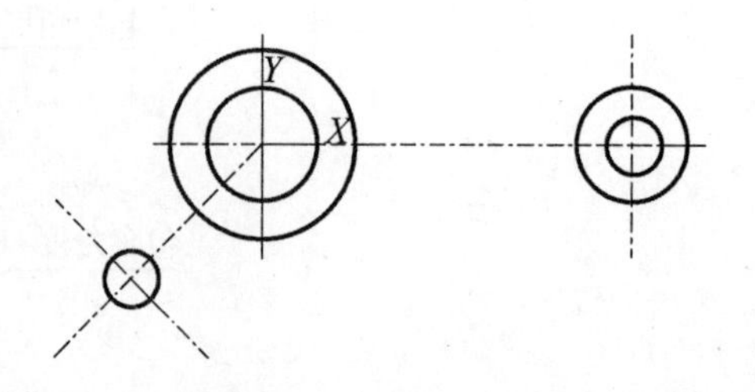

图2-3-12 绘制圆

2. 绘制圆

将粗实线层设为当前图层，单击功能区【默认】选项卡→【绘图】面板中的【圆】按钮，在图中合适位置绘制直径为 ϕ50、ϕ30、ϕ15 的圆，效果如图 2－3－12 所示。

3. 绘制直线段

单击功能区【默认】选项卡→【绘图】面板中的【直线】按钮，绘制两段与 ϕ50 圆相切的直线［A 点坐标（－48.08，－22.72）；B 点坐标（－22.63，－48.17）］，效果如图2－3－13所示。

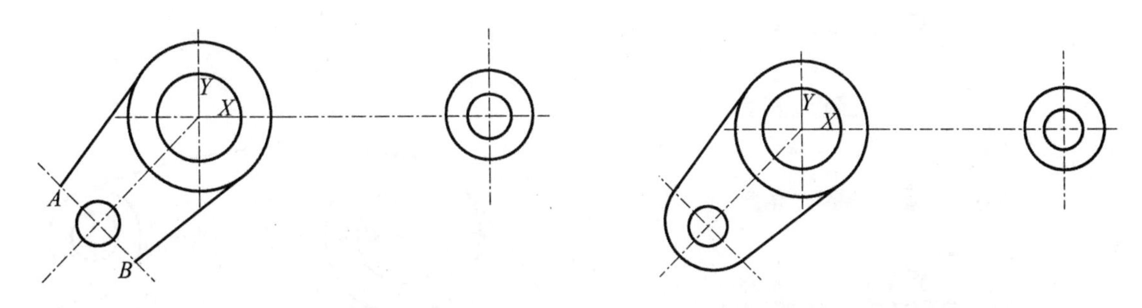

图 2－3－13　绘制直线段

图 2－3－14　绘制圆头部分圆弧

4. 绘制圆头部分圆弧

单击功能区【默认】选项卡→【绘图】面板中的【圆弧】按钮，绘制圆头部分圆弧，命令行提示与操作如下：

命令：_ arc

指定圆弧的起点或［圆心（*C*）］：鼠标选择起点。

指定圆弧的第二个点或［圆心（*C*）/端点（*E*）］：*E* 选择端点模式。

指定圆弧的端点：鼠标选择端点。

指定圆弧的中心点（按住 Ctrl 键以切换方向）或［角度（*A*）/方向（*D*）/半径（*R*）］：

A 选择输入角度方式。

指定夹角（按住 Ctrl 键以切换方向）：163。

绘制结果如图 2－3－14 所示。

注意：圆弧的绘制遵循逆时针方向，选择两个端点时需注意端点的指定顺序，否则可能会导致圆弧的方向相反。

5. 绘制 *R*200 圆弧

单击展开功能区【默认】选项卡→【绘图】面板中的【圆弧】按钮的下拉菜单如图 2－3－15 所示，选择“起点、端点、半径”绘制 *R*200 圆弧。

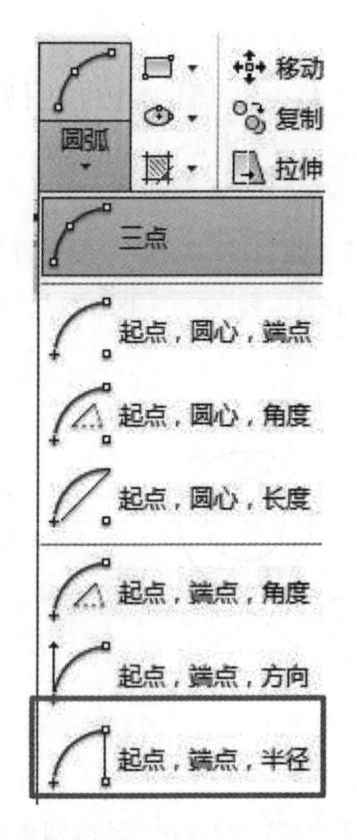

图 2-3-15　起点、端点、半径绘制圆弧

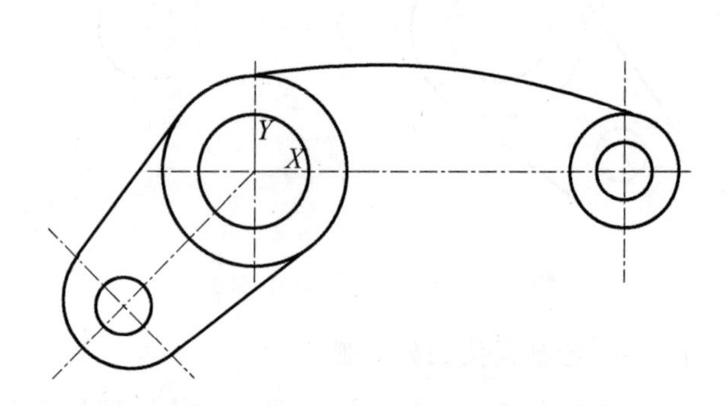

图 2-3-16　绘制 *R*200 圆弧

命令行提示与操作如下：

命令：_ arc

指定圆弧的起点或［圆心（C）］：105.42，13.95（输入坐标值）。

指定圆弧的端点：-4.66，24.58（输入坐标值）。

指定圆弧的中心点（按住 Ctrl 键以切换方向）：200（输入圆弧半径）。

效果如图 2-3-16 所示。

6. 绘制椭圆弧

单击功能区【默认】选项卡→【绘图】面板中的【椭圆】下拉菜单中【椭圆弧】按钮，命令行提示与操作如下：

命令：_ ellipse

指定椭圆弧的轴端点或［中心点（*C*）］：鼠标选择 ϕ50 圆最右侧点。

指定轴的另一个端点：指定另一端点。

指定另一条半轴长度或［旋转（*R*）］：11 指定长度。

指定起点角度或［参数（*P*）］：鼠标选择椭圆的右端点。

指定端点角度或［参数（*P*）/夹角（*I*）］：鼠标选择椭圆的左端点。

最终完成效果如图 2－3－17 所示。

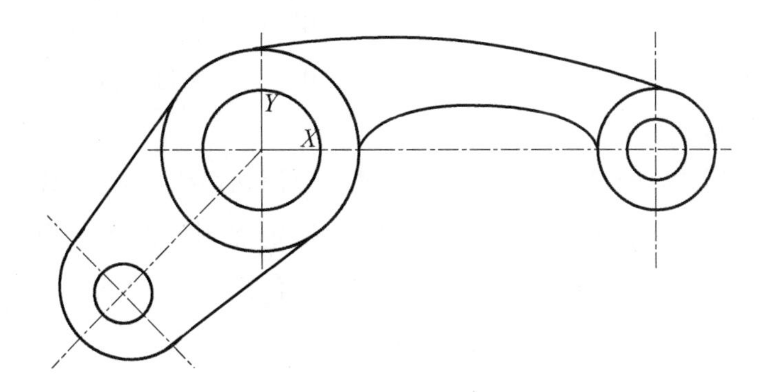

图 2－3－17　绘制椭圆弧

任务测试

任务测试表（表 2－3－1）。

表 2－3－1　任务测试表

班组人员签字：

任务名称	圆类命令的使用	规格型号	
检查数量		检验日期	年　月　日
检验项目	质量标准	测量方法	检验结果
各段弧的弯曲方向	符合图纸	目测	
两斜线的倾斜方向	符合图纸	目测	
各段圆弧光滑过渡	符合图纸	目测	
圆的尺寸	符合图纸	测量尺寸	
半椭圆的尺寸	符合图纸	测量尺寸	
各相对位置尺寸	符合图纸	测量尺寸	
备注			
作品自我评价			
小组			
指导教师评语			

任务拓展

1. 绘制圆弧的技巧

（1）从起点到端点沿逆时针方向画圆弧。

（2）夹角为正值时，按逆时针方向画圆弧；夹角为负值时，按顺时针方向画圆弧。

（3）弦长为正值时，绘制一小段圆弧（小于180°）；弦长为负值时，绘制一大段圆弧。

（4）半径为正值时，绘制一小段圆弧（小于180°）；半径为负值时，绘制一大段圆弧。

2. 直线与圆的圆弧连接

当 AutoCAD 图形需要圆弧与直线连接时，就要使用到切线。AutoCAD 绘制图形切线需要使用切点辅助命令进行捕捉。即在系统提示指定点时，按下“Ctrl + 鼠标右键”，AutoCAD系统自动弹出捕捉特殊点快捷菜单，在该菜单中选择切点命令，然后把鼠标靠近圆形，系统就能自动捕捉直线与圆的切点位置。

3. 内公切线和外公切线

两个圆的公切线有外公切线和内公切线，共 4 条，系统在选择切点时，选中最靠近捕捉靶框中心的那个切点，捕捉切点时的位置应适当，否则绘制出来的切线会不符合要求。

在绘制两圆公切圆时，也同样有内公切圆和外公切圆的问题。

4. 绘制椭圆弧时，角度的方向与 AutoCAD 绘图环境初始化时指定的参照方向不一样。绘图环境初始化时指定的参照方向为水平向右，而绘制椭圆时，起始角度和终止角度参照方向是，角度的“0 点”位置位于椭圆的水平轴的左端点（或垂直轴的下端点），且逆时针方向为正，顺时针方向为负。如图 2－3－18 所示。

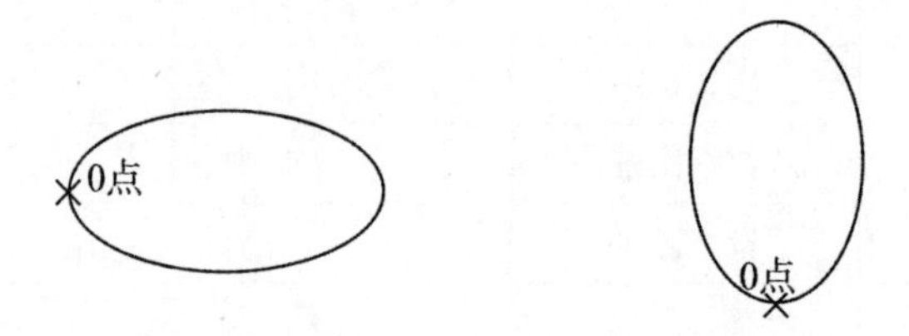

图 2－3－18　绘制椭圆弧的角度方向

5. 有时图形经过缩放或 ZOOM 后，绘制的圆边显示棱边，图形会变得粗糙。在命令行中输入“RE”命令，重新生成模型，圆边光滑。也可以在【选项】对话框的【显示】中调整“圆弧和圆的平滑度”。

任务四 平面图形类命令的使用

任务目标

● 知识目标

1. 了解矩形和正多边形各命令选项的含义；

2. 掌握运用矩形和正多边形命令绘制图形的方法。

● 能力目标

操作者必须熟练掌握矩形和正多边形命令的使用方法和操作技术，达到熟练绘制平面图形的能力。

● 素质目标

1. 培养学生在使用计算机的过程中具有安全操作及规范操作的意识；

2. 培养学生在绘图的过程中具有认真严谨的态度和吃苦耐劳的精神。

任务准备

平面图形类命令的使用

一、矩形命令

矩形是最简单的封闭直线图形，在机械制图中常用来表达平行投影平面的面，在建筑制图中常用来表达墙体平面。

1. 操作方法

（1）菜单栏：单击【绘图】→【矩形】命令。

（2）工具栏：单击功能区【默认】选项卡→【绘图】面板中的【矩形】按钮。

（3）命令行：RECTANG（缩写：REC）。

2. 选项说明

（1）指定第一个角点：指定矩形的一个角点。指定另一个角点或［面积（A）/尺寸（D）/旋转（R）］。

指定另一个角点：使用指定的点作为对角点创建矩形，如图 2－4－1（a）所示。

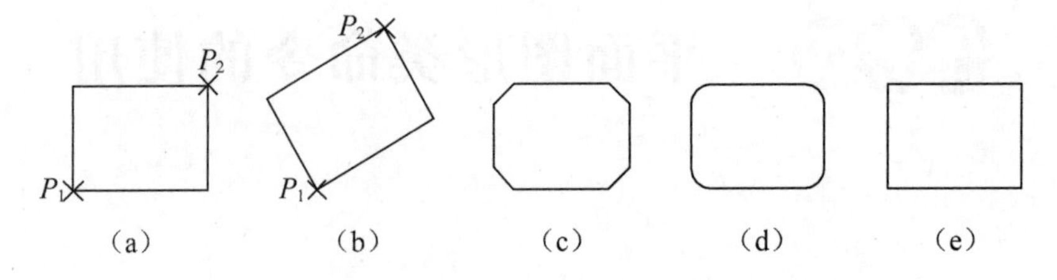

图 2－4－1　矩形命令选项说明

面积（A）：指定面积和长或宽创建矩形，选择此项，系统提示与操作如下。

指定另一个角点或 [面积(A)/尺寸(D)/旋转(R)]: A　（选择面积方式）

输入以当前单位计算的矩形面积 <100.0000>: 100　（输入面积值）

计算矩形标注时依据 [长度(L)/宽度(W)] <长度>: W　（按 Enter 或输入）

W RECTANG 输入矩形宽度 <10.0000>:　（指定长度或宽度）

指定长度或宽度后，系统自动计算另一个维度，绘制出矩形。如果矩形被倒角或倒圆，则长度或面积计算中也会考虑此设置。如图 2－4－2 所示。

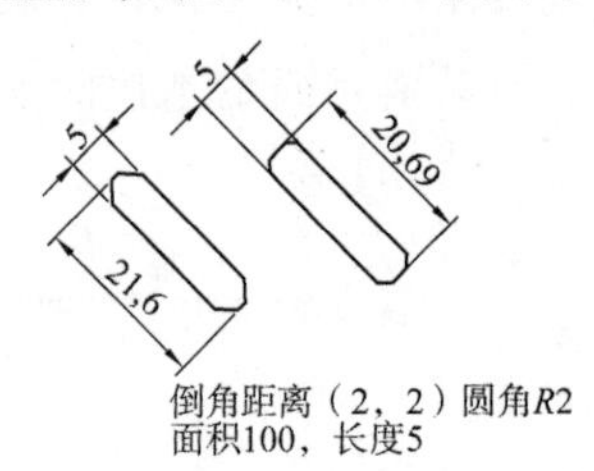

图 2－4－2　圆角、倒角方式绘制矩形

尺寸（*D*）：使用长和宽创建矩形，第二个指定点将矩形定位在与第一角点相关的 4 个位置之一。

旋转（*R*）：使所绘制的矩形旋转一定的角度，选择此项，系统提示与操作如下。

指定另一个角点或 [面积(A)/尺寸(D)/旋转(R)]: R　选择旋转方式

指定旋转角度或 [拾取点(P)] <45>: 45　指定角度

指定另一个角点或 [面积(A)/尺寸(D)/旋转(R)]:　指定另一角点或选择其他选项

指定旋转角度后，系统将按指定角度创建矩形，如图 2－4－1（b）所示。

（2）倒角（*C*）：用于设置倒角距离，如图 2－4－1（c）所示。

（3）标高（*E*）：用于设置三维矩形的标高。

（4）圆角（*F*）：用于设置矩形的圆角半径，如图 2－4－1（d）所示。

(5) 厚度 (T)：用于设置三维矩形的厚度。

(6) 宽度 (W)：用于设置矩形的线宽，如图 2-4-1 (e) 所示。

二、多边形命令

正多边形是相对复杂的一种平面图形，利用多边形命令可以轻松绘制任意边的正多边形，常用的六角扳手，六角螺母等都是用正六边形表达的。

1. 操作方法

(1) 菜单栏：单击【绘图】→【多边形】命令。

(2) 工具栏：单击功能区【默认】选项卡→【绘图】面板中的【多边形】多边形按钮。

(3) 命令行：POLYGON（或缩写：POL）。

2. 选项说明

(1) 边 (E)：选择该选项，则只要指定多边形的一条边，系统就会按逆时针方向创建该正多边形。

(2) 内接于圆 (I)：选择该选项，绘制的多边形内接于圆，如图 2-4-3 所示。

(3) 外切于圆 (C)：选择该选项，绘制的多边形外切于圆，如图 2-4-3 所示。

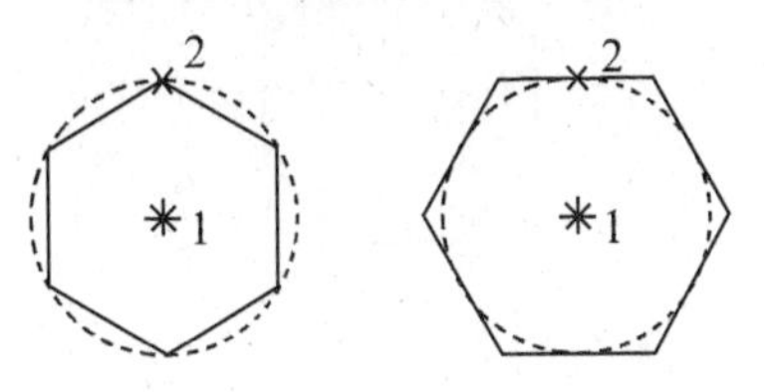

图 2-4-3　内接圆、外切圆的选项说明

任务实施

使用矩形及多边形命令，绘制奖牌，如图 2-4-4 所示，单位为 mm。

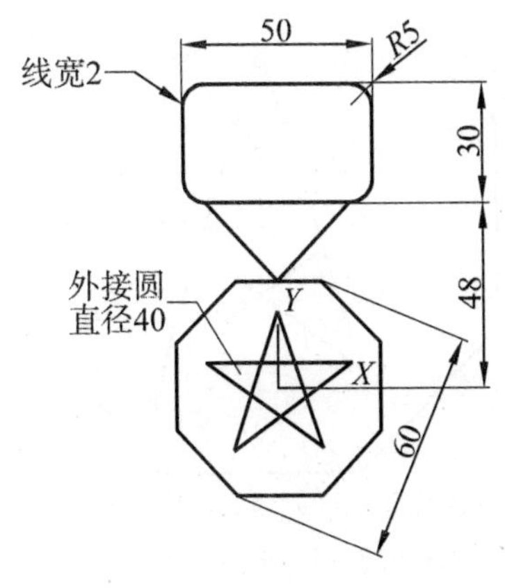

图 2-4-4　奖牌

1. 打开 AutoCAD 2018，新建空白文件界面。
2. 设置绘图环境，（图形界限 210 ×297）。
3. 设置图层（粗实线层）。

操作步骤

1. 绘制正八边形

将粗实线层设为当前图层，单击功能区【默认】选项卡→【绘图】面板中的【多边形】多边形按钮，绘制正八边形，命令行提示与操作如下：

命令： _polygon 输入侧面数 <8>: 8 （输入多边形边数）

指定正多边形的中心点或 [边(E)]: 0,0 （指定内接圆圆心）

输入选项 [内接于圆(I)/外切于圆(C)] <I>: I （选择内接于圆方式）

POLYGON 指定圆的半径： 30 （指定外接圆的半径）

效果如图 2 –4 –5 所示。

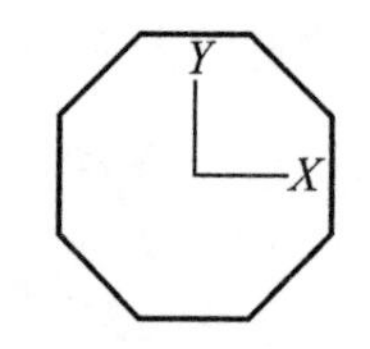

图 2 –4 –5 绘制正八边形

2. 绘制五角星

将粗实线层设为当前图层，单击功能区【默认】选项卡→【绘图】面板中的【多边形】多边形按钮，绘制正五边形，命令行提示与操作与绘制正八边形相同。

用直线命令以此连接五边形各角点，删除正五边形，效果如图 2 –4 –6 所示。

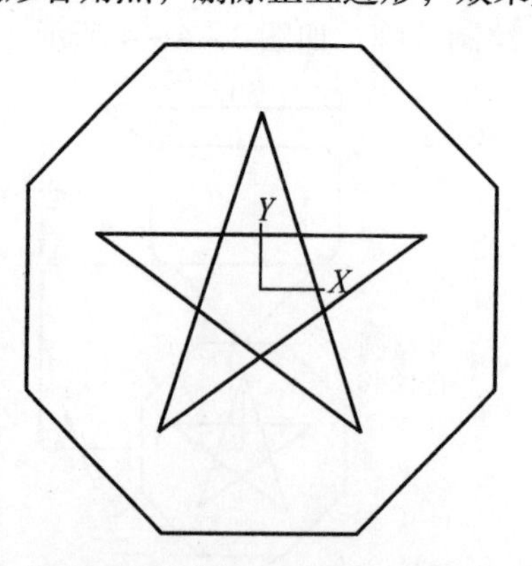

图 2 –4 –6 绘制五角星

3．绘制圆角矩形

将粗实线层设为当前图层，单击功能区【默认】选项卡→【绘图】面板中的【矩形】按钮，绘制圆角矩形，命令行提示与操作如下：

指定第一个角点或 [倒角(C)/标高(E)/圆角(F)/厚度(T)/宽度(W)]: F　(选择圆角模式)

指定矩形的圆角半径 <0.0000>: 5　(输入圆角半径)

指定第一个角点或 [倒角(C)/标高(E)/圆角(F)/厚度(T)/宽度(W)]: W　(选择线宽方式)

指定矩形的线宽 <2.0000>: 2　(输入线宽)

指定第一个角点或 [倒角(C)/标高(E)/圆角(F)/厚度(T)/宽度(W)]: -25,48　(指定第一点坐标值)

指定另一个角点或 [面积(A)/尺寸(D)/旋转(R)]: 25,78　(指定另一点坐标值)

效果如图 2－4－7 所示。

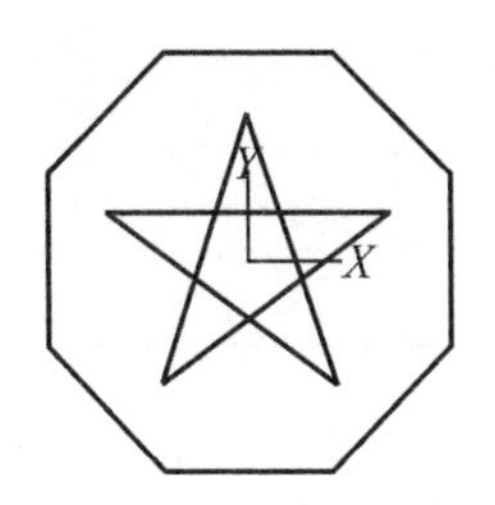

图 2－4－7　绘制圆角矩形

4．用直线连接矩形与正八边形，形成最终效果图，如图 2－4－8 所示。

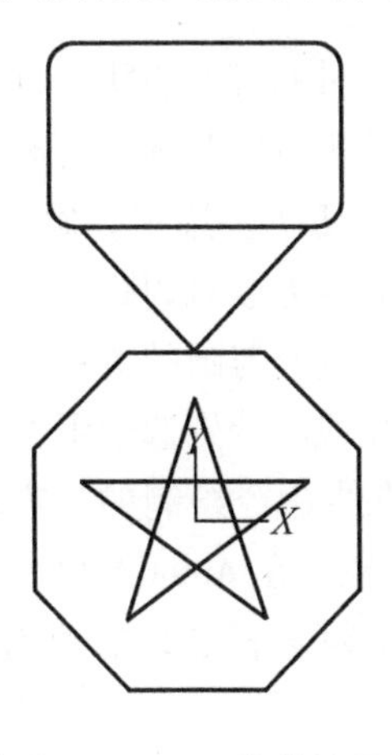

图 2－4－8　奖牌效果图

任务测试

任务测试表（表2－4－1）。

表2－4－1 任务测试表

班组人员签字：

任务名称	平面图形类命令的使用	规格型号		
检查数量		检验日期	年 月 日	
	质量标准	测量方法	检验结果	
矩形的形状	符合图纸	目测		
正八边形的形状	符合图纸	目测		
五角星的形状	符合图纸	目测		
矩形的尺寸及线宽	符合图纸	测量尺寸		
正八边形的尺寸	符合图纸	测量尺寸		
五角星的尺寸	符合图纸	测量尺寸		
备注				
作品自我评价				
小组				
指导教师评语				

任务拓展

1．绘制正多边形时，如采用等分圆的方法，一定要弄清正多边形与圆的关系。正多边形与圆的关系有以下两种：

（1）多边形内接于圆实际就是圆外接于多边形，圆的半径就是多边形的中心到多边形各顶点的距离。多用于已知偶数边正多边形对顶点距离绘制正多边形。

（2）边形外切于圆实际就是圆内切于多边形，圆的半径就是多边形的中心到多边形各边中点的距离。多用于已知偶数边正多边形对边距离绘制正多边形。

同样大小的圆，使用不同的正多边形与圆的关系，画出的多边形的大小不一样。

2．绘制矩形时用直线命令也可完成，分别选中用直线命令和矩形命令绘制的长方形，可以看到其对象的组成情况不同，用直线命令绘制的长方形是由四条直线即四个对象组成的，而用矩形命令绘制的长方形是一个对象，在AutoCAD中，矩形是一种封闭的多段线对象。

用矩形命令绘制的长方形是一个对象，如果需要对其中某一条直线进行编辑，就需要用分解命令将它分解开。

任务五　点的操作

任务目标

● **知识目标**

1. 了解点样式的设置方法；
2. 理解定数等分和定距等分的含义；能熟练运用该命令对对象实现等分；
3. 掌握运用点命令绘制单点和多点的方法。

● **能力目标**

操作者必须熟练掌握点的绘制方法，熟练运用定数等分和定距等分命令对对象实现等分；能根据已知条件演示点的设置方法。

● **素质目标**

1. 培养学生在使用计算机的过程中具有安全操作及规范操作的意识；
2. 培养学生在绘图的过程中具有认真严谨的态度和吃苦耐劳的精神。

任务准备

点命令的使用

一、点命令

点是最简单的图形单元，在工程图形中，点通常用来标定某个特殊的坐标位置，或者作为某个绘制步骤的起点和基础。

1. 操作方法

（1）菜单栏：单击【绘图】→【点】命令。

（2）工具栏：单击功能区【默认】选项卡→【绘图】面板中的【多点】· 按钮。

（3）命令行：POINT（或缩写：PO）。

2. 选项说明

（1）通过菜单方式操作时，“单点”命令表示只输入一个点，“多点”命令可输入多个点。如图2-5-1所示。

（2）可以单击状态栏中的“对象捕捉”按钮，设置点捕捉模式，便于选择点。

（3）点在图形中的表示样式共有20种，可通过DDPTYPE命令或选择菜单栏中的【格式】【点样式】命令，通过打开的对话框来设置，如图2-5-2所示。

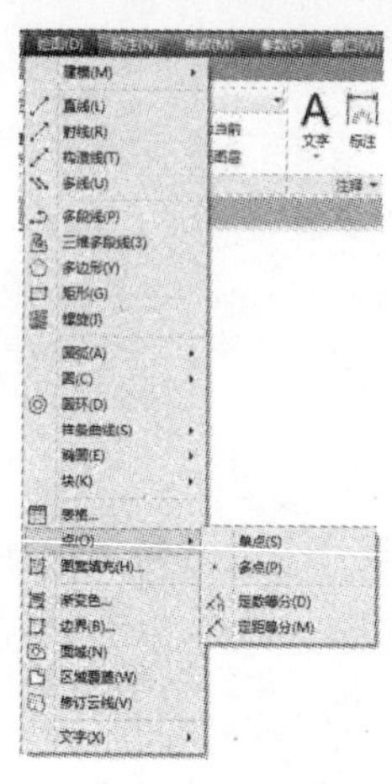

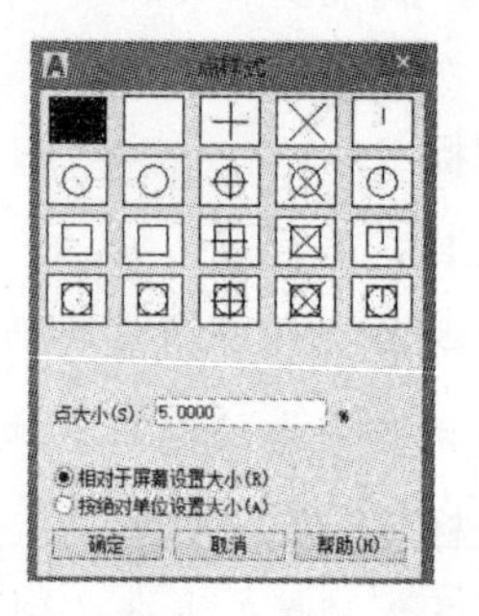

图2-5-1　单点命令下拉菜单　　图2-5-2　点样式对话框

二、定数等分

将点或块沿对象的长度或周长等间隔标记。所选对象只能是单个实体，如直线、圆、圆弧、椭圆、矩形、多段线等，文字、尺寸或块等不能作为选定对象。

1. 操作方法

（1）菜单栏：单击【绘图】→【点】→【定数等分】命令。

（2）工具栏：单击功能区【默认】选项卡→【绘图】面板中的【定数等分】按钮。

（3）命令行：DIVIDE（或缩写：DIV）。

2. 选项说明

（1）输入线段数目：该选项为默认选项，数目范围2-32767。

（2）块（B）：沿选定对象等间距插入块。

输入要插入的块名：（输入要插入的块名后，命令行提示）

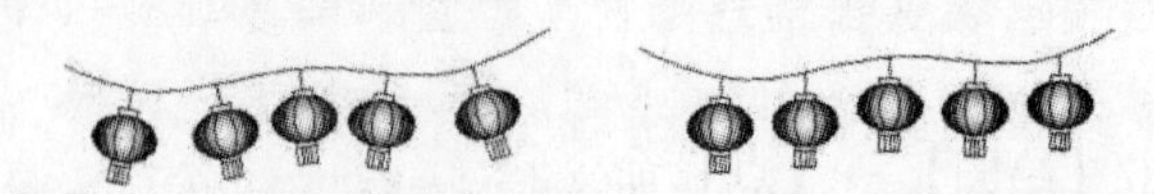

（a）对齐的块　　（b）未对齐的块

图2-5-3　定数等分样条曲线

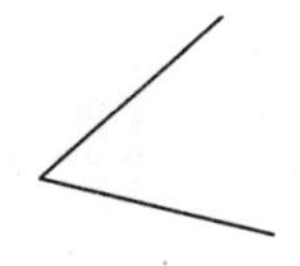

(a) 给定角（被等分角）

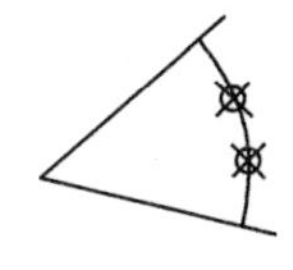

(b) 作圆弧并等分圆弧

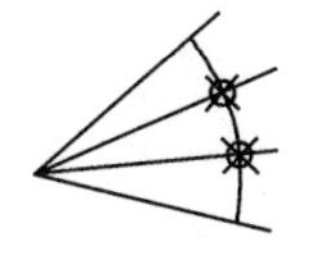

(c) 过顶点与等分点连线

(d) 三等分角的结果

图 2－5－4　定数等分给定角

三、定距等分

该命令用于将点或块在对象上的指定间隔处标记。所选对象只能是单个实体，如直线、圆、圆弧、椭圆、矩形、多段线等，文字、尺寸或块等不能作为选定对象。

1. 操作方法

（1）菜单栏：单击【绘图】→【点】→【定距等分】命令。

（2）工具栏：单击功能区【默认】选项卡→【绘图】面板中的【定距等分】按钮。

（3）命令行：MEASURE（或缩写：ME）。

2. 选项说明

（1）指定线段长度：沿选定对象按指定间隔标记点，从最靠近用于选择对象的点的端点处开始标记。如图 2－5－5（a）所示，若指定线段长度为“10”，则等分效果如图 2－5－5（b）所示。

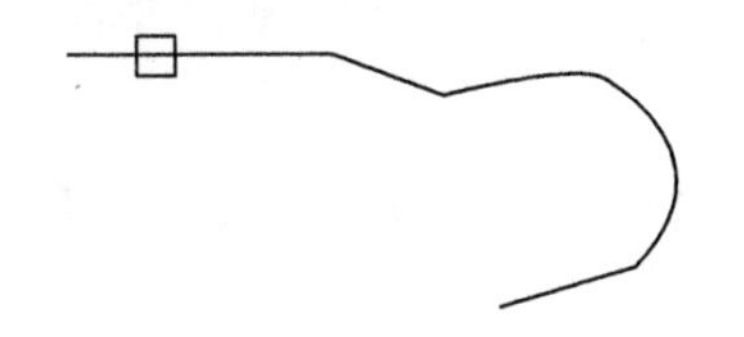

(a) 选择等分对象

(b) 定距等分的结果

图 2－5－5　定距等分多段线

（2）块（B）：沿选定对象按指定间隔插入块。

输入要插入的块名：（输入要插入的块名后，命令行提示）

（3）在等分点处，按当前点样式设置绘制测量点。

任务实施

使用定数等分命令，绘制五角星，如图 2－5－6 所示。

图 2－5－6　五角星

1. 打开 AutoCAD 2018，新建空白文件界面。
2. 设置绘图环境（图形界限 210×297）。
3. 设置图层（默认线层）。

一、操作步骤

1. 设置点样式

单击【格式】→【点样式】命令，在弹出的点样式对话框中选择一种点样式。

2. 绘制辅助圆

单击功能区【默认】选项卡→【绘图】面板中的【圆】按钮，在图中合适位置绘制任意直径的圆，如图 2－5－7（a）所示。

3. 把圆周长 5 等分

命令行提示与操作如下：

命令：_ divide（单击【绘图】→【点】→【定数等分】命令，启动定数等分命令）

选择要定数等分的对象：（选择刚才绘制的圆）

输入线段数目或［块（B）］：5（输入要等分的数目 5）

效果如图 2－5－7（b）。

4. 设置对象捕捉为圆心和节点两种模式

5. 绘制五角星直线，效果如图 2－5－7（c）所示。

6. 将点样式改为默认

单击【格式】→【点样式】命令，在弹出的点样式对话框中选择默认。

7. 删除辅助圆效果，如图2－5－7（d）所示。

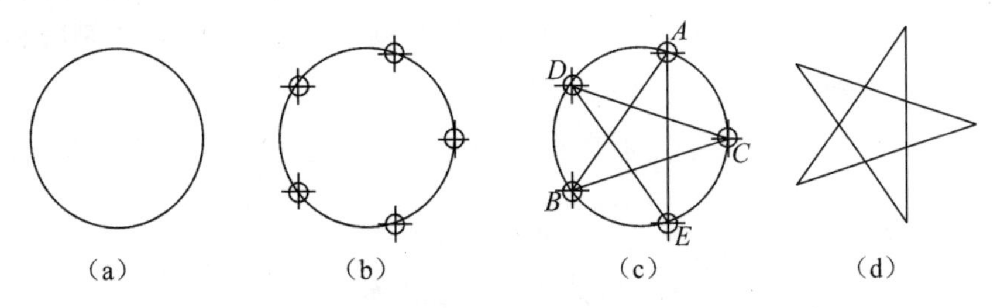

图2－5－7　五角星绘制

任务测试

任务测试表（表2－5－1）。

表2－5－1　任务测试表

班组人员签字：

任务名称	平面图形类命令的使用	规格型号	
检查数量		检验日期	年　月　日
检验项目	质量标准	测量方法	检验结果
点样式设置	符合图纸	目测	
五角星的形状	符合图纸	目测	
备注			
作品自我评价			
小组			
指导教师评语			

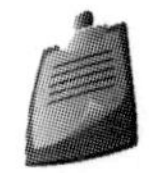

任务拓展

1. 定距等分命令与定数等分的不同

定数等分是将某个线段按段数平均分段，定距等分是将指定的对象按指定距离分为若干段，并利用点或块对象进行标识。该命令要求用户提供每段的长度，然后根据对象总长度自动计算分段数，如果总数和等分距离不能整除，则等距等分的线段不是所有的线段都相等。如图 2－5－8 所示。

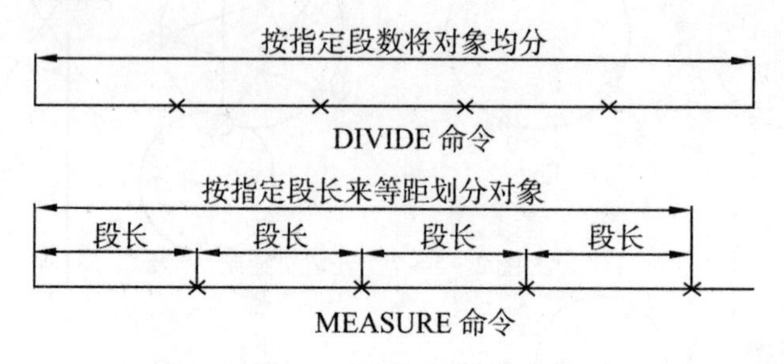

图 2－5－8　定距等分与定数等分的不同

任务六　图案填充类命令的使用

任务目标

● 知识目标

1. 了解图案填充的相关概念以及对话框中各选项的含义；
2. 能熟练使用图案填充命令对图形进行正确的图案填充。

● 能力目标

操作者必须熟练掌握图案填充命令的使用方法和操作技术，达到熟练填充平面图形。

● 素质目标

1. 培养学生在使用计算机的过程中具有安全操作及规范操作的意识；
2. 培养学生在绘图的过程中具有认真严谨的态度和吃苦耐劳的精神。

任务准备

图案填充类命令的使用

一、图案填充基本概念

1. 图案边界

当进行图案填充时，首先要确定填充图案的边界。定义边界的对象只能是直线、双向射线、单向射线、多义线、样条曲线、圆弧、圆、椭圆弧、椭圆等对象或用这些对象定义的块，而且作为边界的对象在当前图层上必须全部可见。

2. 孤岛

在进行图案填充时，把位于总填充区域内的封闭区称为孤岛，如图 2－6－1 所示。在使用 BHATCH 命令填充时，AutoCAD 2018 系统允许用户以拾取点的方式确定填充边界，即在希望填充的区域内任意拾取一点，系统会自动确定出填充边界，同时也确定该边界内的孤岛。如果用户以选择对象的方式确定填充边界，则必须确切地选取这些岛。

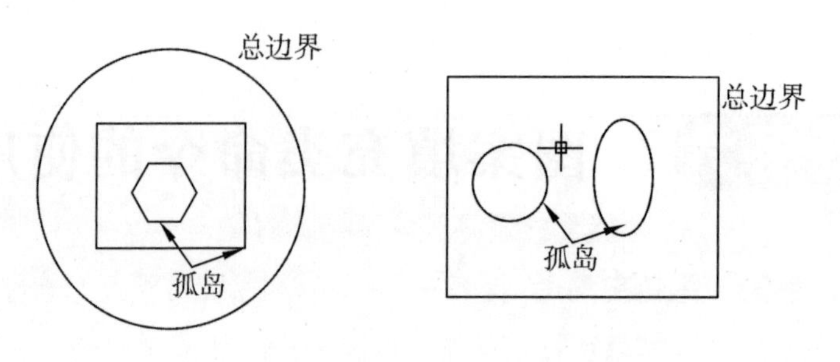

图2－6－1　孤岛

3. 填充方式

（1）普通方式：如图2－6－2（a）所示，该方式从边界开始，从每条填充线或每个填充符号的两端向里填充，遇到内部对象与之相交时，填充线或符号断开，直到遇到下一次相交时再继续填充。采用这种填充方式时，要避免剖面线或符号与内部对象的相交次数为奇数，该方式为默认方式。

（2）最外层方式：如图2－6－2（b）所示，该方式从边界向里填充，只要在边界内部与对象相交，剖面符号就会断开，不再继续填充。

（3）忽略方式：如图2－6－2（c）所示，该方式忽略边界内的对象，所有内部结构都被剖面符号覆盖。

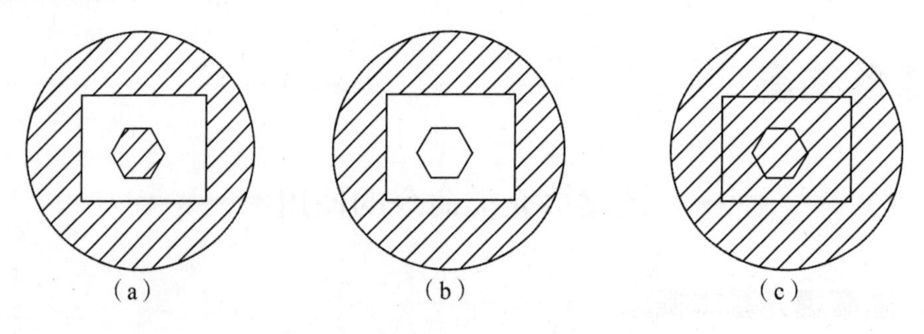

图2－6－2　填充方式

二、图案填充命令

图案主要用来区分工程部件或用来区分材质，图案填充命令用来对封闭区域内填充图案以生成剖面线。

1. 操作方法

（1）菜单栏：单击【绘图】→【图案填充】命令。

（2）工具栏：单击功能区【默认】选项卡→【绘图】面板中的【图案填充】按钮。

（3）命令行：BHATCH（或缩写：H）。

2. 选项说明

图案填充命令选项卡如图 2－6－3 所示。

图 2－6－3　图案填充命令选项卡

（1）边界面板

拾取点：通过选择由一个或多个对象形成的封闭区域内的点，确定图案填充边界，如图 2－6－4 所示，指定内部点时，可以随时在绘图区域中右击以显示包含多个选项的快捷菜单。

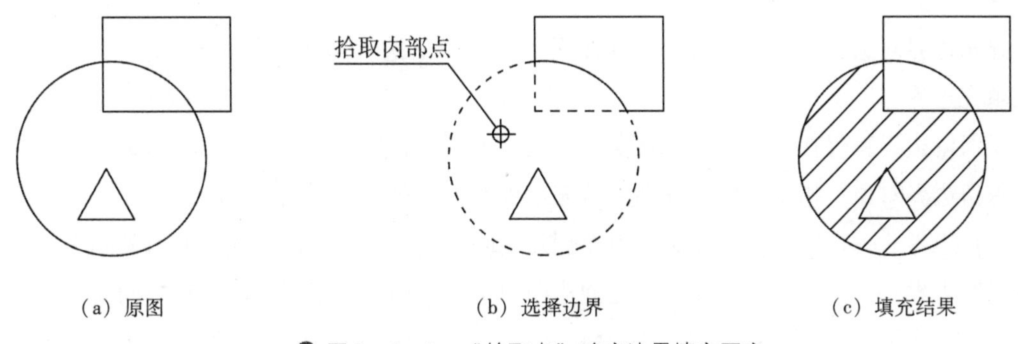

图 2－6－4　“拾取点”确定边界填充图案

选择边界对象 选择：指定基于选定对象的图案填充边界。使用该选项时，不会自动检测内部对象，必须选择选定边界内的对象，以按照当前孤岛检测样式填充这些对象，如图 2－6－5所示。

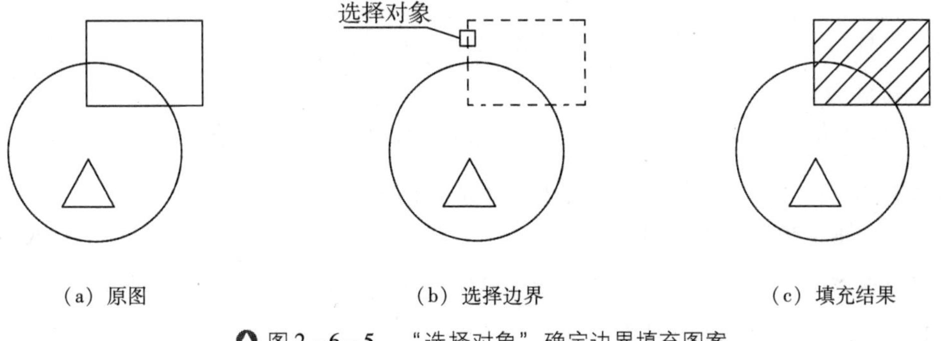

图 2－6－5　“选择对象”确定边界填充图案

删除边界对象 删除：从边界定义中删除之前添加的任何对象，如图 2－6－6 所示。

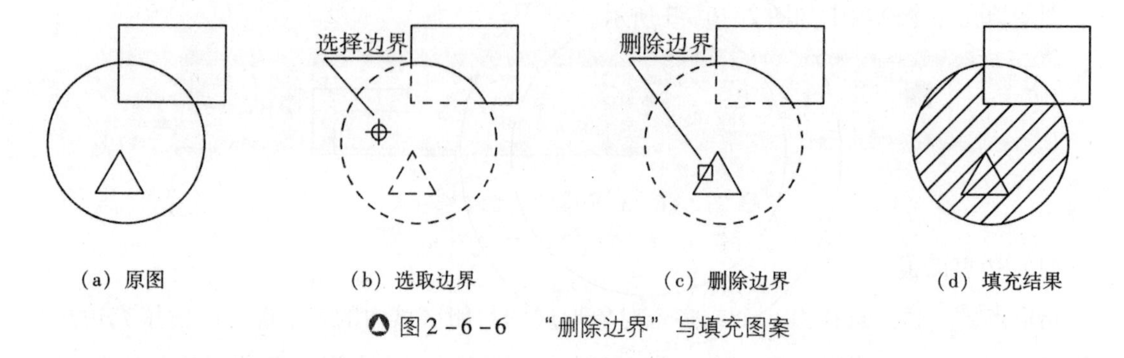

图 2－6－6 “删除边界”与填充图案

重新创建边界：围绕选定的图案填充或填充对象创建多段线或面域，并使其与图案填充对象相关联（可选）。

显示边界对象：选择构成选定关联图案填充对象的边界对象，使用显示的夹点可修改图案填充边界。

不保留边界：仅在图案填充创建期间可用，不创建独立的图案填充边界对象。

保留边界对象：指定如何处理图案填充边界对象。包括以下几个选项：

保留边界——多段线。仅在图案填充创建期间可用，创建封闭图案填充对象的多段线。

保留边界——面域。仅在图案填充创建期间可用，创建封闭图案填充对象的面域对象。

注：面域是具有边界的平面区域，内部可以包含孔。通过 region 命令或选择【绘图】→【面域】按钮 面域(N)，将选定的对象转换为面域。

选择新边界集：指定对象的有限集（边界集），以便通过创建图案填充时的拾取点进行计算。

（2）图案面板

显示所有预定义和自定义图案的预览对象。

（3）特性面板（图 2－6－7）

图案填充类型：指定是使用纯色、渐变色、图案还是用户定义的填充。

图案填充颜色：替代实体填充和填充图案的当前颜色。

背景色：指定填充图案背景的颜色。

图案填充透明度：设定新图案填充或填充的透明度，替代当前对象的透明度。

图案填充角度：指定图案填充或填充的角度。

填充图案比例：放大或缩小预定义或自定义填充图案。

相对图纸空间：仅在布局中可用，相对于图纸空间单位缩放填充图案。使用此选项很容易做到以适合布局的比例显示填充图案。

双向：仅当“图案填充类型”设定为“用户定义”时可用，将绘制第二组直线与原始直线成 90°角，从而构成交叉线。

ISO 笔宽：仅对于预定义的 ISO 图案可用，基于选定的笔宽缩放 ISO 图案。

图 2－6－7　图案填充特性面板

（4）原点面板（如图 2－6－8 所示）

设定原点：直接指定新的图案填充原点。

左下：将图案填充原点设定在图案填充边界矩形范围的左下角。

右下：将图案填充原点设定在图案填充边界矩形范围的右下角。

左上：将图案填充原点设定在图案填充边界矩形范围的左上角。

右上：将图案填充原点设定在图案填充边界矩形范围的右上角。

中心：将图案填充原点设定在图案填充边界矩形范围的中心。

使用当前原点：将图案填充原点设定在 HPORIGIN 系统变量中存储的默认位置。

存储为默认原点：将新图案填充原点的值存储在 HPORIGIN 系统变量中。

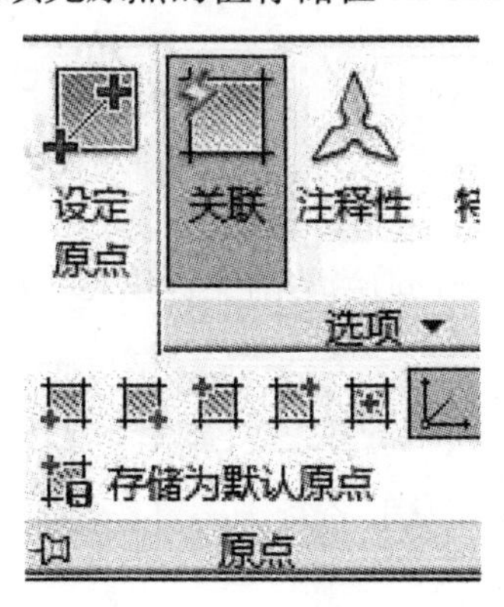

图 2－6－8　图案填充原点面板

（5）选项面板

关联：指定图案填充或填充为关联图案填充。关联的图案填充或填充在用户修改其边界对象时会更新。

注释性：指定图案填充为注释性。此特性会自动完成缩放注释过程，从而使注释能够以正确的大小在图纸上打印或显示。

特性匹配，包括：

使用当前原点。使用选定图案填充对象（除图案填充原点外），设定图案填充的特性。

使用源图案填充的原点。使用选定图案填充对象（包括图案填充原点），设定图案填充的特性。

允许的间隙。设定将对象用作图案填充边界时可以忽略的最大间隙，默认值0，此值指定对象必须是封闭区域而没有间隙。

独立的图案填充。控制当制订了几个单独的闭合边界时，是创建单个图案填充对象还是创建多个图案填充对象。

孤岛检测，包括：

普通孤岛检测。从外部边界向内填充。如果遇到内部孤岛，填充将关闭，直到遇到孤岛中的另一个孤岛。

外部孤岛检测。从外部边界向内填充。此选项仅填充指定的区域，不会影响内部孤岛。

忽略孤岛检测。忽略所有内部的对象，填充图案时将通过这些对象。

绘图次序。为图案填充或填充指定绘图次序。选项包括不更改、后置、前置、置于边界之后和置于边界之前。

三、渐变色命令

渐变色命令可以对封闭区域进行适当的渐变色填充，从而形成较好的颜色装饰效果。

1. 操作方法

（1）菜单栏：单击【绘图】→【渐变色】命令。

（2）工具栏：单击功能区【默认】选项卡→【绘图】面板中的【渐变色】按钮。

（3）命令行：GRADIENT。

执行上述命令后系统打开如图2－6－9所示的“图案填充创建”选项卡，各面板中的按钮含义与图案填充类似。

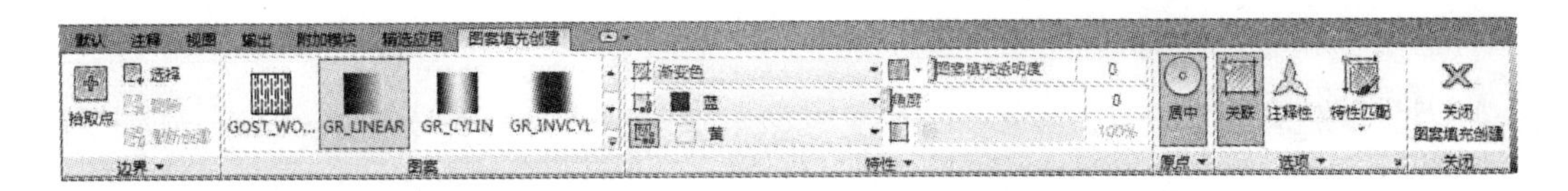

图 2－6－9　图案填充命令－渐变色选项卡

四、边界命令

指定内部点使用周围的对象创建单独的面域或多段线。

1. 操作方法

（1）菜单栏：单击【绘图】→【边界】命令。

（2）工具栏：单击功能区【默认】选项卡→【绘图】面板中的【边界】边界按钮。

（3）命令行：BOUNDARY。

执行上述命令后系统打开如图 2－6－10 所示的“边界创建”对话框，各按钮含义与图案填充边界面板类似。

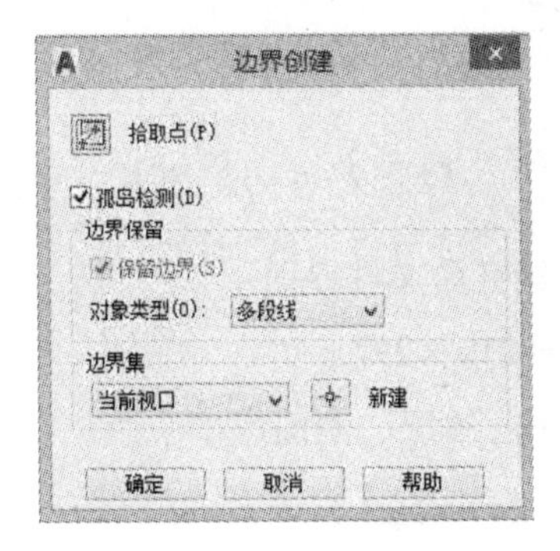

图 2－6－10　边界创建对话框

五、编辑填充的图案

用于修改现有的图案填充对象，但不能修改边界。

1. 操作方法

（1）菜单栏：单击【修改】→【对象】→【图案填充】命令。

（2）工具栏：单击功能区【默认】选项卡→【修改】面板中的【编辑图案填充】按钮。

（3）命令行：HATCHEDIT（或缩写：HE）。

（4）快捷方式：直接选择填充的图案，打开图案填充编辑器选项卡，如图 2－6－11 所示。

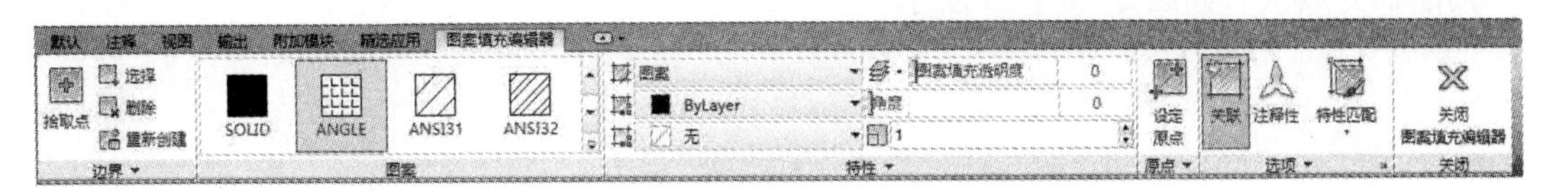

图 2－6－11　图案填充编辑器选项卡

任务实施

绘制如图 2－6－12 所示端盖并使用图案填充命令，对端盖的左视图进行剖面线填充。

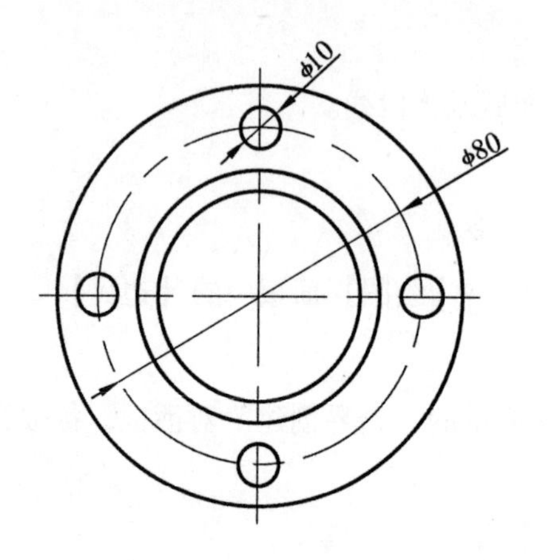

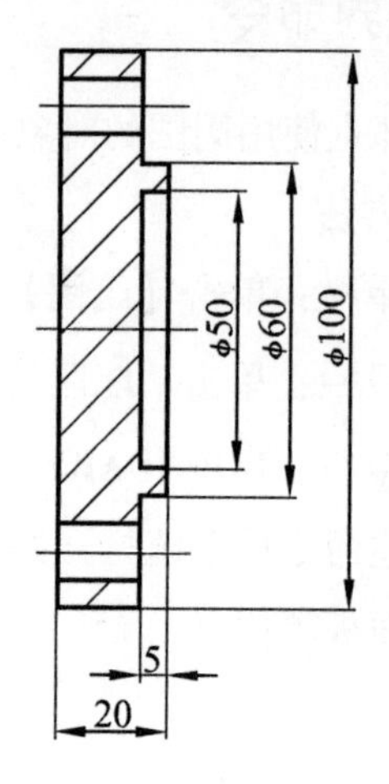

图 2－6－12 端盖

1. 打开 AutoCAD 2018，新建空白文件界面。
2. 设置绘图环境，图形界限 210×297。
3. 设置图层（粗实线层、中心线层、剖面线层）。

一、操作步骤

1. 绘制主视图

用直线、圆命令绘制主视图（略）。

2. 绘制左视图

（1）用直线命令绘制左视图外轮廓（略）。

（2）用图案填充命令填充剖面线。

将剖面线图层设置为当前图层。

单击功能区【默认】选项卡→【绘图】面板中的【图案填充】按钮，打开图案填充创建选项卡，在图案面板中选择填充图案为 ABSI31，在特性面板中选择图案填充比例为 3，其他都为默认。如图 2－6－13 所示。

图 2－6－13　填充图案选择

单击边界面板中的拾取点按钮，在合适位置拾取点。

命令行提示：

HATCH 拾取内部点或 [选择对象(S) 放弃(U) 设置(T)]:

用鼠标单击左视图内需要填充剖面线的位置点。填充效果如图 2－6－14 所示。

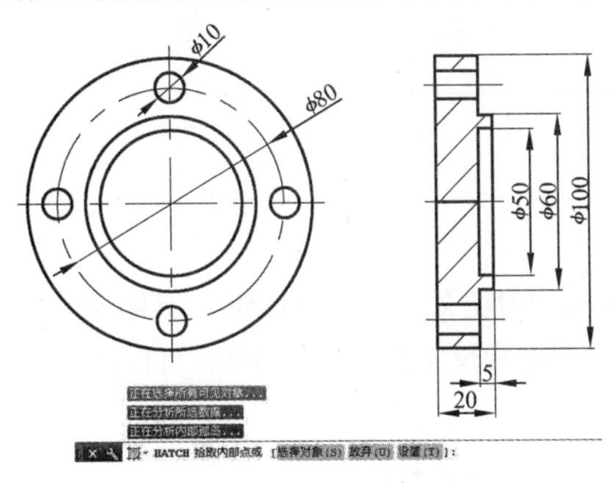

图 2－6－14　填充效果图

按空格键或 Enter 键确认退出。

任务测试

任务测试表（表 2－6－1）。

表 2－6－1　任务测试表

班组人员签字：

任务名称	图案填充类命令的使用	规格型号	
检查数量		检验日期	年　月　日
检验项目	质量标准	测量方法	检验结果
图案 ANSI31	符合图纸	特性检测	
填充图案比例	符合图纸	特性检测	

续表

任务名称	图案填充类命令的使用	规格型号	
备注			
作品自我评价			
小组			
指导教师评语			

任务拓展

可利用图案填充编辑命令对填充的图案进行修改，具体包括。

（1）类型和图案：指定图案填充的类型和图案，可以使用 AutoCAD 提供的类型和图案，用户还可以自定义图案。

（2）颜色：设置填充图案的颜色和背景色。

（3）角度和比例：用户可以根据需要，设置填充图案的倾斜角度以及填充比例的大小，以达到最好的填充效果。

（4）图案填充的原点：控制填充图案生成的起始位置。默认情况下，所有图案填充原点都对应于当前的 UCS 原点。但某些图案填充（如砖块图案）需要与图案填充边界上的一点对齐。

（5）边界：指定图案填充的边界。具体方法有：指定对象封闭的区域中的点（在封闭区域中单击）和选择封闭区域的对象（选中构成封闭区域的对象）。

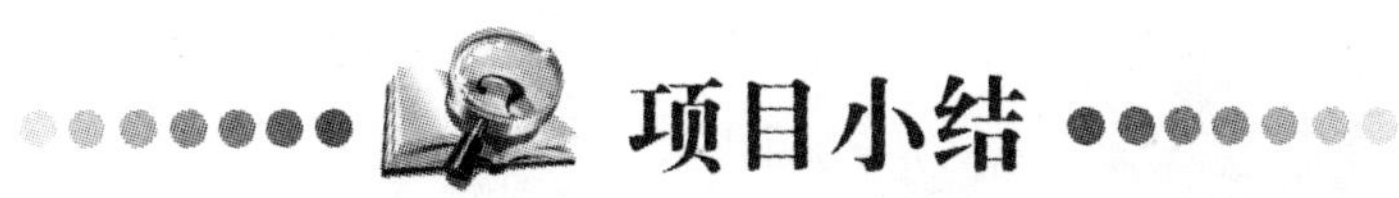

项目小结

本项目主要介绍了基本二维图形的绘制命令，通过六个任务，使同学们掌握二维图形各相关绘制命令的含义及使用方法，掌握最基本的操作技巧，锻炼同学们的实际动手能力和解决问题的能力，为以后的学习打下一个坚实的基础。

项目思考题

1. 圆弧有时显示成多段折线，与出图是否有关？可以用什么命令控制显示？
2. 用什么命令可实现在选择的实体上用给定的距离放置点或图块。
3. 填充图案时，如果系统提示“无效边界”，则应如何处理？
4. 请练习绘制下例平面图形。

第 4 道思考题图

项目三 二维图形的编辑

前面主要对 AutoCAD 2018 的基本绘图命令作了介绍。通过这些命令，用户可以绘制出简单的基本图形。而在实际绘图过程中，仅仅靠上面介绍的基本绘图命令是很难快速而准确地绘制出比较复杂的图形。为此，AutoCAD 2018 提供了许多实用而有效的编辑命令。通过这些编辑命令，用户可以对采用基本绘图命令绘制的图形进行重新编辑，从而绘制出比较复杂的图形。通过编辑命令修改已有的图形，或利用已有的图形构造新的更加复杂的图形，可以大大提高绘图的效率。

本节主要包括：对象的选择方式、基本编辑功能（如复制、镜像、偏移、阵列、移动、旋转、缩放、删除、恢复、修剪、延伸、拉伸、拉长、圆角、倒角、打断、分解、合并等）和编辑复合线的基本方法等内容。

项目目标

知识目标

1. 掌握二维编辑命令及其快捷方式；
2. 熟练掌握各二维编辑命令及其子命令的使用方法。

能力目标

综合应用绘图命令和编辑命令完成复杂图形的快速绘制。

素质目标

1. 具有认真细致、严谨规范的图纸绘制意识；
2. 具有分析及解决实际问题的能力；
3. 具有创新意识及获取新知识、新技能的学习能力。

 复制类命令的使用

任务目标

● **知识目标**

1. 掌握复杂对象的选择方式；
2. 学会复制类命令的使用方法。

● **能力目标**

操作者必须熟练掌握复制、镜像、偏移、阵列等复制类命令，并能熟练应用复制类命令进行二维图形的编辑。

● **素质目标**

1. 培养学生实际操作能力以及和同伴合作交流的意识和能力；
2. 培养学生在绘图的过程中具有认真严谨的态度和吃苦耐劳的精神。

任务准备

复制类命令的使用

一、复制命令

复制命令支持对简单的单一对象（集）的复制，如直线、圆、圆弧、多段线、样条曲线和单行文字等，同时也支持对复杂对象（集）的复制，如关联填充、块、多重插入块、多行文字、外部参照、组对象等。

复制的命令启动方式有以下几种：

1. 菜单：【修改】－【复制】。
2. 工具栏：单击修改工具栏的【复制】复制按钮。
3. 在命令行中输入 COPY 命令行并按 Enter 键。

下面将介绍使用【复制】命令的方法：

1. 启动 AutoCAD 2018 绘制一个图形，如图 3－1－1 所示。

2. 在命令行中输入 COPY 命令并按 Enter 键。

3. 选择要复制的图形，按 Enter 键。

4. 选择圆的圆心为基点，分别点击三角形的其余各角，按 Enter 键，此时，可以发现圆已经复制到其他的各个角，如图 3－1－2 所示。

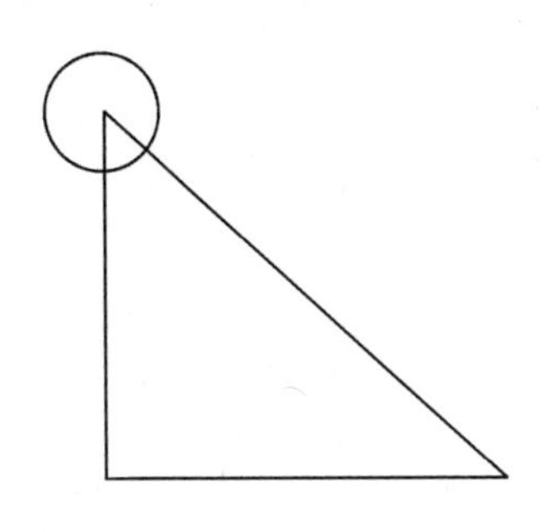

图 3－1－1　绘制图形

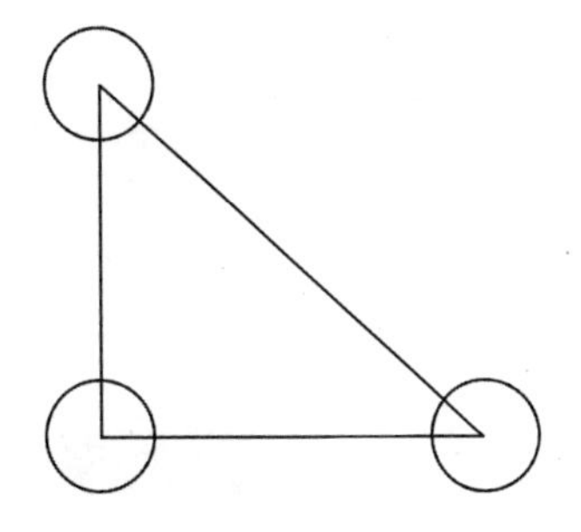

图 3－1－2　复制后的图形

二、镜像命令

以指定的两个点构成一条直线，系统将以此条直线为基准，创建选定对象的反射副本。在 AutoCAD 2018 中，用户可以利用【镜像】命令生成所选实体的对称图形。用户在使用该命令时，需要指出对称轴线对称轴可以是任意方向上的，同时用户可以选择原实体删去或保留。

镜像的命令启动方式有以下几种：

1. 菜单：【修改】－【镜像】。

2. 工具栏：单击修改工具栏的【镜像】 镜像 按钮。

3. 在命令行中输入 MIRROR 命令行并按 Enter 键。

下面将介绍使用【镜像】命令的方法：

1. 启动 AutoCAD 2018 绘制一个图形，如图 3－1－3 所示。

2. 在命令行中输入 MIRROR，并按 Enter 键。

3. 选择图形的左边部分，按下 Enter 键确认，如图 3－1－4 所示。

图 3－1－3　绘制图形　　　图 3－1－4　选择对象

4. 选择直线的上面一点为第一点，下面一点为第二点，如图 3－1－5 所示。

5. 命令行提示是否删除源对象，输入 N，然后 Enter 键确认。镜像后的效果如图 3－1－6所示。

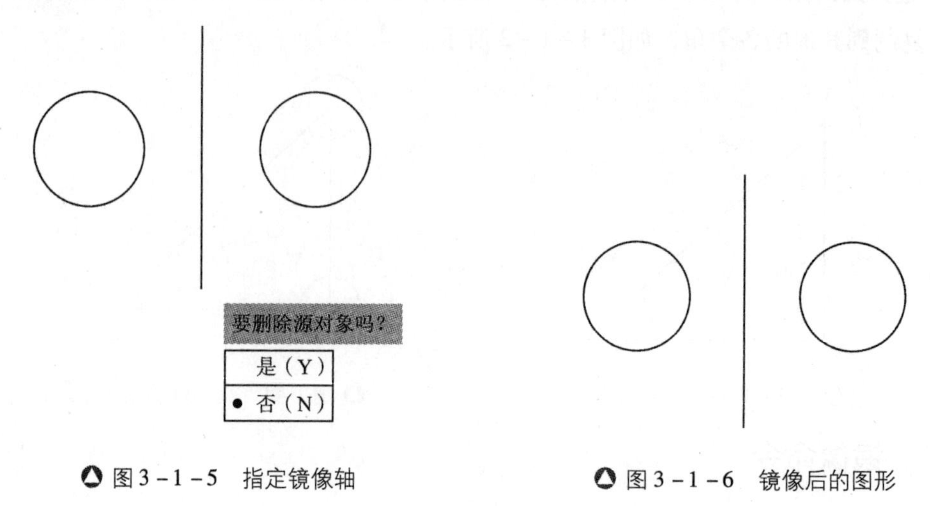

图 3－1－5　指定镜像轴　　　　图 3－1－6　镜像后的图形

三、偏移命令

偏移命令可根据指定距离，或通过指定点建立一个与选择对象相似的另一个平行对象。它可以平行复制直线、圆、圆弧、样条曲线和多段线等对象。

执行偏移命令的方法有如下几种：

命令：OFFSET

1. 菜单：【修改】－【偏移】。

2. 工具栏：单击修改工具栏的【偏移】按钮。

3. 在命令行中输入 OFFSET 命令行并按 Enter 键。

选择上面任何一种命令后，命令行的显示如图 3－1－7 所示。

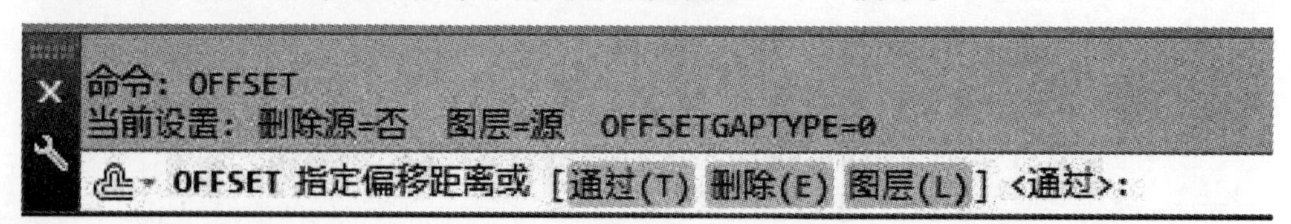

图 3－1－7　命令行

四、阵列命令

使用阵列命令可以一次将所选择的实体复制为多个相同的实体，阵列后的对象并不是一个整体，可对其中的每一个实体进行单独编辑。在 AutoCAD 2018 中，阵列命令在对称图形的绘制过程中经常用到。该命令可以将指定的目标进行矩形阵列、路径阵列和环形阵列，而且每个对象都可以独立处理。

执行【阵列】命令的方法有以下几种：

命令：ARRAY

1. 菜单：【修改】－【阵列】。

2. 工具栏：单击工具栏的【阵列】 阵列按钮。

3. 在命令行中输入 ARRAY 命令行并按 Enter 键。

下面将以环形阵列为例介绍使用阵列命令的方法：

1. 启动 AutoCAD 2018 绘制一个圆，如图 3－1－8 所示。

2. 单击工具栏的【阵列】 阵列按钮，下拉菜单【环形阵列】按钮，选取绘制的圆，按 Enter 键确认。再根据命令行提示，选择阵列的中心点，按 Enter 键确认。

3. 根据命令行提示，项目数输入 6，按 Enter 键确认，如图 3－1－9 所示。阵列完成后的图形如图 3－1－10 所示。

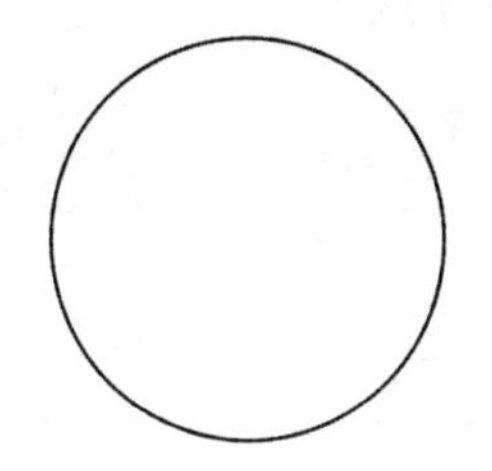

图 3－1－8　绘制圆

图 3－1－9　设置阵列

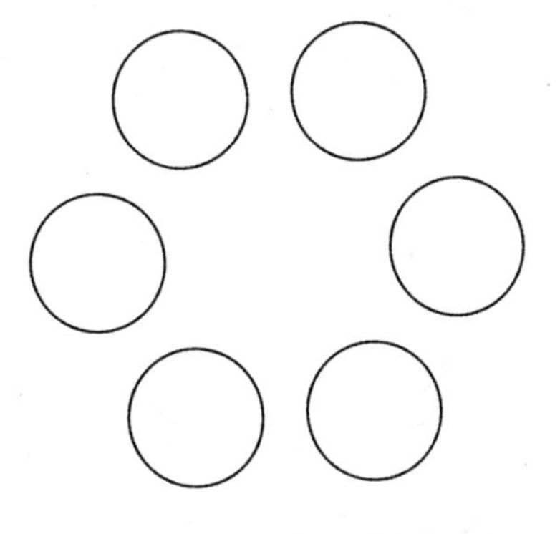

图 3－1－10　阵列完成后的图形

任务实施

绘制大型宴会厅平面布置图

下面将绘制宴会厅平面布置图（图 3－1－11）。该例将使用【偏移】、【复制】、【镜像】、【环形阵列】、【矩形阵列】等命令对绘制的图形进行编辑。

图 3－1－11　大型宴会厅平面布置图

1. 启动 AutoCAD 2018 后，新建空白文件。

2. 点击工具栏按钮，执行【圆】命令，选择圆心为基点，在命令行中选择直径 D 输入数值 1800，并按 Enter 键，画直径 D＝1800 的圆。如图 3－1－12 所示。

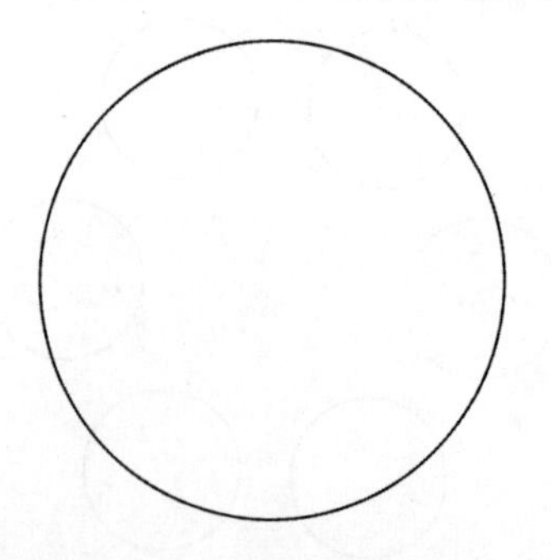

图 3－1－12　布置图（一）

3. 点击工具栏偏移按钮，执行偏移命令：

OFFSET 指定距离或通过［通过（T）/删除（E）/图层（L）］<通过>：（用鼠标点击圆上任意一点）；

OFFSET 指定距离或通过［通过（T）/删除（E）/图层（L）］<通过>：指定第二点：（用鼠标点击圆心）；

OFFSET 选择要偏移的对象，或［退出（E）/放弃（U）］<退出>：（选中圆）；

OFFSET 指定要偏移的那一侧上的点，或［退出（E）多个（M）放弃（U）］<退出>：（点击圆的内侧，在输入框中输入数值 250，按空格键确认）。

得到偏移后的圆，其直径 D = 1300，效果如图 3－1－13 所示。

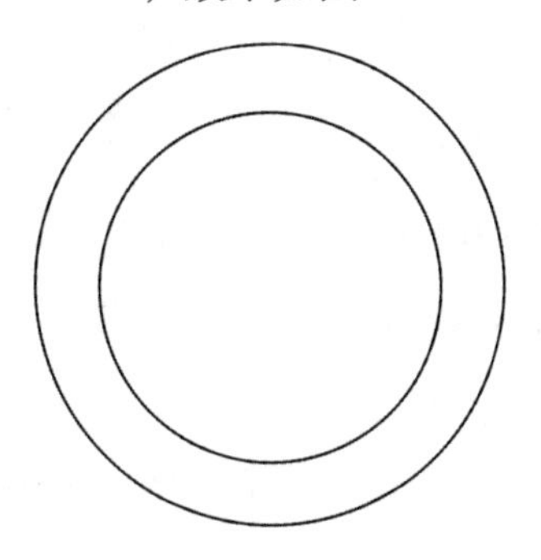

图 3－1－13　布置图（二）

4. 点击工具栏，直线按钮，LINE 指定第一各点：（鼠标点击圆心）；

LINE 指定下一点或［放弃（U）］：（鼠标在圆心的左边捕捉极轴方向，输入框中输入数值 1600，按空格键或者 Enter 键确认）；

LINE 指定下一点或［放弃（U）］：（鼠标捕捉上方垂直方向，输入框输入数值 300，按空格键或者 Enter 键确认）；

LINE 指定下一点或［放弃（U）］：（鼠标捕捉右边极轴方向，输入框输入数值 450，按空格键或者 Enter 键确认）；

LINE 指定下一点或［放弃（U）］：（鼠标捕捉下方垂直方向，输入框输入数值 100，按空格键或者 Enter 键确认）；

LINE 指定下一点或［放弃（U）］：（鼠标捕捉左边极轴方向，输入框输入数值 350，按空格键或者 Enter 键确认）；

LINE 指定下一点或［放弃（U）］：（鼠标捕捉下方垂足，按空格键或者 Enter 键确认）；

如图 3－1－14 所示。

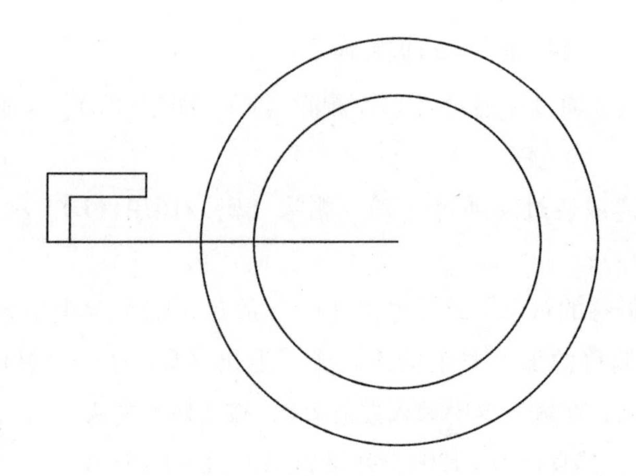

图 3 - 1 - 14　布置图（三）

5. 点击工具栏 复制 按钮，执行复制命令：

COPY 选择对象（鼠标点击选中上一步最后画的直线）；

COPY 指定基点或［位移（D）模式（O）］<位移>：（鼠标点击直线端点）；

COPY 指走第二个点或［阵列（A）］<使用第一个点作为位移>：（鼠标捕捉右方极轴方向，输入框中输入数值 300，按空格键或者 Enter 键确认）；

如图 3 - 1 - 15 所示。

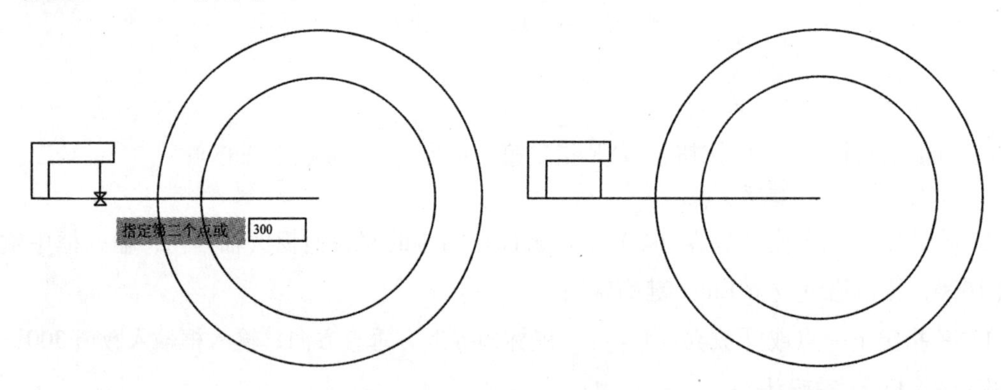

图 3 - 1 - 15　布置图（四）

6. 点击工具栏按钮 镜像，执行镜像命令：

MIRROR 选择对象：（鼠标选中刚才所画的“椅子”部分，按空格键或者 Enter 键确认）；

MIRROR 选择对象：指定镜像线的第一点：（鼠标选择对称轴上面的任一点）；

MIRROR 选择对象：指定镜像线的第二点：（鼠标选择对称轴上面的任一点）；

MIRROR 要删除源对象吗？［是（Y）否（N）］<否>：（鼠标点击否（N））；得到镜像后的图，删除对称轴后，如图 3 - 1 - 16 所示。

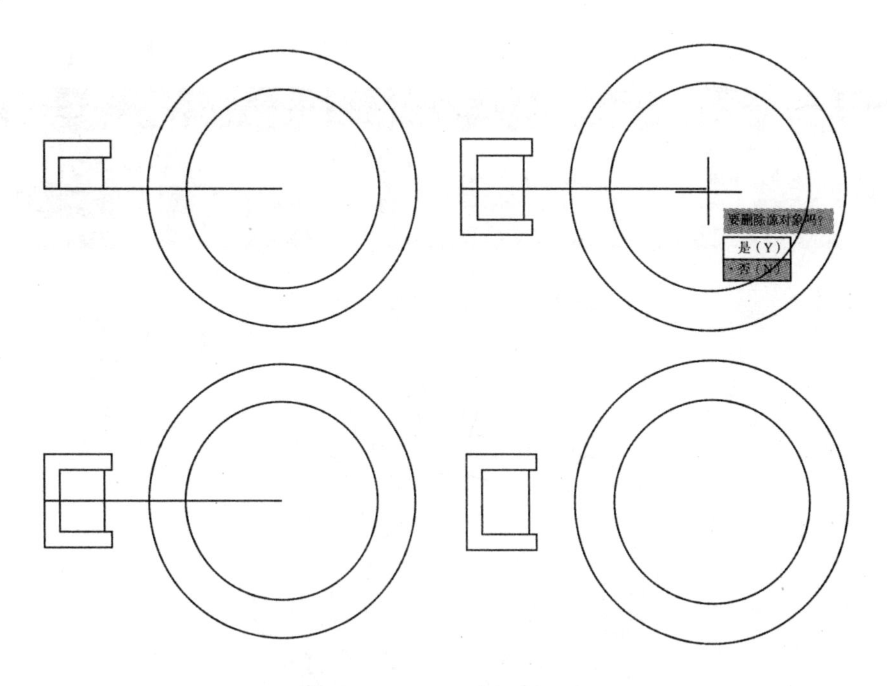

图 3－1－16　布置图（五）

7. 点击工具栏【阵列】按钮，下拉菜单【环形阵列】按钮，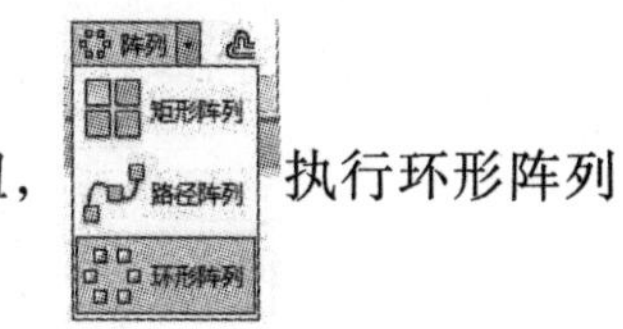

执行环形阵列命令：

ARRAYPOLAR 选择对象：（鼠标选中“椅子”部分，如图 3－1－17 所示，按空格键或者 Enter 键确认）。

ARRAYPOLAR 指定阵列的中心点或［基点（B）旋转轴（A）］：（鼠标点击圆心）。

在标题栏上出现的参数设置框中，设置参数如图 3－1－18 所示，按空格键或者 Enter 键确认；得到 10 人桌椅平面图，如图 3－1－19 所示。

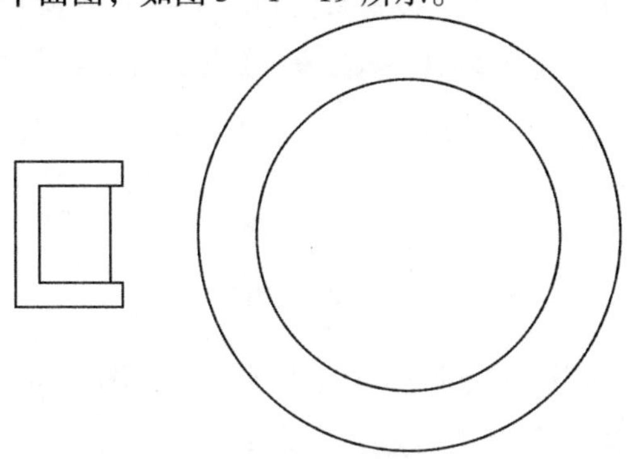

图 3－1－17　布置图（六）

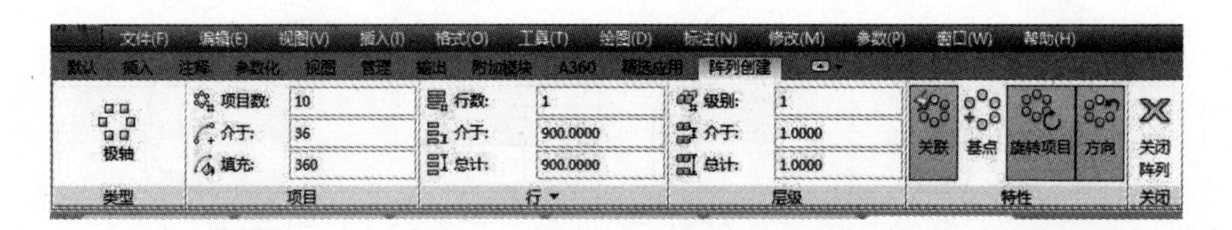

图 3－1－18　参数图（一）

图 3－1－19　布置图（七）

8. 点击工具栏【阵列】按钮，下拉菜单【矩形阵列】按钮，

执行矩形阵列

命令：

ARRAYRECT 选择对象：（鼠标全部选中需阵列的图，按空格键或者 Enter 键确认）；

在标题栏上出现的参数设置框中，设置参数如图 3－1－20 所示。

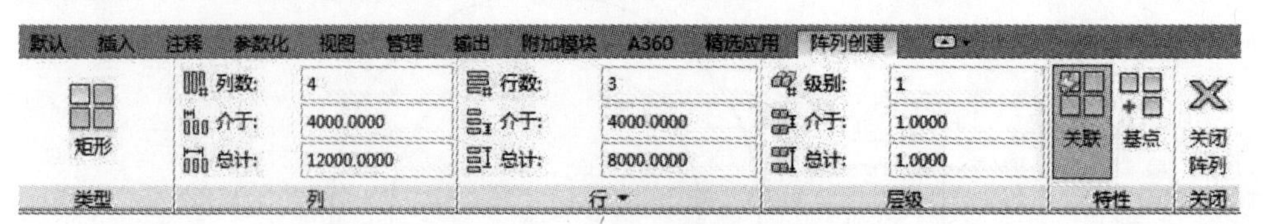

图 3－1－20　参数图（二）

按空格键或者 Enter 键确认；得到大型宴会厅平面布置图。

9. 绘制完成后，将文件另存为“宴会厅平面布置图 . dwg”文件名。

任务测试

任务测试表（表3－1－1）。

表3－1－1　任务测试表

班组人员签字：

任务名称	绘制大型宴会厅平面布置图	规格型号	
检查数量		检验日期	年　月　日
检验项目	质量标准	测量方法	检验结果
单个餐桌	十人桌椅	目测	
宴会厅餐桌布局	布局：三行四列	目测	
备注			
作品自我评价			
小组			
指导教师评语			

任务拓展

复制类命令的操作技巧

在AutoCAD 2018中，单击菜单栏【工具】按钮，在弹出的列表中单击【选项】按钮，可以通过【选项】对话框中的【选择集】选项卡来设置拾取框的大小和选择集模式，如图3－1－21所示。

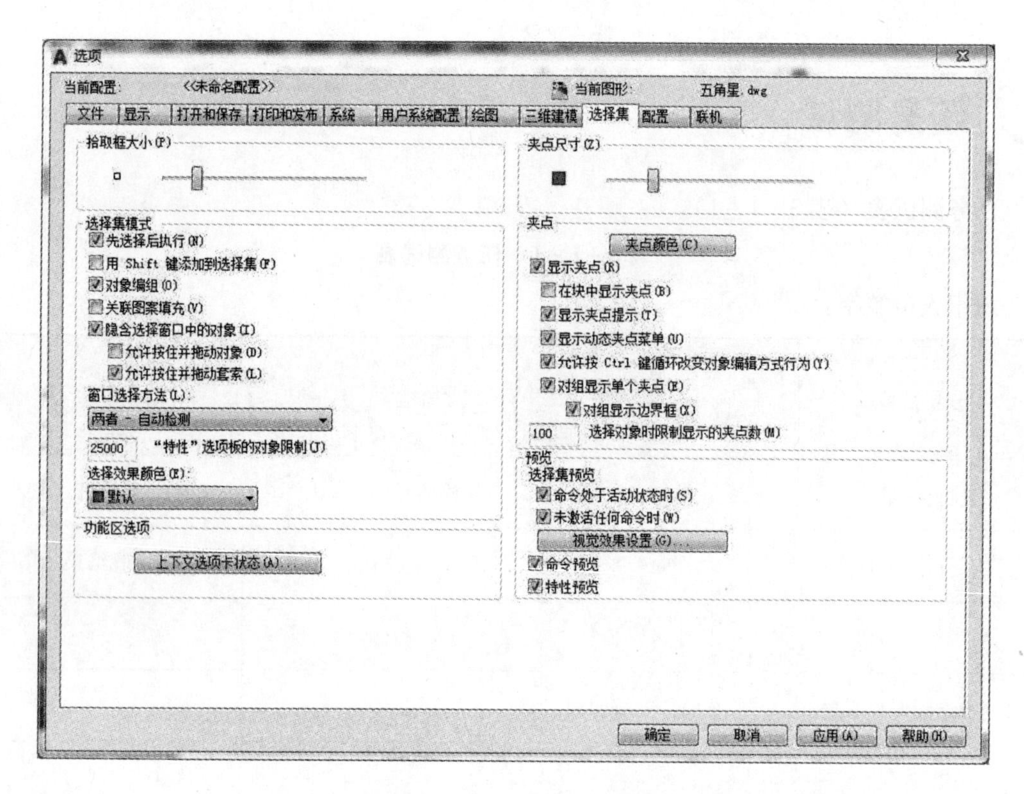

图 3－1－21　选项对话框

1．构造选择集

AutoCAD 2018 用虚线亮显所选的对象，如图 3－1－22 所示。这些对象就构成了选择集，选择集可以包含单个对象，也可以包含复杂的对象编组，如图 3－1－23 所示。

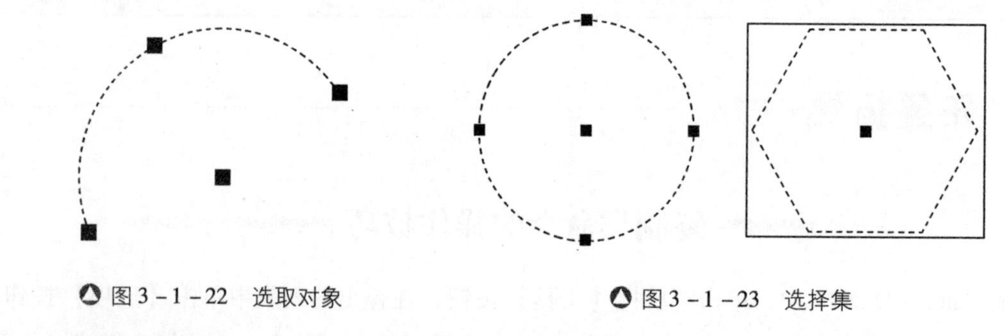

图 3－1－22　选取对象　　　图 3－1－23　选择集

2．选择对象

在 AutoCAD 2018 中，选择对象的方法很多。例如，可以通过单击对象逐个拾取，也可利用矩形窗口或交叉窗口进行选择；可以选择最近创建的对象、前面的选择集或图形中的所有对象，也可以向选择集中添加对象或从中删除对象。

如果用户误选了对象时，则需要取消对象选择的操作。若要取消所选择的多个或者是单个对象时，可直接按 Esc 键。若要取消多个选择对象中的某个对象时，可按下 Shift 键，并单击要取消选择的对象，这样就可以取消选择的对象。

（1）窗口方式

可以通过绘制一个矩形区域来选择对象。当指定了矩形窗口的两个对角点时，对象的所有部分均位于这个矩形窗口内才被选中，不在该窗口内或只有部分在该窗口内的对象则不被选中。从左到右绘制矩形区域将以窗口方式选取对象，使用窗口方式绘制的矩形是一个边线为实线、半透明的蓝色矩形选择框。图 3 – 1 – 24 为选择时的状态，图 3 – 1 – 25 为选择后的状态。

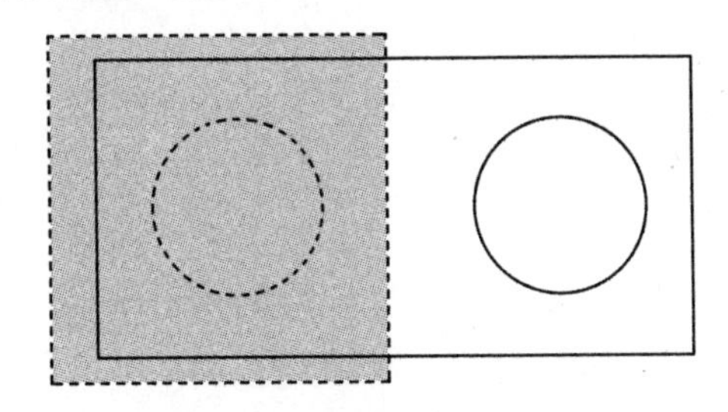

图 3 – 1 – 24　选择时的状态

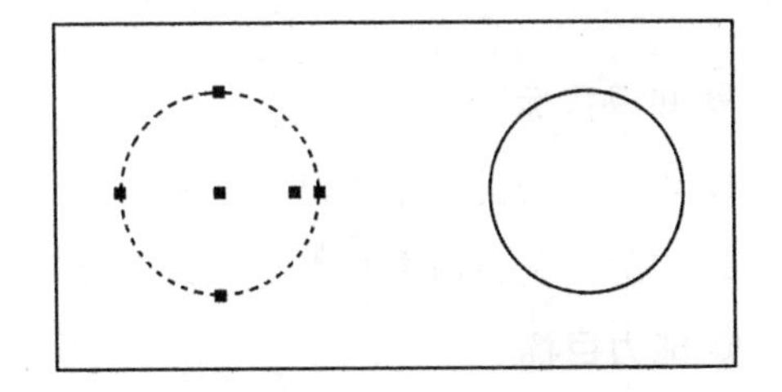

图 3 – 1 – 25　选择后的状态

（2）交叉方式

使用交叉方式选择对象时，全部包含在选择之内的图形和与选择框交叉的图形全部被选择。从右到左绘制矩形区域将以交叉方式选取对象，使用交叉方式绘制的矩形是一个边线为虚线，半透明的绿色矩形选择框。图 3 – 1 – 26 为选择时的状态，图 3 – 1 – 27 为选择后的状态。

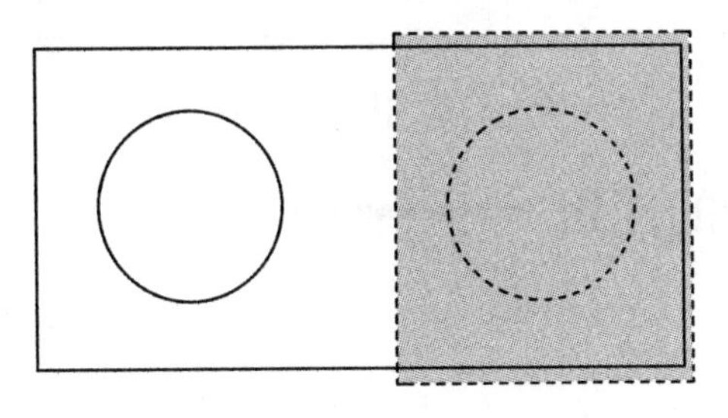

图 3 – 1 – 26　选择时的状态

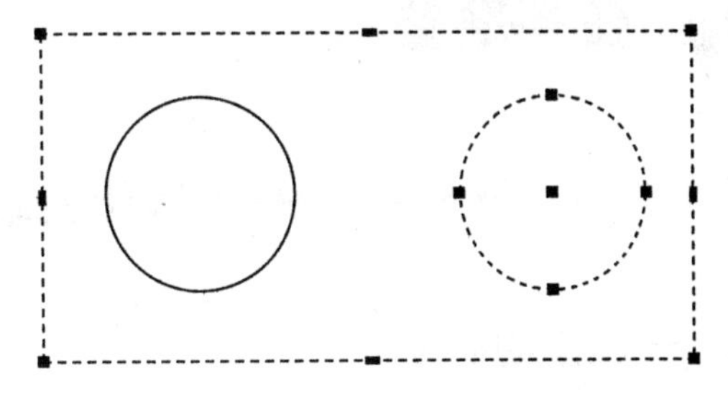

图 3 – 1 – 27　选择后的状态

任务二 移动类命令的使用

任务目标

● 知识目标

1. 学会移动类命令的使用方法；
2. 掌握在复杂的图形中选择某个指定对象的方法。

● 能力目标

操作者必须熟练掌握移动、旋转、缩放等移动类命令，并能熟练应用移动类命令进行二维图形的编辑。

● 素质目标

1. 培养学生实际操作能力以及和同伴合作交流的意识和能力；
2. 培养学生在绘图的过程中具有认真严谨的态度和吃苦耐劳的精神。

任务准备

移动类命令的使用

一、移动命令

用户在绘制图形的过程中，常常会将图形从一个位置移动到另一个位置。AutoCAD 2018 为用户提供了【移动】命令，来实现此操作。移动对象是指在绘图区域中，将选择的对象从一个位置移动到另一个位置，移动过程中不可以改变对象的方位和尺寸。

启动移动命令的方法有如下几种：

1. 菜单栏：【修改】-【移动】命令。
2. 工具栏：单击修改工具栏的 移动按钮。
3. 在命令行中输入 MOVE 命令行并按 Enter 键。

选中所要移动的对象，然后选择上面任何一种方式启用移动命令后，命令行的显示如

图 3－2－1 所示。

图 3－2－1　命令行

下面将对移动工具的使用进行简单的操作：

（1）启动 AutoCAD 2018 绘制一个图形，如图 3－2－2 所示。

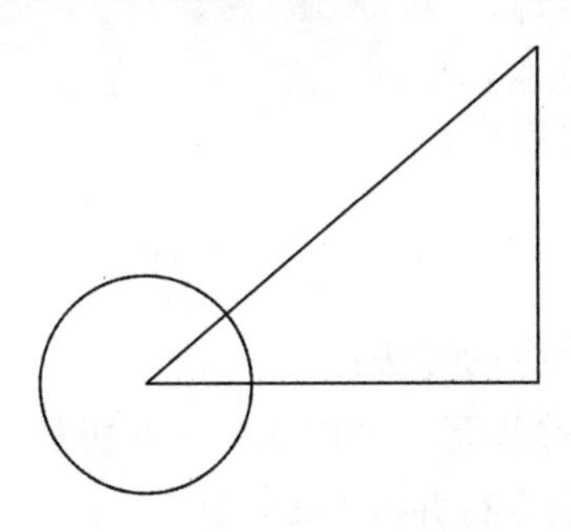

图 3－2－2　绘制图形

（2）在命令行中输入 MOVE 命令行并按 Enter 键。选择要移动的对象（圆），按一下鼠标右键。指定线段的一端为基点，对圆进行移动，如图 3－2－3 所示。

图 3－2－3　输入移动命令

（3）按 Enter 键确认，移动完成的效果如图 3－2－4 所示。

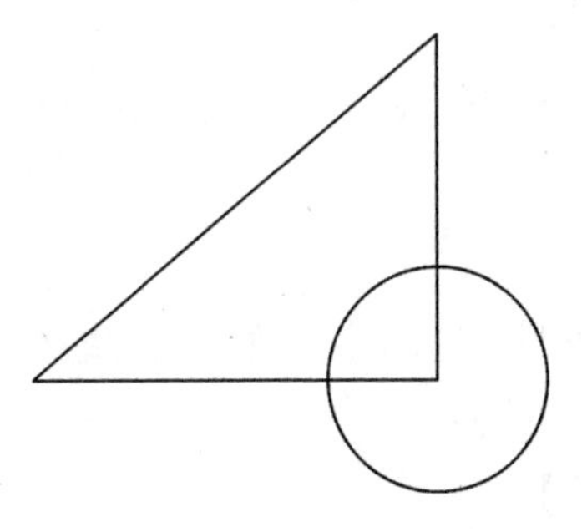

图 3－2－4　移动完成效果图

二、旋转命令

旋转对象是指把选择的对象在指定的方向上旋转指定的角度。在指定旋转角度时，可直接输入角度值，也可直接在绘图区域通过指定的一个点，确定旋转角度。

旋转的命令启动方式有以下三种：

1. 菜单栏：【修改】 - 【旋转】。

2. 工具栏：单击修改工具栏的 旋转 按钮。

3. 命令行：在命令行中输入 ROTATE 命令行并按 Enter 键。

选中所要旋转的对象，选择上面任何一种方式执行旋转命令后，命令行的显示如图 3 - 2 - 5 所示。

图 3 - 2 - 5　执行旋转命令

下面我们将介绍使用旋转命令的方法：

启动 AutoCAD 2018 绘制一个图形，如图 3 - 2 - 6 所示。

在命令行中输入 ROTATE 命令行并按 Enter 键。

选择要旋转的对象，按 Enter 键。

指定椭圆的圆心为基点，在命令行输入 C，按 Enter 键，根据命令行提示输入旋转角度为 90°，按 Enter 键确认，旋转后的效果如图 3 - 2 - 7 所示。

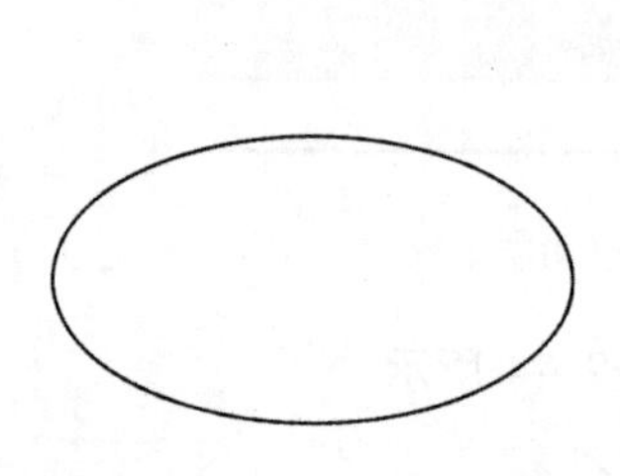

图 3 - 2 - 6　绘制图形

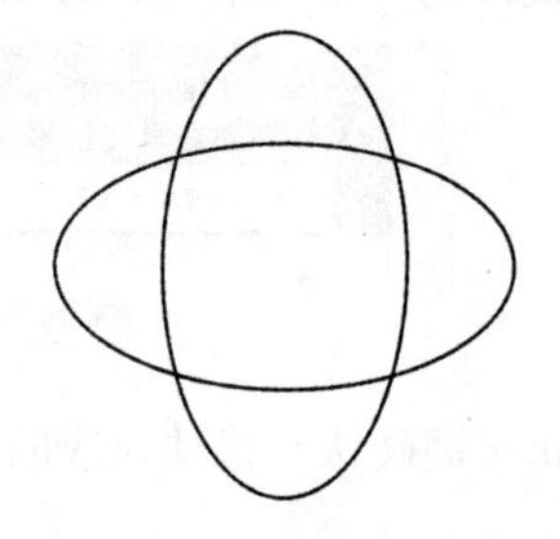

图 3 - 2 - 7　旋转后的图形

三、缩放命令

缩放命令是把选择的对象按照一定的比例放大或者缩小。

缩放的命令启动方式有以下几种：

1. 菜单：【修改】 - 【缩放】。

2. 工具栏：单击修改工具栏的 缩放 缩放按钮。

3. 命令行：在命令行中输入 SCALE 命令，按 Enter 键确认。

使用比例因子缩放对象可以将对象按照指定的比例缩放。比例因子的值为非负数，大于 1 的比例因子将放大对象，介于 0 和 1 之间的比例因子将缩小对象。

下面我们将介绍使用比例因子缩放对象的方法：

启动 AutoCAD 2018 绘制一个图形，如图 3－2－8 所示。

在命令行中输入 SCALE 命令行并按 Enter 键。选择要缩放的图形对象，按 Enter 键确认。选取圆的圆心为基点，如图 3－2－9 所示。

然后按 Enter 键确认，在命令行提示中，输入比例因子的值为 0.8，如图 3－2－10 所示。

按 Enter 键确认，缩放后的效果如图 3－2－11 所示。

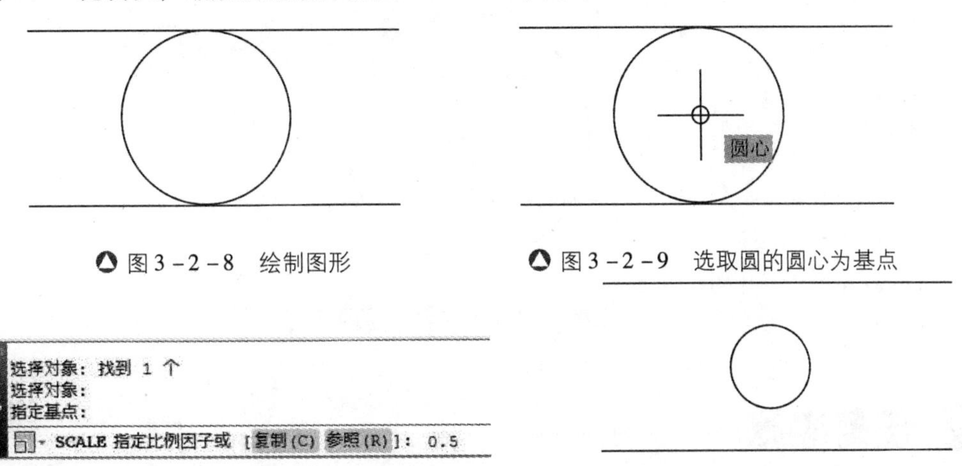

图 3－2－8　绘制图形

图 3－2－9　选取圆的圆心为基点

图 3－2－10　输入比例因子的值为 0.5

图 3－2－11　缩放后的效果

使用参照缩放对象将按参照长度和指定的新长度比例缩放选择的对象，若新长度小于参照长度，对象将缩小；若新长度大于参照长度，对象将放大。

下面我们将介绍按参照缩放对象的方法：

在命令行中输入 SCALE 命令行并按 Enter 键。选择要缩放的椭圆图形对象，按 Enter 键确认。选取椭圆的圆心为基点，在命令行提示中输入 R，参照模式，将参照长度输入为 2，如图 3－2－12 所示。

按 Enter 键确认，然后将新的长度输入为 4，如图 3－2－13 所示。

按 Enter 键确认，缩放后的效果如图 3－2－14 所示。

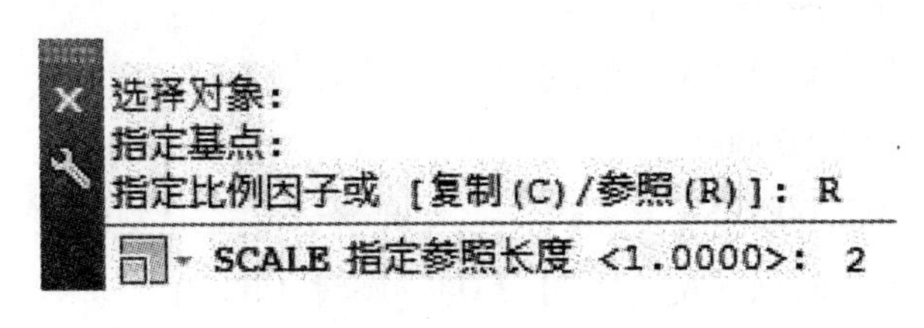

图 3－2－12　将参照长度输入为 2

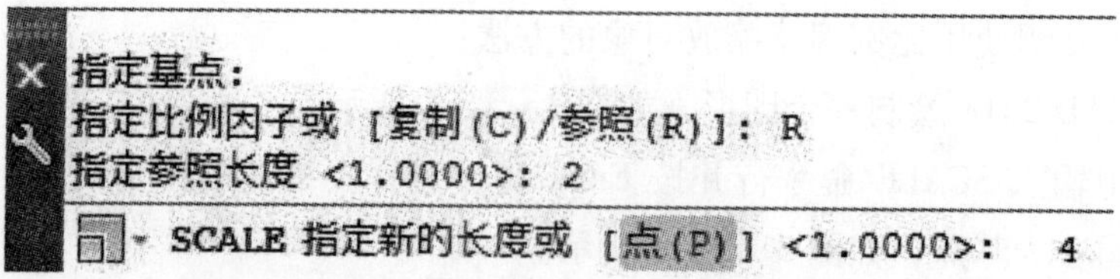

指定基点：
指定比例因子或 [复制(C)/参照(R)]：R
指定参照长度 <1.0000>：2
SCALE 指定新的长度或 [点(P)] <1.0000>： 4

图 3－2－13 将新的长度输入为 4

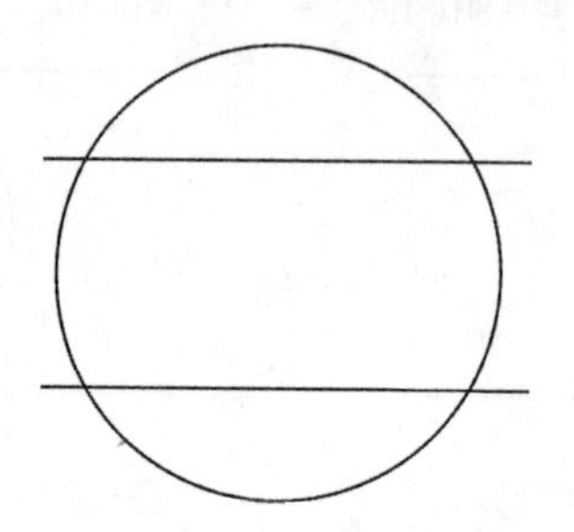

图 3－2－14 缩放后的效果

任务实施

旋转门把手解锁防盗门

下面将绘制旋转门把手解锁防盗门（图 3－2－15）。该例将使用【移动】、【旋转】、【缩放】等命令对绘制的图形进行编辑。

启动 AutoCAD 2018 后，新建空白文件。

点击工具栏 按钮。

命令：_ rectang

指定第一个角点或［倒角（C）/标高（E）/圆角（F）/厚度（T）/宽度（W）］：（鼠标点击任意一点已指定第一个角点）。

指定另一个角点或［面积（A）/尺寸（D）/旋转（R）］：D

指定矩形的长度 <134.0000>：

指定矩形的宽度 <22.0000>：

指定另一个角点或［面积（A）/尺寸（D）/旋转（R）］：

所得图形如图 3－2－15 所示。

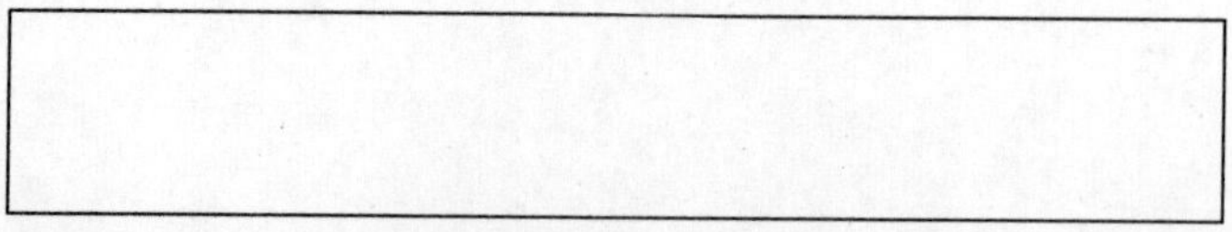

图 3－2－15 绘制图（一）

点击工具栏按钮。

命令：_ circle

指定圆的圆心或［三点（3P）/两点（2P）/切点、切点、半径（T）］：（捕捉矩形左边中点作为圆心）。

指定圆的半径或［直径（D）］<8.0000>：8。

ENTER 或者回车确定。

所得图形如图 3-2-16 所示。

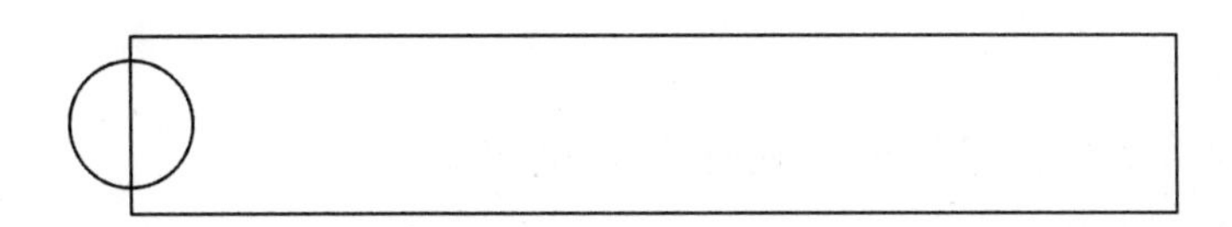

图 3-2-16　绘制图（二）

点击工具栏 移动 按钮。

命令：_ move

对象：找到 1 个（鼠标点击所画圆）。

选择对象：（鼠标捕捉矩形左边中点）。

指定基点或［位移（D）］<位移>：

指定第二个点或<使用第一个点作为位移>：13

ENTER 或者回车确定。

所得图形如图 3-2-17 所示。

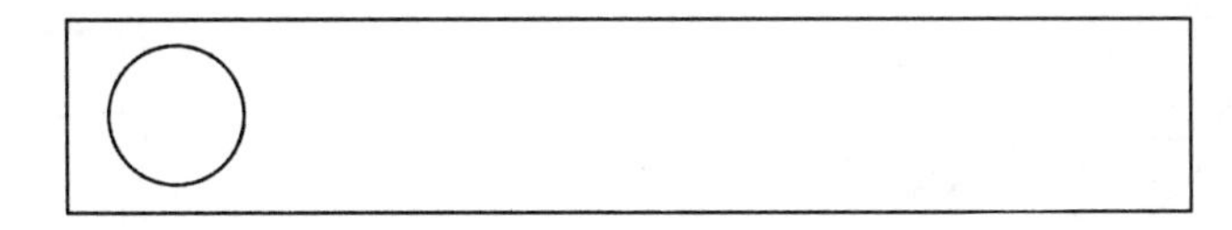

图 3-2-17　绘制图（三）

点击工具栏缩放 缩放 按钮。

命令：_ scale

选择对象：找到 1 个（鼠标点击所画矩形）。

选择对象：

指定基点：（鼠标捕捉矩形右边中点）。

指定比例因子或［复制（C）/参照（R）］：C

缩放一组选定对象。

指定比例因子或［复制（C）/参照（R）］：0.75（比例因子为0.75）。

ENTER 或者回车确定。

所得图形如图 3－2－18 所示。

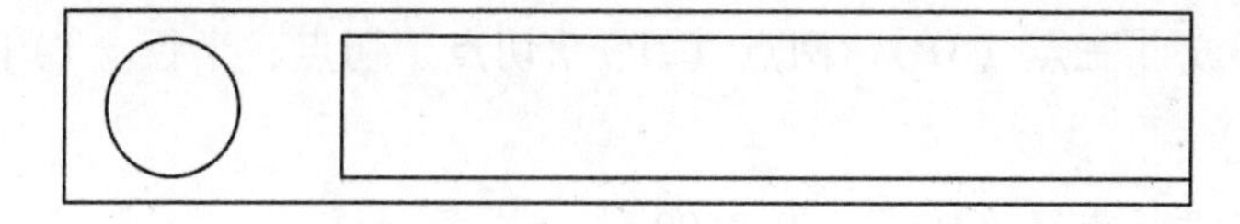

图 3－2－18　绘制图（四）

点击工具栏旋转 旋转 按钮。

命令：_ rotate

UCS 当前的正角方向：ANGDIR = 逆时针 ANGBASE = 0

选择对象：找到 1 个。

选择对象：找到 1 个，总计 2 个（鼠标选中所有的矩形）。

选择对象：

指定基点：（鼠标点击圆心）。

指定旋转角度，或［复制（C）/参照（R）］ <180>：270（旋转角度为 270°）。

ENTER 或者回车确定。

所得图形如图 3－2－19 所示。

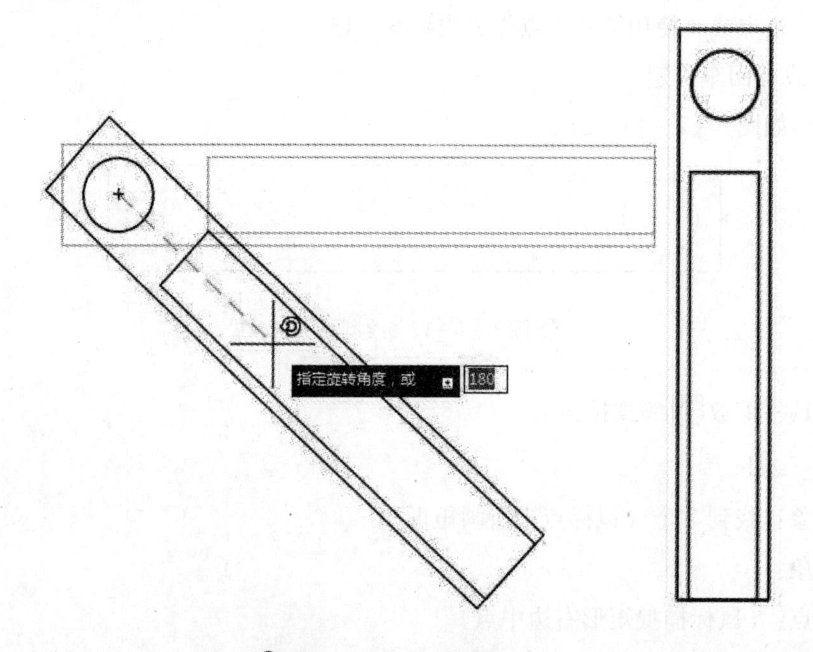

图 3－2－19　绘制图（五）

绘制完成后，将文件另存为“旋转门把手解锁防盗门.dwg”文件名。

任务测试

任务测试表（表 3－2－1）。

表 3－2－1　任务测试表

班组人员签字：

任务名称	旋转门把手解锁防盗门	规格型号	
检查数量		检验日期	年　月　日
检验项目	质量标准	测量方法	检验结果
门把手示意图	尺寸正确	测量尺寸	
旋转门把手	使用旋转指令	目测	
备注			
作品自我评价			
小组			
指导教师评语			

任务拓展

移动类命令的操作技巧

1．过滤选择

在 AutoCAD 2018 中，如果需要在复杂的图形中选择某个指定对象，可以采用过滤选择集进行选择。具体操作步骤如下：

（1）启动 AutoCAD 2018 后，简单画图，如图 3－2－20 所示。图片另存为“对象选择 . dwg”，在命令行中输入 FILTER 命令并按 Enter 键确认。

（2）弹出【对象选择过滤器】对话框，如图 3－2－21 所示。

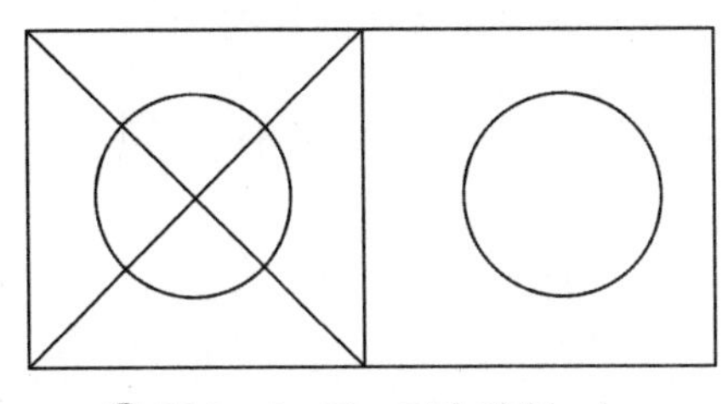

图 3－2－20　对象选择 . dwg

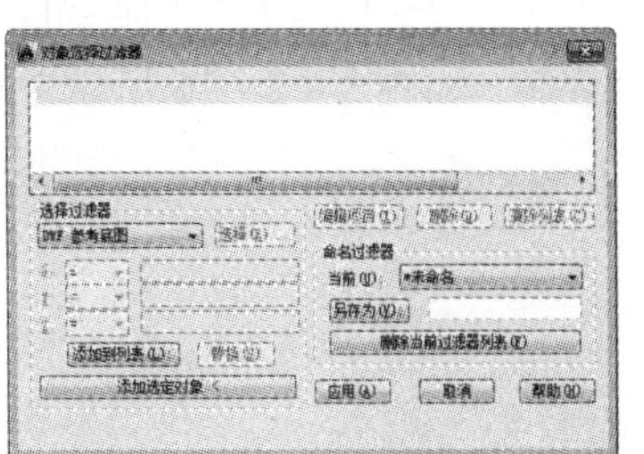

图 3－2－21　对话框（一）

（3）在【选择过滤器】选项组中的下拉列表框中选择【圆】选项，并单击【添加到列表】按钮，将其添加到过滤器的列表框中，此时，过滤器列表框中将显示【圆】选项，如图3－2－22所示。

（4）在【命名过滤器】选项组中，在【另存为】右侧的文本框中输入“圆过滤器”，并单击【另存为】按钮。【当前】右侧的列表中将显示命名的过滤器，如图3－2－23所示。

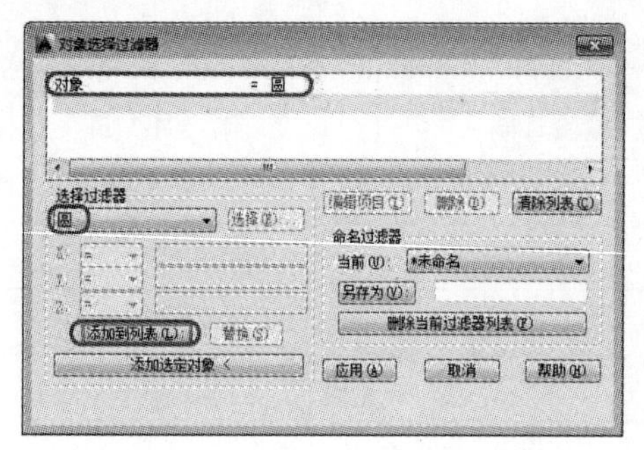

图3－2－22　添加【圆】选项

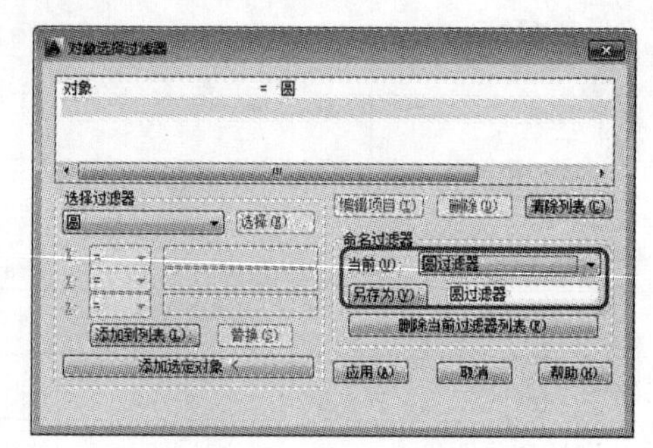

图3－2－23　对话框（二）

（5）单击【应用】按钮，在绘图区域中框选图形，如图3－2－24所示。

（6）按Enter键确认，图形中的圆将被选取，如图3－2－25所示。

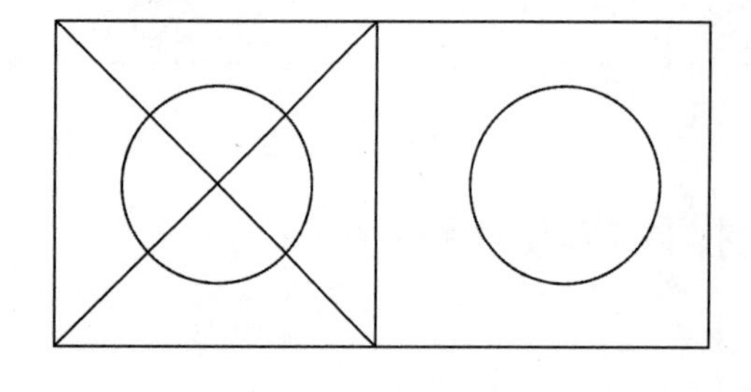

图3－2－24　框选图形

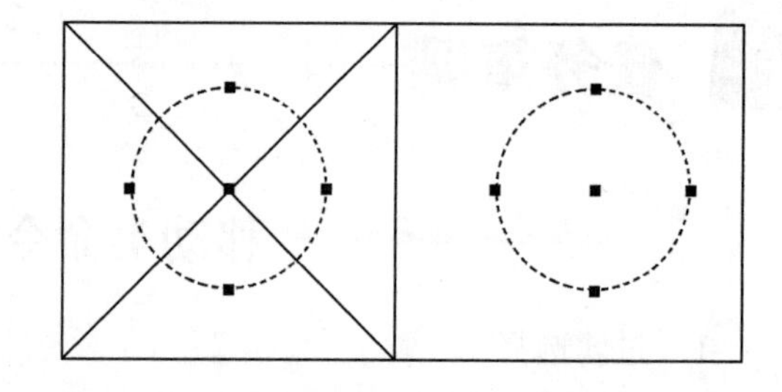

图3－2－25　选取圆

2．快速选择

快速选择方式是AutoCAD 2018中唯一以窗口作为对象选择界面的选择方式。通过该选择方式，用户可以更直观地选择并编辑对象。具体操作步骤如下：

启动AutoCAD 2018后，在命令行中输入QSELECT命令并按回车键确认。弹出【快速选择】对话框，如图3－2－26所示。根据提示便可实现快速选择的目的。

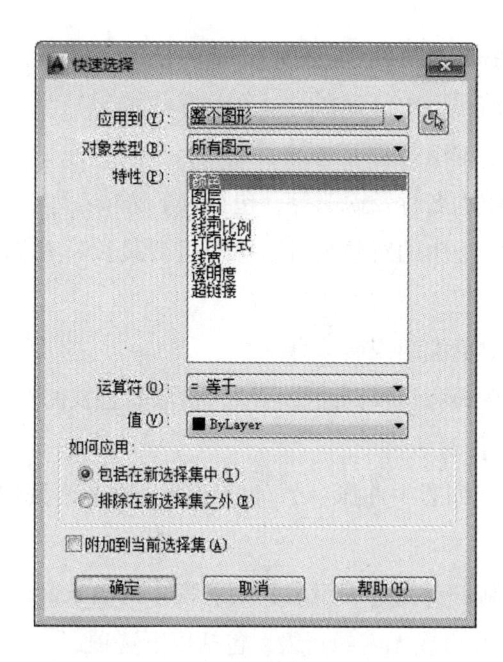

图 3-2-26　弹出【快速选择】对话框

3. 使用编组

在 AutoCAD 2018 中，可以将图形对象进行编组以创建一种选择集，使编辑对象变得更为灵活。编组是已命名的对象选择集。随图形一起保存。一个对象可以作为多个编组的成员。

将多个对象创建编组，更加易于管理。在命令行中输入 CLASSICGROUP 命令并按 Enter 键确认。弹出【对象编组】对话框，如图 3-2-27 所示。

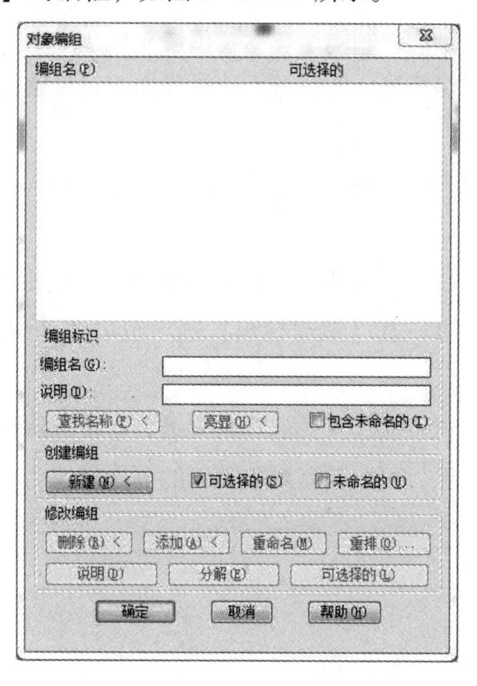

图 3-2-27　【对象编组】对话框

在【对象编组】对话框中包括以下选项：

【编组名】显示了当前图形中已存在的对象编组名称。

【可选择的】表示对象编组是否可选。

【编组标识】设置编组的名称及说明等，包括以下选项：

【编组名】输入或显示选中的对象编组名称。组名最长可有31字符，包括字母、数字以及特殊符号*、! 等。

【说明】显示选中的对象编组说明信息。

【查找名称】单击该按钮将切换到绘图区域，拾取要查找的对象后，该对象所属的组名即显示在【编组成员列表】对话框中。

【亮显】在【编组名】列表中选择一个对象编组，单击该按钮可以在绘图区域中亮显对象编组的所有成员对象。

【包含未命名的】控制是否在【编组名】列表框中列出未命名的编组。

创建编组：创建一个有名或无名的新组，包括以下选项：

【新建】单击该按钮可以切换到绘图区域，并可选择要创建编组的图形对象。

【可选择的】选中该复选框，当选择对象编组中的一个成员对象时，该对象编组的所有成员都将被选中。

【未命名的】确定是否要创建未命名的对象编组。

修改编组：在该选项组中可以修改对象编组中的单个成员或者对象编组本身。只有在【编组名】列表框中选择一个对象编组，该选项组中的按钮才可用，其中包括以下选项：

【删除】单击该按钮，将切换到绘图区域，选择要从对象编组中删除的对象。

【添加】单击该按钮将切换到绘图区域，选择要加入到对象编组中的对象，选中的对象将被加入到对象编组中。

【重命名】单击该按钮，可以在【编组标识】选项组中的【编组名】文本框中输入新的编组名。

【重排】单击该按钮，打开【编组排序】对话框，可以重排编组中的对象顺序。

【说明】单击该按钮，可以在【编组标识】选项组中的【说明】文本框中修改所选对象编组的说明描述。

【分解】单击该按钮，可以删除所选的对象编组，但不删除图形对象。

【可选择的】单击该按钮，可以控制对象编组的可选择性。

任务三　删除及恢复类命令的使用

任务目标

● 知识目标

1. 学会删除类命令的使用方法；

2. 学会使用快捷键来删除或恢复二维图形；

3. 掌握删除重线的方法。

● 能力目标

操作者必须熟练掌握删除、恢复等命令，并能熟练应用快捷键进行二维图形的删除和恢复。

● 素质目标

1. 培养学生实际操作能力以及和同伴合作交流的意识和能力；

2. 培养学生在绘图的过程中具有认真严谨的态度和吃苦耐劳的精神。

任务准备

删除及恢复类命令的使用

一、删除命令

删除命令是将所选的图形对象从绘图区删除。

删除命令的启动方式有：

1. 菜单：【修改】-【删除】。

2. 工具栏：单击修改工具栏的删除按钮 。

3. 命令行：在命令行中输入 ERASE 命令，按 Enter 键确认。

如果选择了不想删除的对象，可以按下 ESC 键退出删除操作，或者按住 SHIFT 键进行减选对象的操作。删除命令也可以先进行删除对象的选择，然后输入删除命令，或者按

【Delete】键，同样也可以完成删除操作。

操作步骤如下：

命令：Erase

选择对象：(拾取要删除的对象)。

选择对象：(按回车键或继续拾取要删除的对象)。

二、恢复命令

如果想恢复删除的对象可以使用 OOPS 或 UNDO 命令，用户可以恢复最近一次被打断、定义成块和删除的对象。但是，对于以前删除的对象则无法恢复。用户想要恢复前几次删除的实体，只能使用放弃命令。

操作步骤如下：

命令：Oops

命令执行的结果是，重新恢复最后一次使用“Erase”删除的对象，并将其显示在当前绘图窗口中。

注意：

1. 在删除对象时也可以用键盘上的“Delete”键。

2. 在用 Erase 命令删除对象后，立即用 Undo 命令也可以恢复被删除的对象，但如果不是立即使用 Undo 命令，即在 Erase 和 Undo 命令中间加入了其他操作，这时只能使用 Oops 命令来恢复最近一次用 Erase 命令删除的对象。

3. 用 Ctrl + Z 也可以恢复删除的对象。

绘制五角星和六角星

下面将绘制五角星（如图 3 – 3 – 4 所示）。该例将使用【圆】、【正多边形】、【直线】、【删除】、【修剪】等命令对绘制的图形进行编辑。另外，为方便加深对【恢复】命令的把握理解，同学们可自行尝试在执行【删除】命令后通过【恢复】命令把删除的对象恢复。

1. 启动 Autocad 2018 中文版，进入绘图界面。

2. 在“绘图”工具栏上单击按钮，此时命令行显示：

命令：_ circle

指定圆的圆心或［三点（3P）/两点（2P）/切点、切点、半径（T)］：

指定圆的半径或［直径（D）］：100

Enter 或空格确定得到所画圆。

3. 在“绘图”工具栏上单击“正多边形”按钮，启动绘制正多边形命令，此时命令行显示：

命令：_ polygon 输入侧面数 <4>：5

指定正多边形的中心点或［边（E）］：（鼠标在绘图的任意位置单击，确定图形的中心点）。

输入选项［内接于圆（I）/外切于圆（C）］ <I>：I（接受默认选项内接于圆）。

指定圆的半径：100

直接按回车键，绘制一个正五边形。

其操作步骤及完成如图 3－3－1 所示。

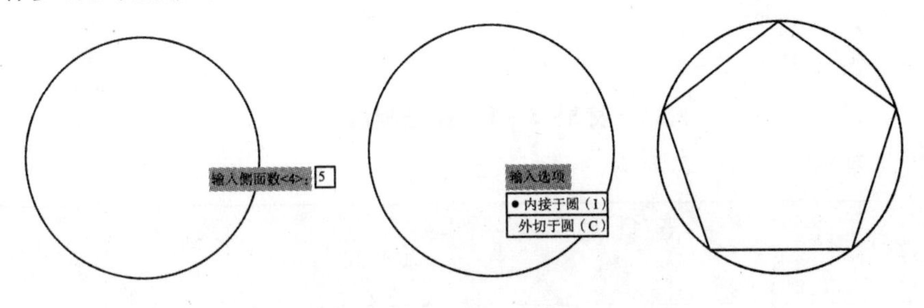

图 3－3－1　绘制内接五边形

4. 单击“直线”按钮。启动绘制直线命令，依次连接正五边形不相邻的两个顶点以；从五边形顶点出发过圆心相交于五角星轮廓的直线，绘制完成后如图 3－3－2 所示。

5. 删除作为辅助线的正五边形和圆，如图 3－3－3 所示。

命令：_ erase

选择对象：找到 1 个。

选择对象：找到 1 个，总计 2 个。

直接按回车键完成删除。

6. 修剪多余的线段，这样一个五角星的图案就绘制完成了，如图 3－3－4 所示。

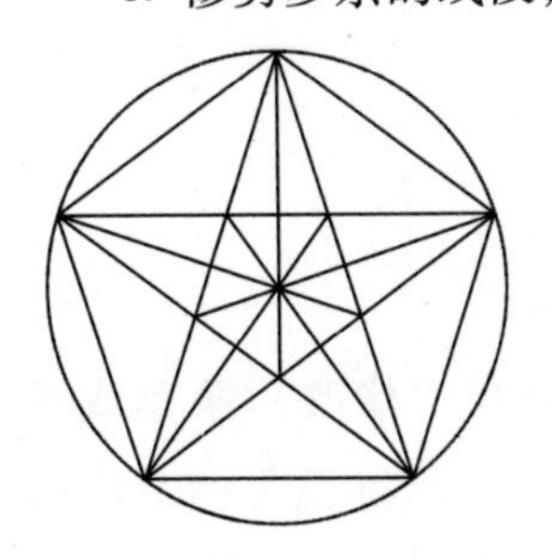

图 3－3－2　绘制五角星（一）

图 3－3－3　绘制五角星（二）

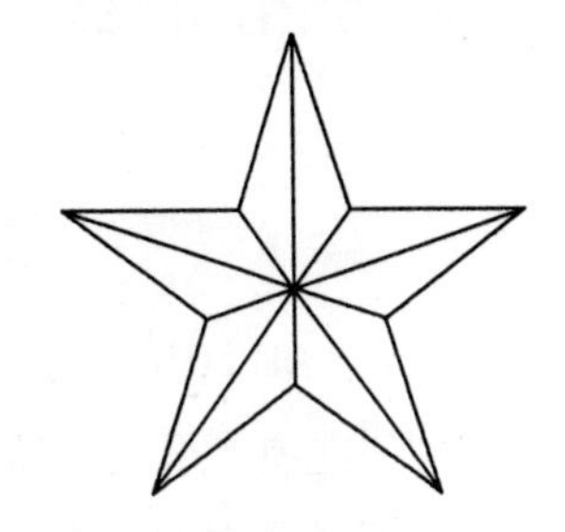

图 3－3－4　绘制五角星（三）

7. 参照上面的方法，试画出一个如图 3－3－5 所示的六角星。

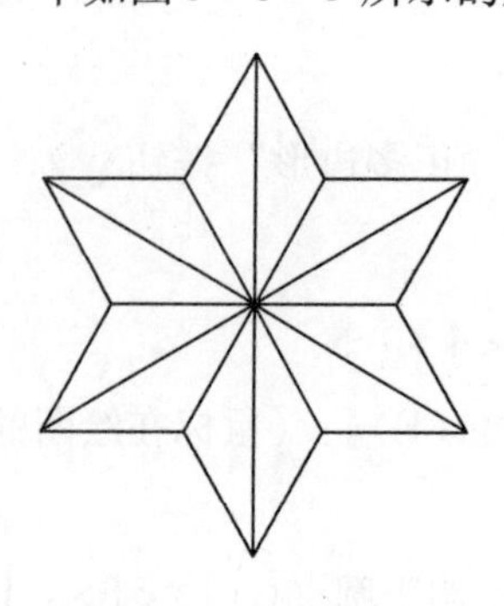

图 3－3－5　六角星

任务测试

任务测试表（表 3－3－1）。

表 3－3－1　任务测试表

班组人员签字：

任务名称	绘制五角星、六角星	规格型号	
检查数量		检验日期	年　月　日
检验项目	质量标准	测量方法	检验结果
五角星	符合图纸	目测	
六角星	符合图纸	目测	
备注			
作品自我评价			
小组			
指导教师评语			

任务拓展

重线的删除操作

AutoCAD 2018 中有一个删除重复对象命令 OVERKILL。你可以在“修改”菜单或者“修改”选项卡里找到这个命令。其主要功能是删除多余的几何图形：删除重复的对象副本，删除在圆的某些部分上绘制的圆弧，以相同角度绘制的局部重叠的线被合并到单条线，删除与多段线线段重叠的重复的直线或圆弧段。图标是一个扫帚形象。下面是这个命令的对话框，如图 3 - 3 - 6 所示。

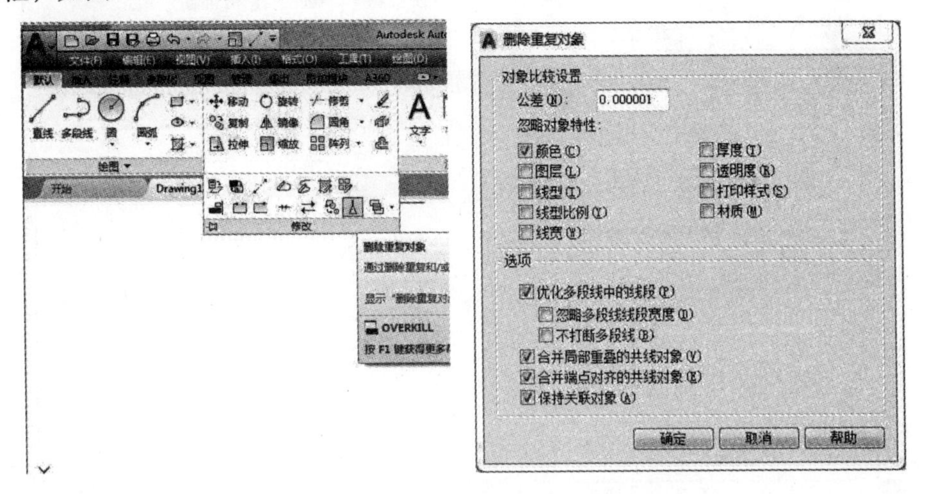

图 3 - 3 - 6　执行 OVELLKILL 命令的对话框

对象比较设置：

【公差】控制精度，OVERKILL 通过该精度进行数值比较。如果该值为 0（零），则在 OVERKILL 修改或删除其中一个对象之前，被比较的两个对象必须匹配。

【忽略对象特性】选择这些对象特性以在比较过程中忽略它们。

颜色、图层、线型、比例、线宽、厚度、透明度、打印样式、材质。

选项：

使用这些设置可以控制 OVERKILL 如何处理直线、圆弧和多段线。

【优化多段线中的线段】选定后，将检查选定的多段线中单独的直线段和圆弧段。重复的顶点和线段将被删除。此外，OVERKILL 将各个多段线线段与完全独立的直线段和圆弧段相比较。如果多段线线段与直线或圆弧对象重复，其中一个会被删除。如果未选择此选项，多段线会作为 Discreet 对象而被比较，而且两个子选项是不可选的。

【忽略多段线的线段宽度】忽略线段宽度，同时优化多段线线段。

【不打断多段线】多段线对象将保持不变。

【合并局部重叠的共线对象】重叠的对象被合并到单个对象。

【当共线对象端点对齐时，合并这些对象】将具有公共端点的对象合并为单个对象。

【保持关联对象】不会删除或修改关联对象。

下面我们具体操作来试验一下该指令，具体操作步骤如下：

1. 启动 AutoCAD 2018 后，简单画三条线形、宽度、颜色皆不相同的直线，如图 3 - 3 - 7所示。

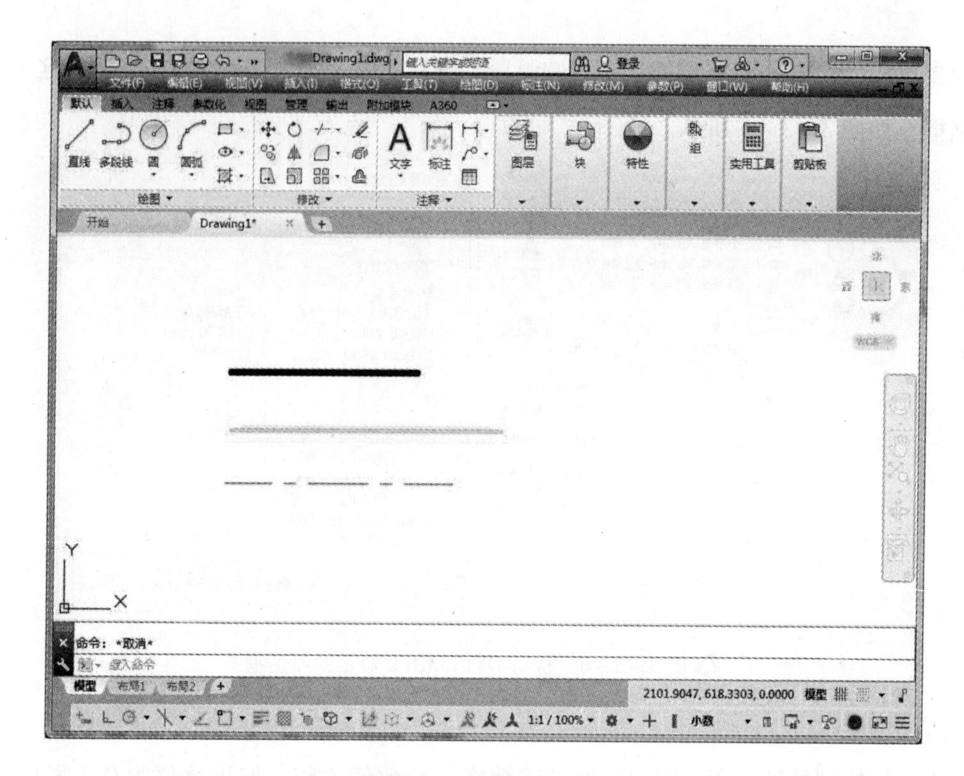

图3-3-7 图（一）

2. 把三条直线通过移动指令进行重合，如图3-3-8所示。

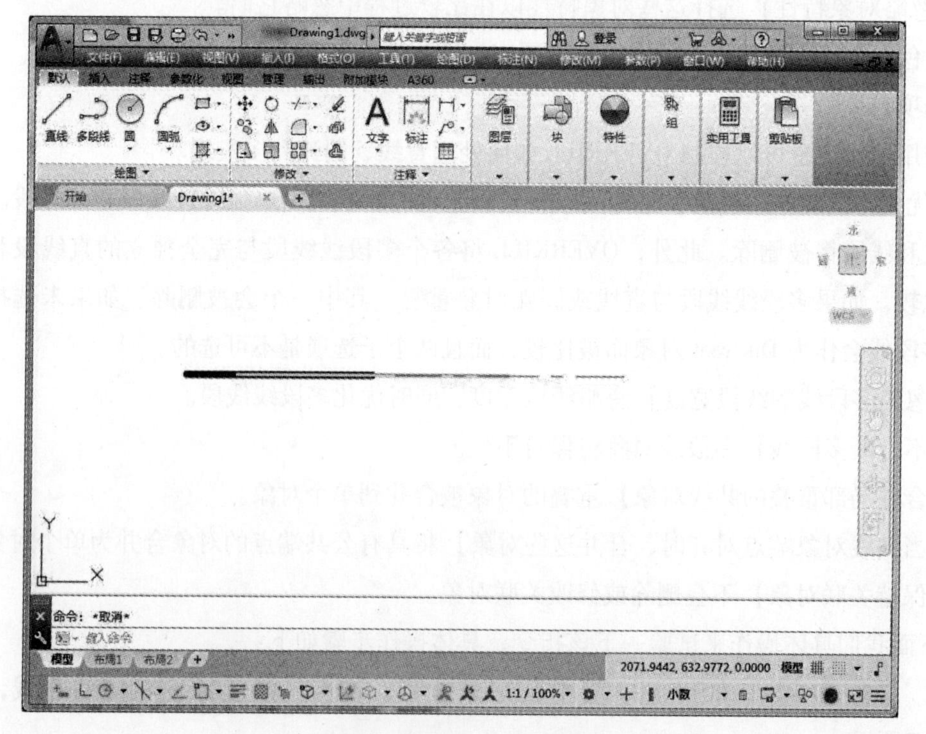

图3-3-8 图（二）

3. 通过复制命令把重合好的直线复制成三条重合直线，如图 3－3－9 所示。

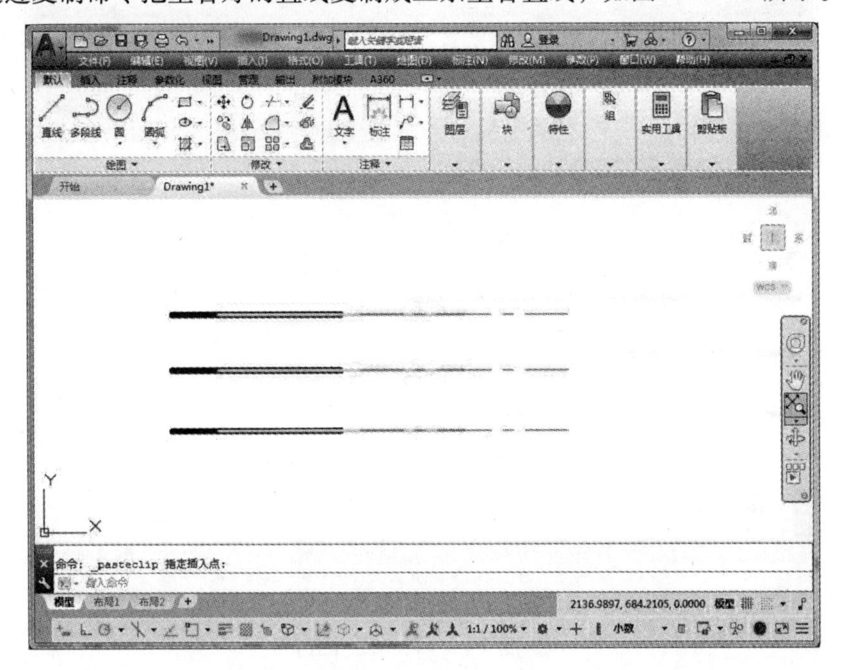

图 3－3－9　图（三）

4. 执行 OVERKILL 命令，选中第一条重合线后，空格确认，在弹出的删除重复对象选项框中选中如图 3－3－10 选项，点击确认后的图像如图 3－3－11 所示。

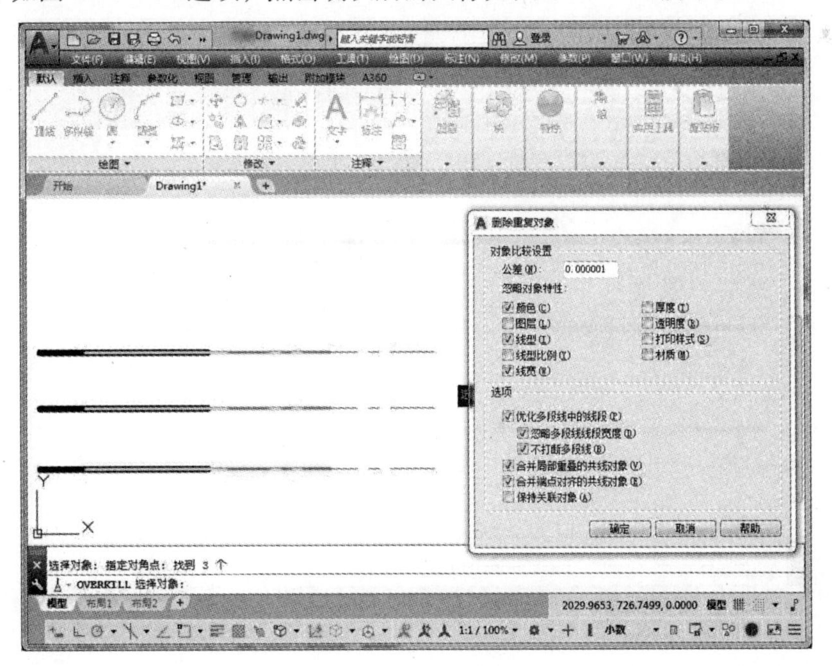

图 3－3－10　图（四）

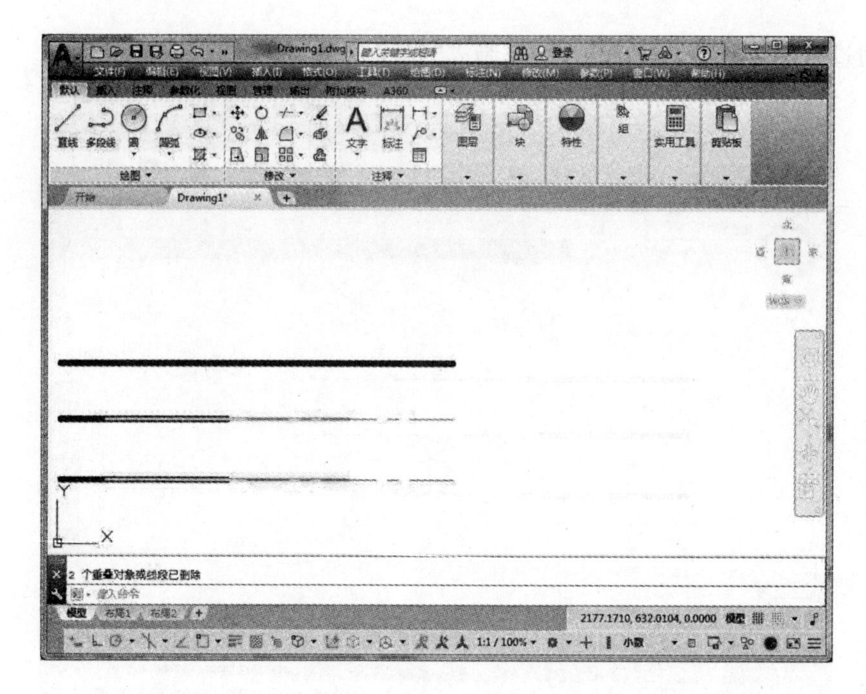

图 3－3－11　图（五）

5. 在第三条重合线上面标注尺寸，如图 3－3－12，作为关联性限制，执行 OVERKILL 命令，选中第三条重合线后，空格确认，在弹出的删除重复对象选项框中选中如图 3－3－13 选项（选中保持关联对象框），点击确认后的得的图像如图 3－3－14 所示。

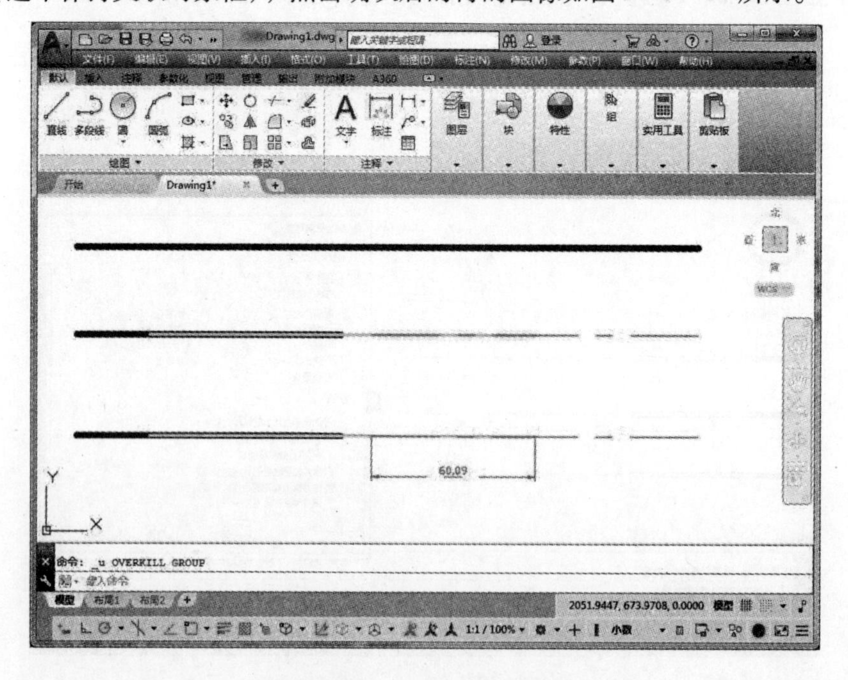

图 3－3－12　图（六）

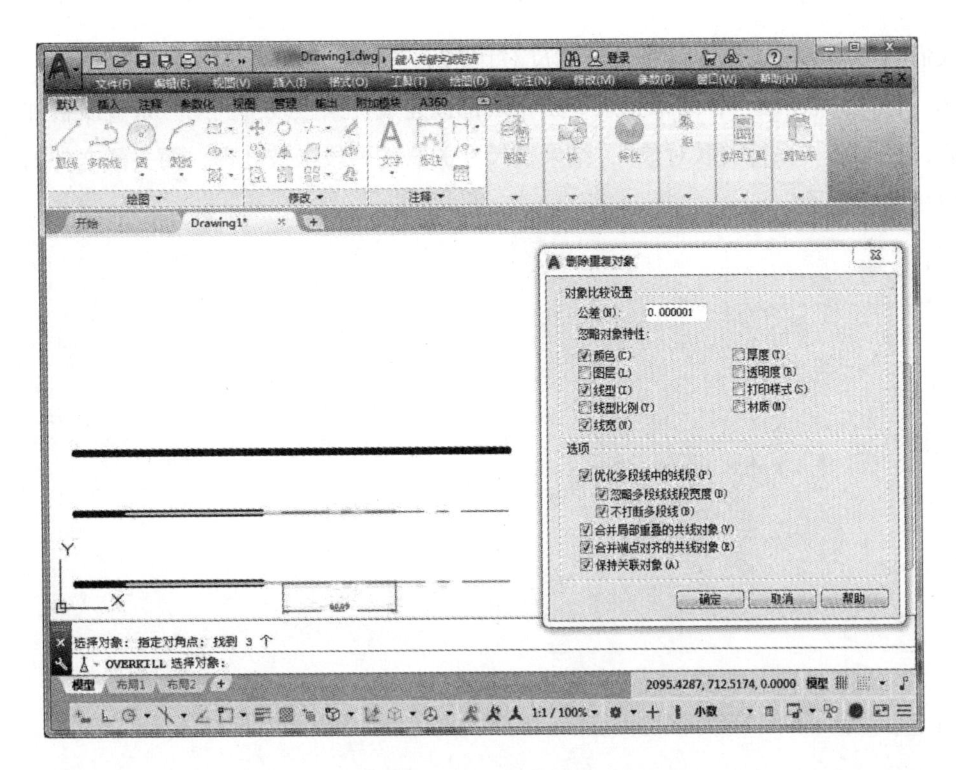

图3－3－13　图（七）

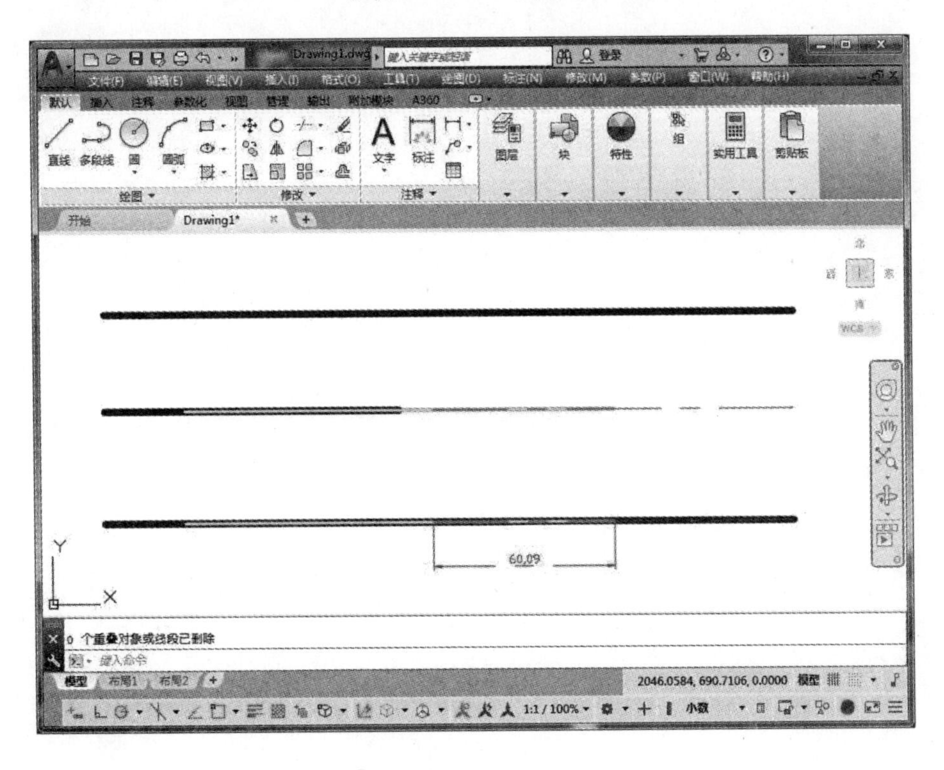

图3－3－14　图（八）

我们利用第二条线作为参照线，通过对比第一条和第三条直线我们可以得到，第一条未勾选“保持关联对象”，结果整组3条直线都被连成一条直线了。第三条直线被加入了尺寸关联，在勾选“保持关联对象”，结果被尺寸关联的两段未被处理，而关联之外的重线被合并成一条直线了。

任务四　改变几何特性类命令的使用

任务目标

● 知识目标

1. 学会改变几何特性类命令的使用方法；

2. 了解利用夹点对对象进行拉伸、移动等的操作方法。

● 能力目标

1. 操作者必须熟练掌握改变几何特性类命令的使用方法和操作技术，达到熟练编辑二维图形的能力；

2. 总结归纳如何选用最便捷的命令达到快速绘图的目的。

● 素质目标

1. 培养学生实际操作能力以及和同伴合作交流的意识和能力；

2. 培养学生在绘图的过程中具有认真严谨的态度和吃苦耐劳的精神。

任务准备

改变几何特性类命令的使用

一、修剪命令

修剪对象是指用指定的一个或多个的边界来修剪与之相交的对象。可以利用对象最近的交叉点进行修剪。

执行修剪命令的方法有如下几种：

1. 菜单栏中：【修改】-【修剪】。

2. 工具栏：单击修改工具栏的修剪按钮 修剪。

3. 命令行：在命令行中输入 TRIM 命令行并按 Enter 键。

输入修剪命令后，可将图形中多余的部分修剪掉。

下面我们将介绍使用【修剪】命令的方法：

（1）启动 AutoCAD 2018 绘制图形，如图 3 –4 –1 所示。

（2）在命令行中输入 TRIM，并按 Enter 键。选择修剪边界，如图 3 –4 –2 所示。

（3）选择要修剪的对象，如图 3 –4 –3 所示。

（4）按 Enter 键，确定修剪操作。修剪后的效果如图 3 –4 –4 所示。

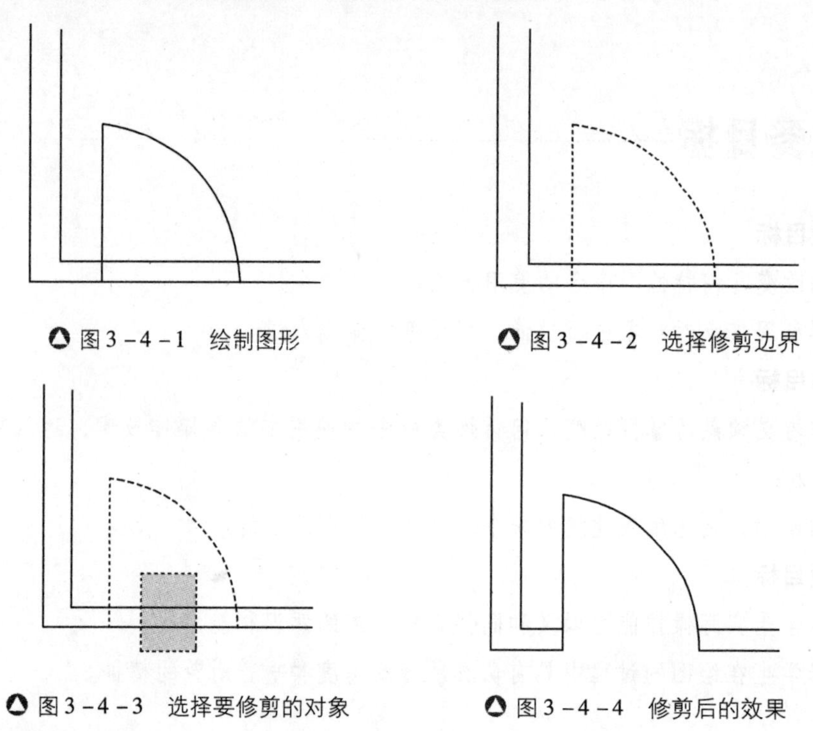

图 3 –4 –1 绘制图形

图 3 –4 –2 选择修剪边界

图 3 –4 –3 选择要修剪的对象

图 3 –4 –4 修剪后的效果

二、延伸命令

延伸命令是二维绘图命令中一项很重要的编辑命令，利用这项命令可以编辑绘制出更理想的图形效果。延伸命令可以把直线圆弧和多段线等端点精确地延长到指定的边界，这些边界可以是直线、圆弧或多段线。

执行延伸命令的方法有如下几种：

1. 菜单栏中的【修改】–【延伸】命令。

2. 工具栏：选择修改工具栏中的延伸按钮 延伸 。

3. 命令行：在命令行中输入 EXTEND 命令行并按 Enter 键。

下面将介绍使用【延伸】命令的方法：

启动 AutoCAD 2018 绘制一个图形，如图 3 –4 –5 所示。

在命令行中输入 EXTEND，并按 Enter 键，选择要延伸到的线段边界，按 Enter 键。如图 3 –4 –6 所示。

选择要延伸的圆弧对象，如图 3 –4 –7 所示。

按 Enter 键，确定延伸操作。延伸后的效果如图 3 –4 –8 所示。

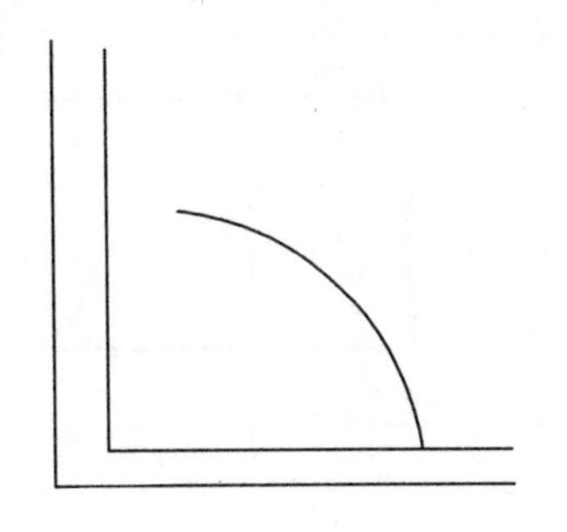

图 3 –4 –5　选择要延伸的对象

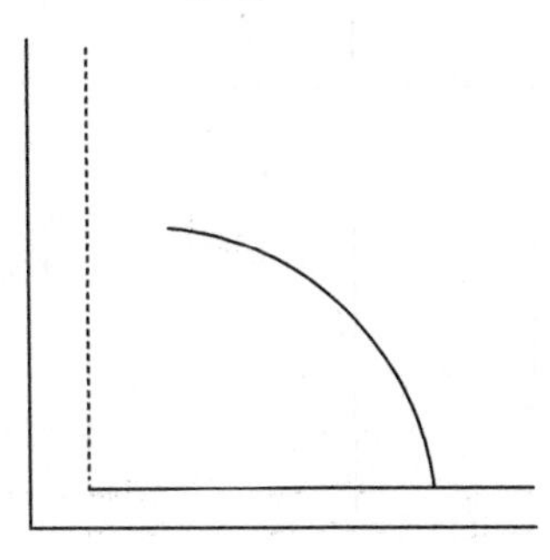

图 3 –4 –6　延伸后的效果

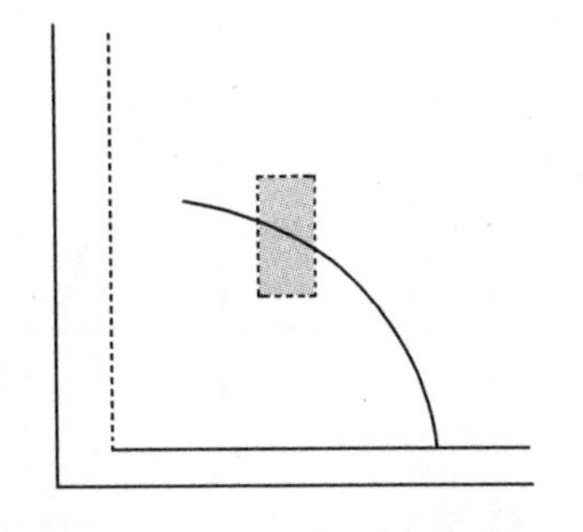

图 3 –4 –7　选择要延伸的对象

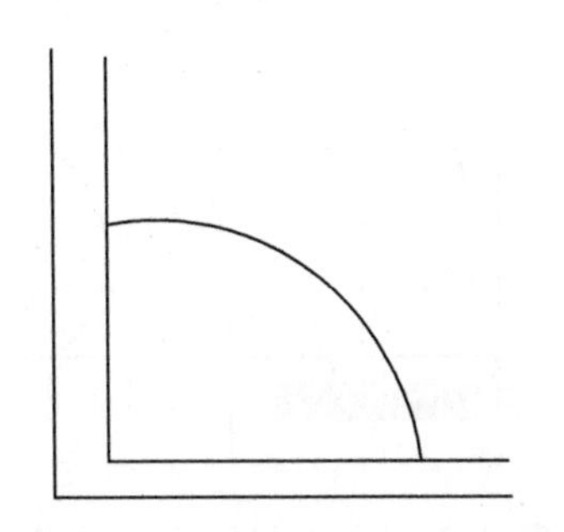

图 3 –4 –8　延伸后的效果

三、拉伸命令

在 AutoCAD 2018 中，拉伸对象是指拖动选中的对象，且对象的形状发生改变。用户选择拉伸对象操作时应指定拉伸的基点和移置点。

执行拉伸命令的方法有如下几种：

1. 菜单栏：【修改】 – 【拉伸】命令。

2. 工具栏：选择修改工具栏中的拉伸按钮 拉伸。

3. 命令行：在命令行中输入 STRETCH 命令行并按 Enter 键。

用户选择该命令，就可以移动或拉伸对象，操作方式根据图形对象在选择框中的位置决定。当用户选择该命令时，可以使用交叉多边形方式选择对象，然后依次指定位移基点和位移矢量，系统将会拉伸、压缩或者移动全部位于选择窗口之内的对象。

下面将介绍使用【拉抻】命令的方法：

启动 AutoCAD 2018 绘制一个图形，如图 3 –4 –9 所示。

在命令行中输入 STRETCH 命令，使用交叉方式选择图形，如图 3 –4 –10 所示。

然后按 Enter 键确认，选取基点，然后向左侧移动指定第二个点，如图 3 –4 –11 所示。

按 Enter 键确认，拉伸后的效果如图 3 –4 –12 所示。

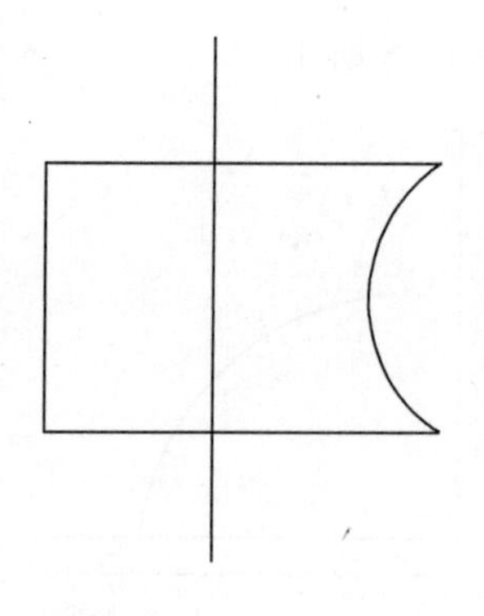

图 3－4－9　绘制图形

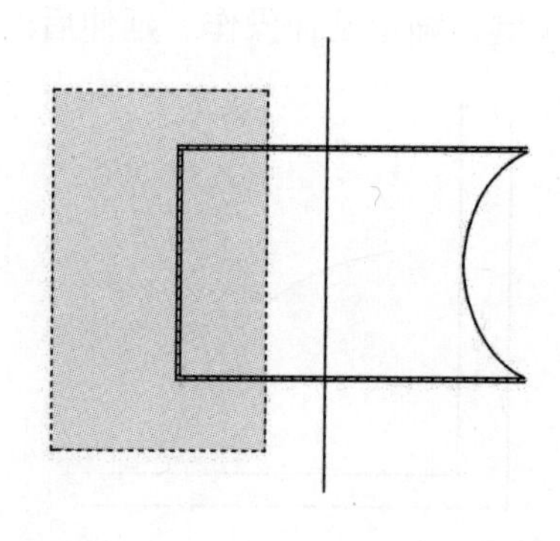

图 3－4－10　交叉方式选择图形

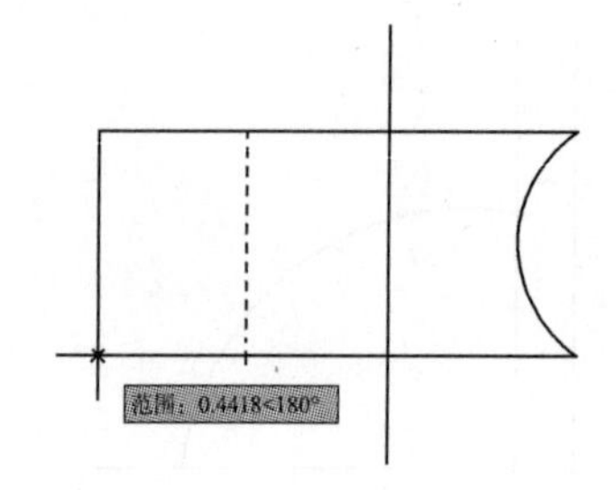

图 3－4－11　指定第二个点

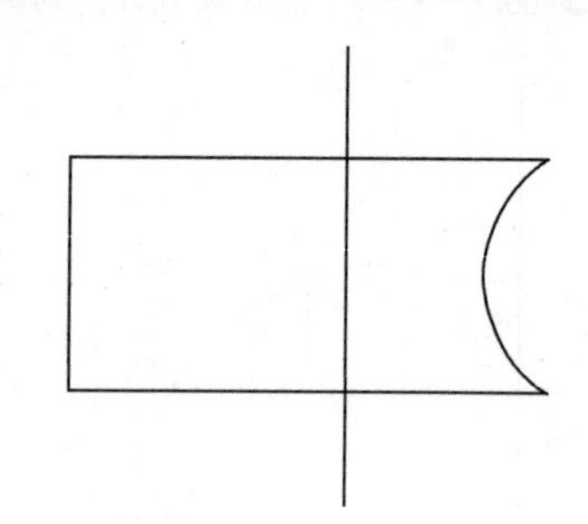

图 3－4－12　拉伸后的效果

提示：

对于直线、圆弧、区域填充和多段线等对象，若其所有部分均在选择窗口内，那么它们将被移动，如果它们只有一部分在选择窗口内，则遵循以下拉伸规则。

直线：位于窗口外的端点不动，位于窗口内的端点移动。

圆弧：与直线类似，但在圆弧改变的过程中，圆弧的弦高保持不变，同时由此来调整圆心的位置和圆弧起始角、终止角的值。

区域填充：位移窗口外的端点不动，位移窗口内的端点移动。

多段线：与直线或圆弧相似，但多段线的宽度、切线方向及曲线拟合信息均不改变。

其他对象：如果其定义点位于选择窗口内，对象发生移动，否则不动。

四、拉长命令

拉长命令用于改变线或弧的角度。该命令适用于开放的线、圆弧、开放的多段线、椭圆弧和开放的样条曲线。

执行拉长命令的方法有以下几种：

1. 菜单栏中的【修改】－【拉长】命令。
2. 工具栏：在工具栏面板中，选择拉长按钮。
3. 命令栏：在命令行中输入 LENGTHEN 命令并按 Enter 键。

选择上面的任何一种操作，命令行的显示如图 3－4－13 所示。系统会显示出现在当前对象的长度和包含角等信息。

图 3－4－13　命令行

命令行中各选项的作用如下：

【选择对象】在命令行提示下选取对象，将在命令行显示选取对象的长度。若选取的对象为圆弧，则显示选取对象的长度和包含角。

【增量（DE）】以指定的增量修改对象的长度，该增量从距离选择点最近的端点处开始测量。差值还以指定的增量修改弧的角度，该增量从距离选择点最近的端点处开始测量。

【百分数（P）】通过指定对象总长度的百分数设置对象长度。

【全部（T）】通过指定从固定端点测量的总长度的绝对值，来设置选定对象的长度。全部选项也按照指定的总角度设置选定圆弧的包含角。

【动态（DY）】打开动态拖动模式。通过拖动选定对象的端点之一来改变其长度。其他端点保持不变。

五、圆角命令

圆角命令是以指定半径的一段平滑的圆弧来连接两个对象。AutoCAD 2018 中规定可以用圆弧连接一对直线、非圆弧的多段线、样条曲线、双向无限延长线、射线、圆、圆弧。

执行圆角命令的方法有以下几种：

1. 菜单栏：选择菜单栏中的【修改】－【圆角】命令。

2. 工具栏：在工具栏面板中，选择圆角按钮 圆角。

3. 命令栏：在命令行中输入 FILLER 命令后按 Enter 键。

选择上述任何一种操作后，命令行的显示如图 3－4－14 所示。

图 3－4－14　命令行

下面将介绍使用【圆角】命令的方法：

启动 AutoCAD 2018，绘制如图 3－4－15 所示的四边形。

在命令行输入FILLET，启动圆角命令，根据命令行提示，输入R，并按Enter键。指定圆角半径，输入60（如显示圆角半径过大，需自行减小半径），并按Enter键。如图3－4－16所示。

根据命令行上的提示，输入M，并按Enter键。选择多个线段，如图3－4－17所示。

最终圆角的效果如图3－4－18所示。

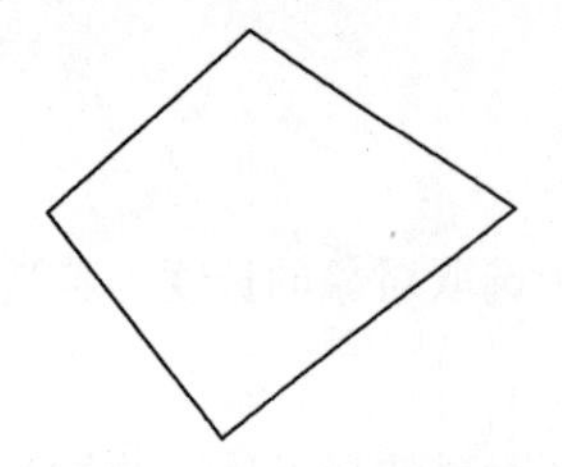

图3－4－15　绘制图形

图3－4－16　指定圆角半径

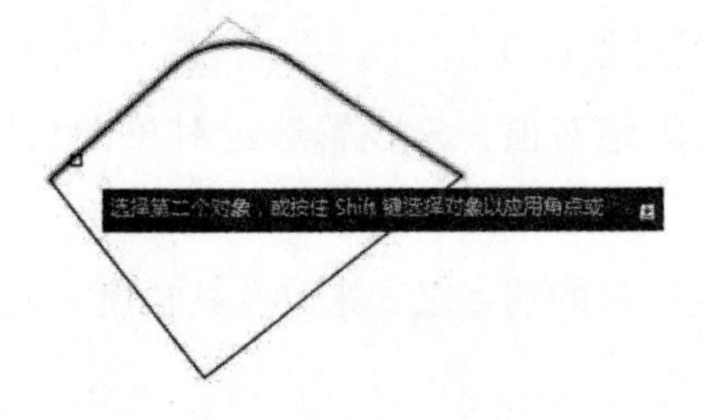

图3－4－17　选择段线

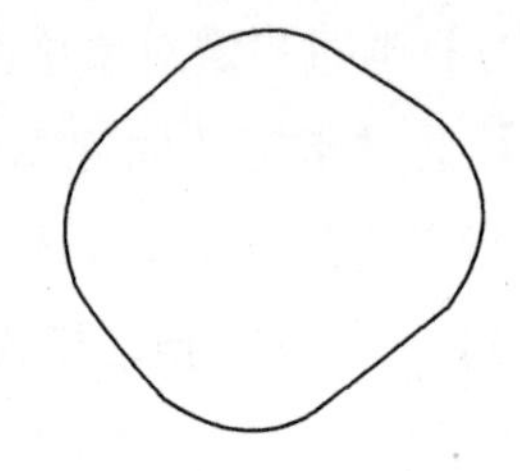

图3－4－18　圆角的效果

六、倒角命令

倒角命令用于将两条相交直线或多段线作倒角，用户使用时应先设定倒角距离，然后再指定倒角线，倒角距离可根据需要设置。

执行倒角命令的方法有以下几种：

1. 菜单栏：选择菜单栏中的【修改】－【倒角】命令。

2. 工具栏：在工具栏面板中，选择倒角按钮 倒角。

3. 命令栏：在命令行中输入CHAMFER命令后并按Enter键。

选择上面任何一种命令后命令行显示如图3－4－19所示。

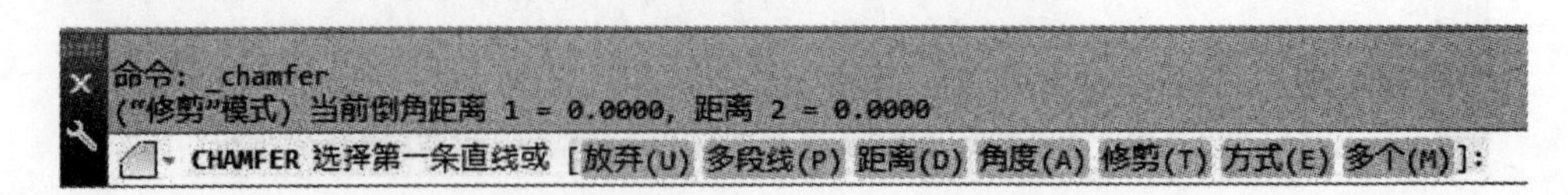

图3－4－19　命令行

命令提示中的各选项含义如下：

【选择第一条直线】指定倒角所需的两条边中的第一条边或要倒角的二维实体的边。

【多段线（P）】将对多段线每个顶点处的相交直线段作倒角处理，倒角将成为多段线新的部分。

【距离（D）】设置选定边的倒角距离值。执行该命令后，系统将连续提示指定第一个倒角距离和第二个倒角距离。

【角度（A）】通过第一条线的倒角距离和第一条线的倒角角度设定倒角距离。

【修剪（T）】该选项用来确定倒角时是否对相应的倒角边进行修剪。

【方式（E）】该选项确定是用两个距离还是用一个距离和一个角度的方式来倒角。

【多个（M）】可以重复对多个图形进行倒角修改。

下面将介绍使用【倒角】命令的方法：

启动 AutoCAD 2018，使用直线绘制如图 3－4－20 所示的三角形。

在命令行输入 CHAMFER 命令并按 Enter 键，启动倒角命令。根据命令行提示输入 D，按 Enter 键，根据命令行提示指定第一个倒角的距离，按 Enter 键确认，然后指定第二个倒角的距离，按 Enter 键。根据命令行提示，选择第一条倒角线段，如图3－4－21所示。

根据命令行提示，选择第二条倒角线段，如图 3－4－22 所示。

最终倒角的效果如图 3－4－23 所示。

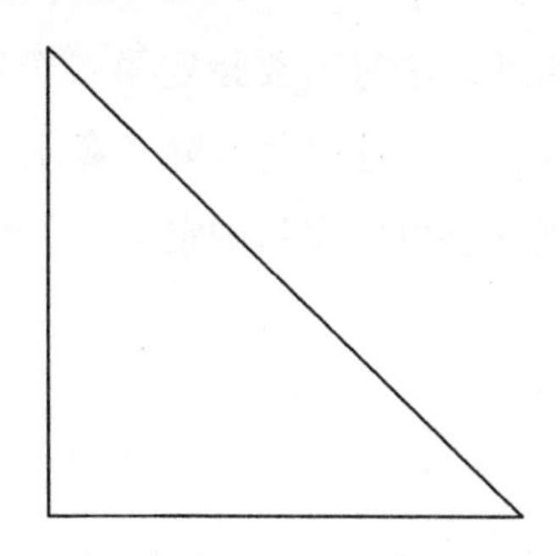

图 3－4－20　绘制三角形

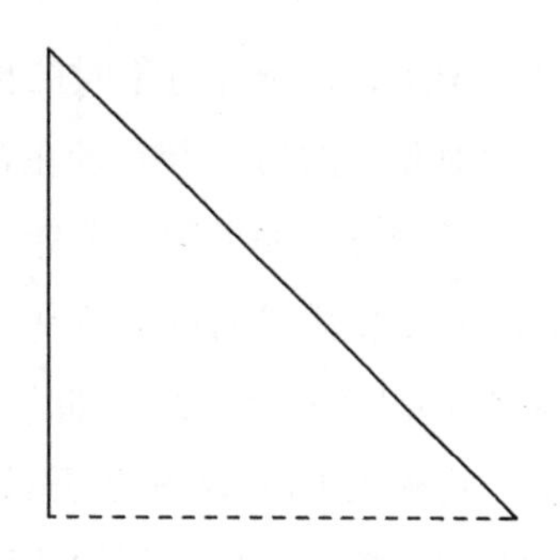

图 3－4－21　选择第一条倒角线段

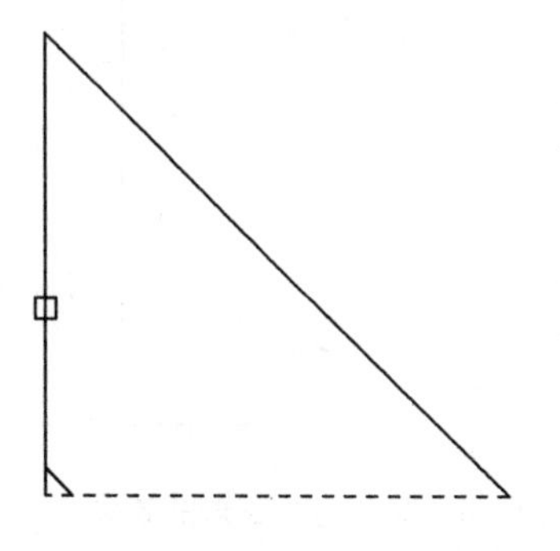

图 3－4－22　选择第二条倒角线段

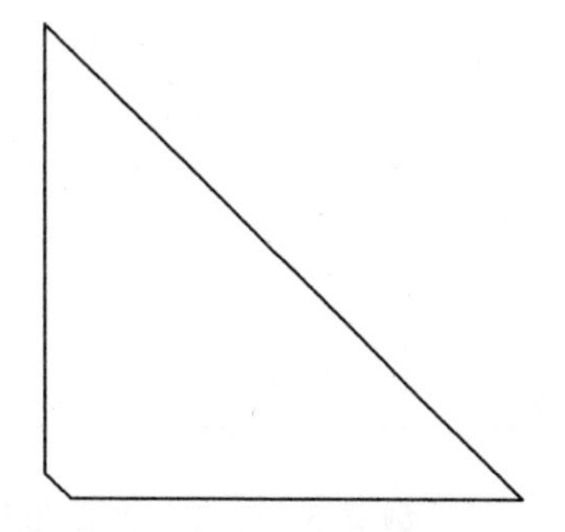

图 3－4－23　倒角的效果

七、打断命令

在绘制图形过程中，有时候需要将一个实体（直线）打断为两部分或者删除其中的一部分。此时，可以用 AutoCAD 2018 提供的打断命令来处理。

启动打断对象命令，有以下几种方法：

1. 菜单栏：选择菜单栏中的【修改】-【打断】命令。
2. 工具栏：在工具栏面板中，选择打断按钮。
3. 命令栏：在命令行中输入 BREAK 命令并按 Enter 键。

该命令可部分删除对象或把对象分解成两部分。选择该命令并选择要打断的对象，这时命令行如图 3-4-24 所示。

图 3-4-24　命令行

默认情况下，以选择对象时的拾取点作为第一个端点，这时需要指定第二个端点。如果直接选取对象上的另一点或者在对象的一端之外拾取一点，这时将删除对象上位于两个拾取点之间的部分。如果用户选择【第一点（F）】选项，就可以重新确定第一个断点。

下面将介绍使用【打断】命令的方法：

启动 AutoCAD 2018，绘制如图 3-4-25 所示的图形。

在命令行输入 BREAK 命令并按 Enter 键。

选择对象，单击矩形上面的任意一点，然后单击矩形下面的点，如图 3-4-26 所示。

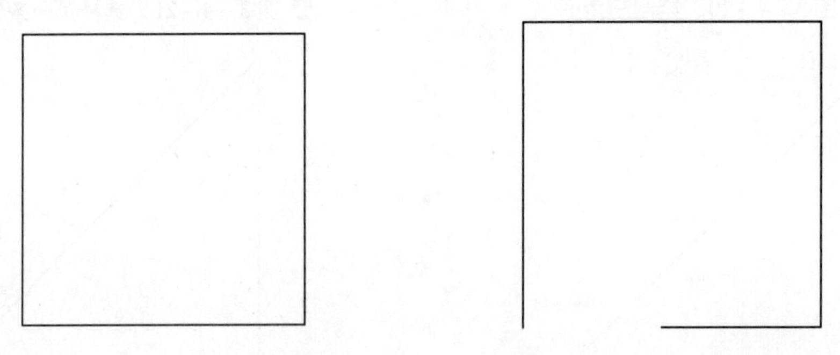

图 3-4-25　绘制图形图　　图 3-4-26　打断图形的效果

八、打断于点命令

在选取的对象上指定要切断的点时。系统将以选取对象时指定的点为默认的第一切断点。在切断圆或多边形等封闭区域对象时，系统默认以逆时针方向切断两个切断点之间的部分。如图 3－4－27 所示。

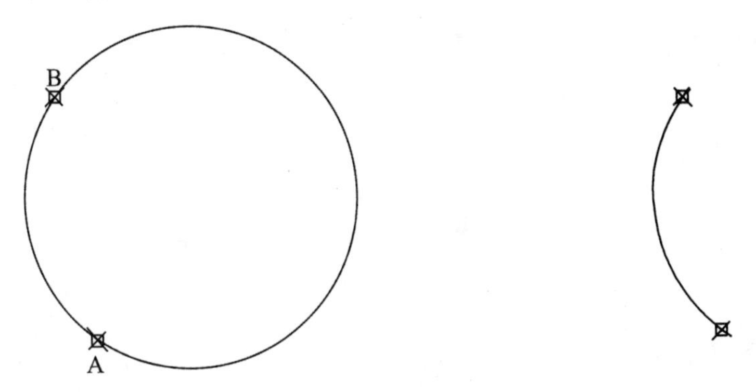

图 3－4－27　打断于点命令（一）

在“修改”工具栏中单击“打断于点”按钮，可以将对象在一点处断开成两个对象，它是从“打断”命令中派生出来的。执行该命令时，需要选择要被打断的对象，然后指定打断点，即可从该点打断对象。如图 3－4－28 所示。

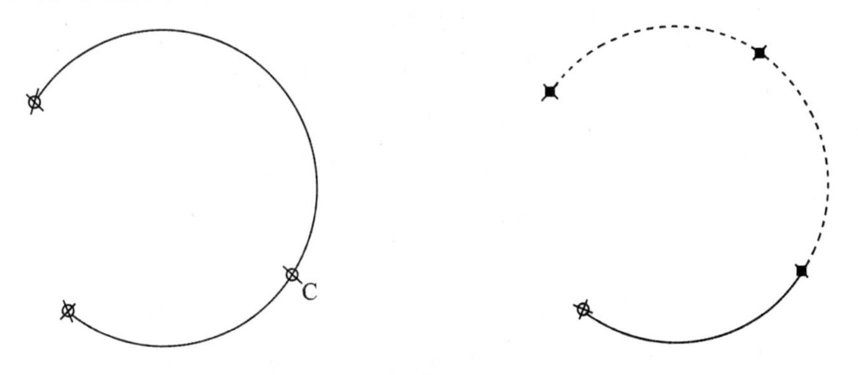

图 3－4－28　打断于点命令（二）

九、分解命令

分解对象是指把复合对象分解成单个构成对象。用户可以把多段线、矩形框、多边形等分解成简单的直线或弧形对象。

执行分解命令的方法有以下几种：

1. 菜单栏：选择菜单栏中的【修改】－【分解】命令。
2. 工具栏：在工具栏面板中，选择分解按钮。

3. 命令栏：在命令行中输入 EXPLODE 命令行并按 Enter 键。

下面将介绍使用【分解】命令的方法：

启动 AutoCAD 2018 后，绘制如图 3－4－29 所示。

在命令行中输入 EXPLODE 命令并按 Enter 键。

选择该图形，按 Enter 键，分解结果如图 3－4－30 所示。

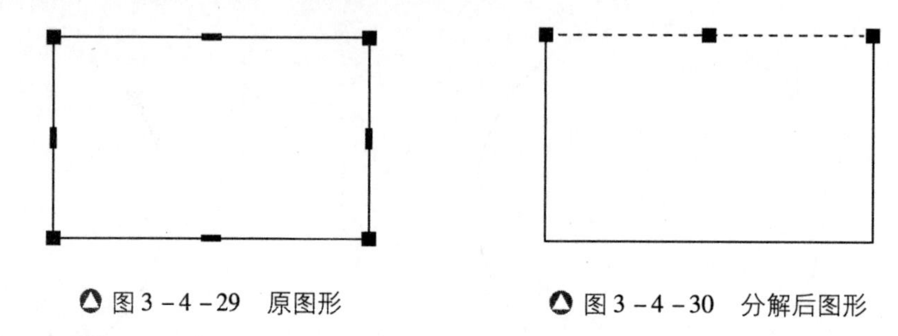

图 3－4－29　原图形　　图 3－4－30　分解后图形

十、合并命令

在 AutoCAD 2018 中，用户可以通过合并命令将图形合并，形成一个完整的对象。其合并的对象可以为直线、多段线、圆弧、椭圆弧或样条曲线等。

执行合并命令的方法有以下几种：

1. 菜单栏：选择菜单栏中的【修改】－【合并】命令。

2. 工具栏：在工具栏面板中，选择按钮 ⁺⁺。

3. 命令栏：在命令行中输入 JOIN 命令并按 Enter 键。

执行合并命令后，系统提示的各项含义如下：

【选择源对象】选择一条直线、多段线、圆弧、椭圆弧或样条曲线。

【选择要合并到源的直线】选择要合并的线段。

合并对象的每种类型均有不同的限制，其限制如下：

【直线】直线对象必须共线，即在同一条直线上，它们之间可以有间隙。

【多段线】对象可以是直线、多段线或圆弧。各个对象之间不能有间隙，并且都位于同一平面上。

【圆弧】必须位于同一假想的圆上，它们之间可以有间隙。使用【闭合】选项可以将源圆弧转换成圆，如图 3－4－31 和 3－4－32 所示。

【椭圆弧】必须位于同一个椭圆上，它们之间可以有间隙。使用【闭合】选项可以将源椭圆弧转换成完整的椭圆。

【样条曲线】样条曲线和螺旋对象必须相接（端点对端点），合并样条曲线后，其将转换为单个样条曲线。

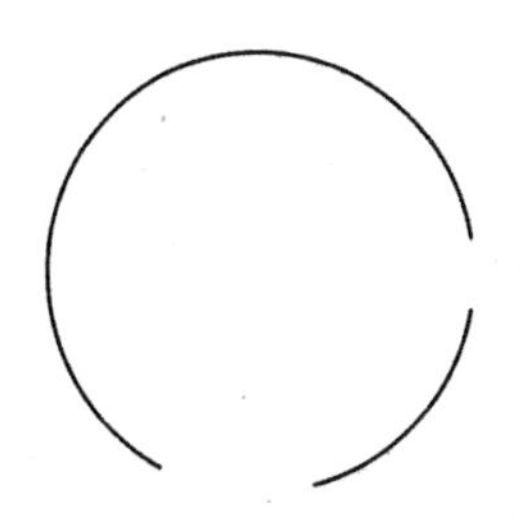

图 3－4－31　原图形图

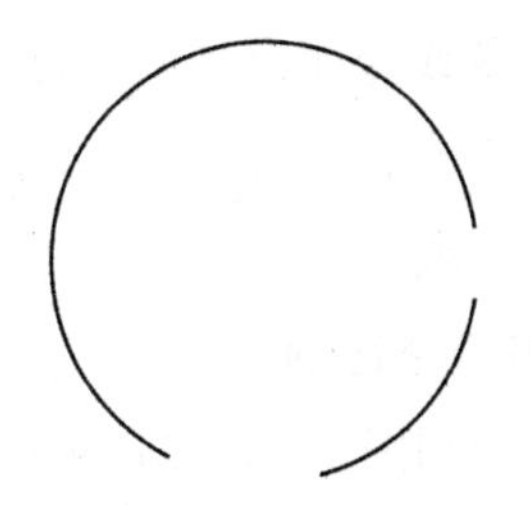

图 3－4－32　合并后的图形

任务实施

绘制齿轮

下面将绘制机械加工行业中常见的齿轮（如图 3－4－33 所示，不必标注尺寸和做内部填充）。该例将使用【直线】、【圆】、【偏移】、【删除】、【修剪】、【倒角】、【圆角】等命令对绘制的图形进行编辑。

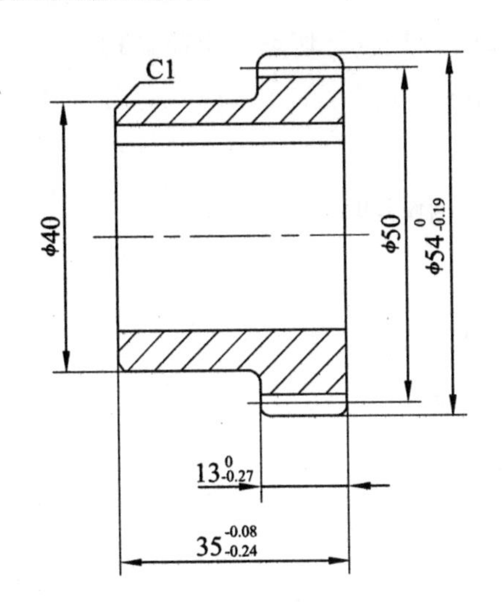

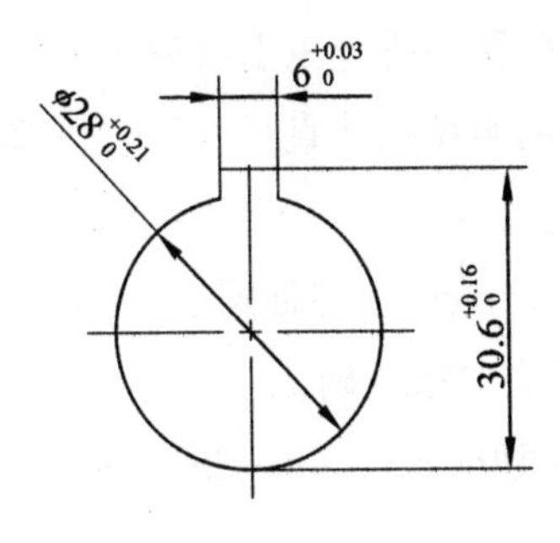

技术要求

1.齿面高频淬火50~55HRC

2.未注圆角R2

图 3－4－33　齿轮

1. 启动 Autocad 2018 中文版，进入绘图界面。

2. 在绘图工具栏上单击直线按钮，画中心线，从中心线上取一点向上开始画线段：

命令：_ line

指定第一个点：

指定下一点或［放弃（U）］：20

指定下一点或［放弃（U）］：22

指定下一点或［闭合（C）/放弃（U）］：7

指定下一点或［闭合（C）/放弃（U）］：13

指定下一点或［闭合（C）/放弃（U）］：(鼠标捕捉线段与中心线的垂线)

Enter 或者空格键确认。

得到的图形如图 3 -4 -34 所示。

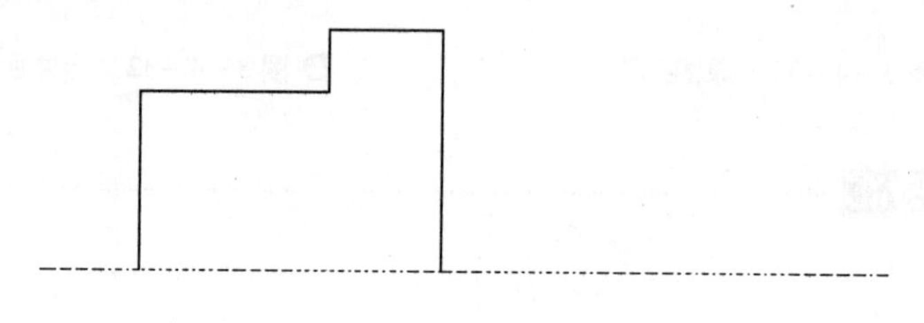

图 3 -4 -34　绘制齿轮（一）

3. 在绘图工具栏上单击圆按钮 圆，在中心线偏右一点做圆：

命令：_ circle

指定圆的圆心或［三点（3P）/两点（2P）/切点、切点、半径（T）］：

指定圆的半径或［直径（D）］ <28.0000>：14

命令：_ line

指定第一个点：(捕捉圆心，在圆上画纵向中心线)

Enter 或者空格键确认。

得到的图形如图 3 -4 -35 所示：

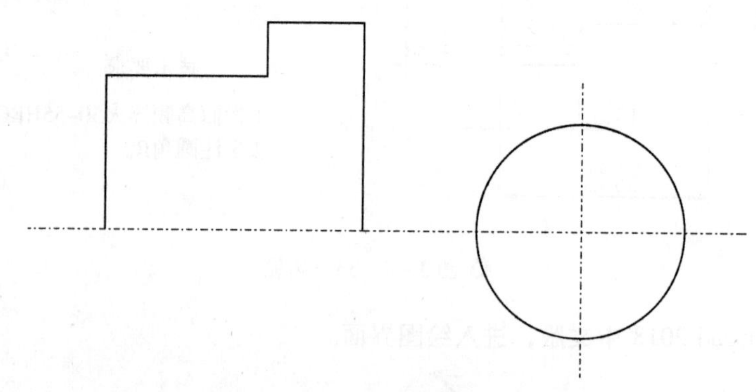

图 3 -4 -35　绘制齿轮（二）

4. 在绘图工具栏上单击偏移按钮，对两条中心线分别做如下偏移：

横向中心线偏移：

命令：_ offset

当前设置：删除源 = 否　图层 = 源 OFFSETGAPTYPE = 0

指定偏移距离或［通过（T）/删除（E）/图层（L）］<16.0000>：指定第二点：16

指定要偏移的那一侧上的点，或［退出（E）/多个（M）/放弃（U）］<退出>：

纵向中心线双侧偏移：

命令：_ offset

当前设置：删除源 = 否　图层 = 源 OFFSETGAPTYPE = 0

选择要偏移的对象，或［退出（E）/放弃（U）］<退出>：(选中纵向对称轴)

指定偏移距离或［通过（T）/删除（E）/图层（L）］<16.0000>：指定第二点：3

指定要偏移的那一侧上的点，或［退出（E）/多个（M）/放弃（U）］<退出>：(左侧)

选择要偏移的对象，或［退出（E）/放弃（U）］<退出>：(选中纵向对称轴)

指定要偏移的那一侧上的点，或［退出（E）/多个（M）/放弃（U）］<退出>：(右侧)

Enter 或者空格键确认。

得到的图形如图 3-4-36 所示：

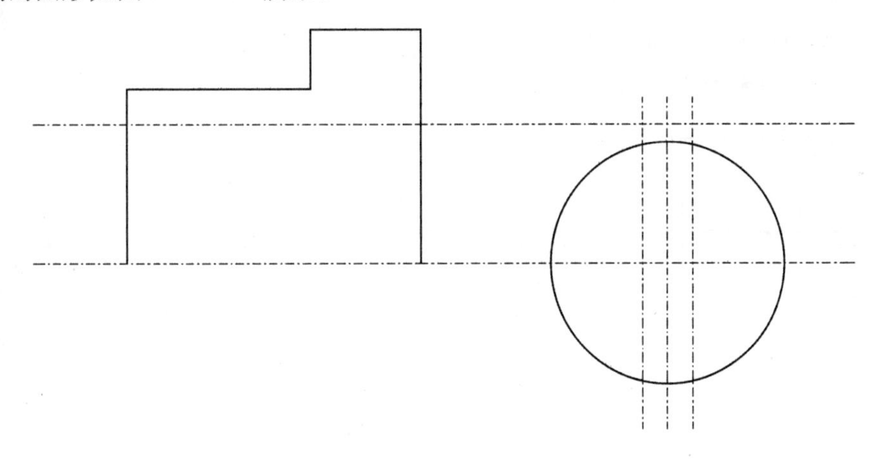

图 3-4-36　绘制齿轮（三）

5. 在绘图工具栏上单击直线按钮，以偏移后的直线作为辅助线，以点到点的方式作如下线段。

得到的图形如图 3-4-37 所示：

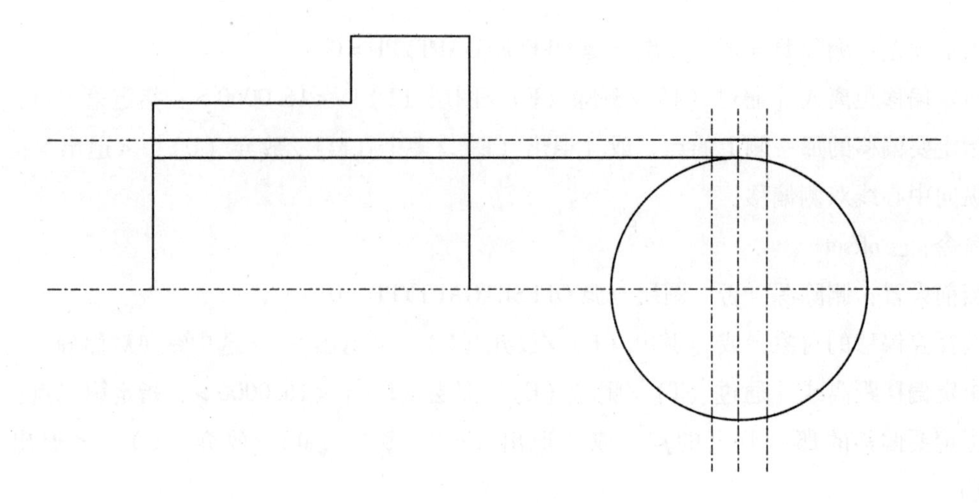

图 3－4－37　绘制齿轮（四）

6. 删除多余的辅助线

命令：_ erase

选择对象：找到 1 个

选择对象：找到 1 个，总计 2 个

选择对象：找到 1 个，总计 3 个

Enter 或者空格键确认。

得到的图形如图 3－4－38 所示：

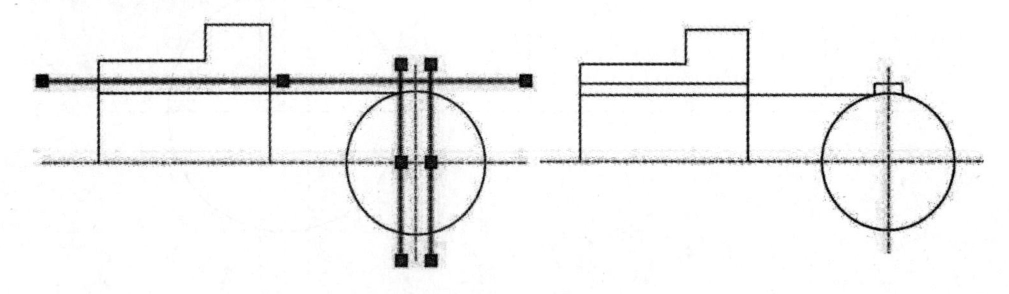

图 3－4－38　绘制齿轮（五）

7. 利用夹点编辑（亦可采用拉伸指令完成操作）

命令：

＊＊拉伸＊＊

指定拉伸点或 [基点（B）/复制（C）/放弃（U）/退出（X）]：

命令：U

夹点编辑。

得到的图形如图 3－4－39 所示：

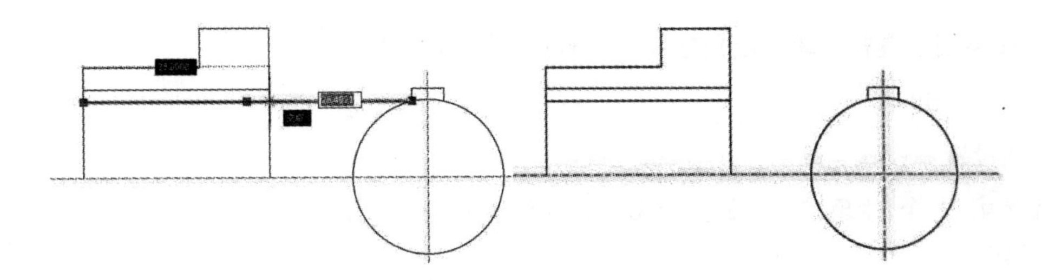

图 3－4－39　绘制齿轮（六）

8. 在绘图工具栏上单击修剪按钮 修剪，作如下修剪：

命令：_ trim

当前设置：投影＝UCS，边＝延伸

选择剪切边...

选择对象或<全部选择>：找到 1 个

选择对象：找到 1 个，总计 2 个

选择对象：找到 1 个，总计 3 个

选择对象：

选择要修剪的对象，或按住 Shift 键选择要延伸的对象，或

[栏选（F）/窗交（C）/投影（P）/边（E）/删除（R）/放弃（U）]：（选中如图 3－4－40所示）

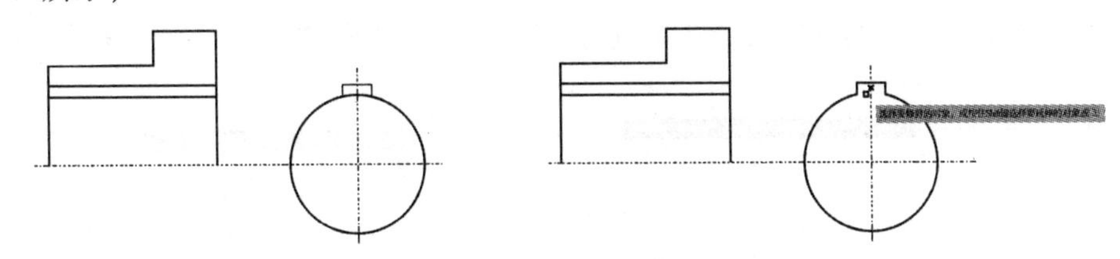

图 3－4－40　绘制齿轮（七）

Enter 或者空格键确认。

得到的图形如图 3－4－41 所示：

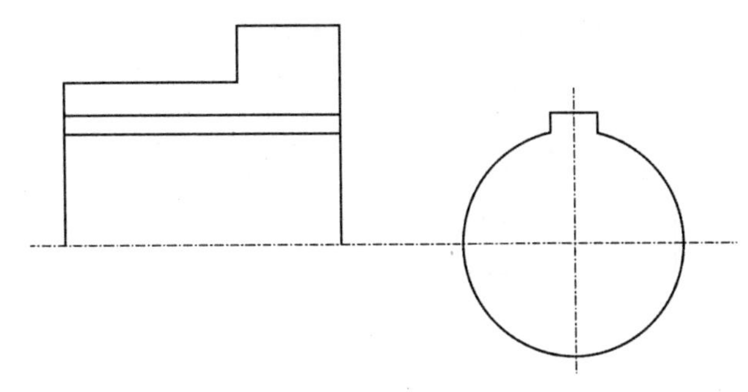

图 3－4－41　绘制齿轮（八）

9. 在绘图工具栏上单击圆角按钮 圆角。具体操作如下：

命令：_ fillet

当前设置：模式 = 修剪，半径 = 2.0000

选择第一个对象或［放弃（U）/多段线（P）/半径（R）/修剪（T）/多个（M）］：R

指定圆角半径 <2.0000>：2

选择第一个对象或［放弃（U）/多段线（P）/半径（R）/修剪（T）/多个（M）］：

选择第二个对象，或按住 Shift 键选择对象以应用角点或［半径（R）］：

Enter 或者空格键确认。

得到的图形如图 3－4－42 所示：

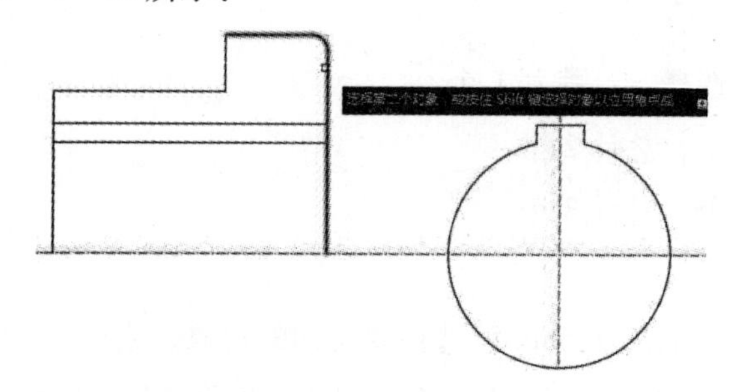

图 3－4－42　绘制齿轮（九）

重复刚才的步骤，对剩下的两个圆角进行处理，得到的图形如图 3－4－43 所示：

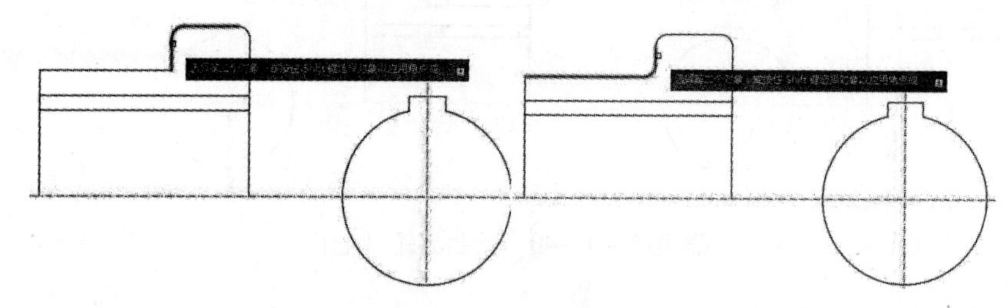

图 3－4－43　绘制齿轮（十）

全部执行完圆角命令形成的图形如图 3－4－44 所示：

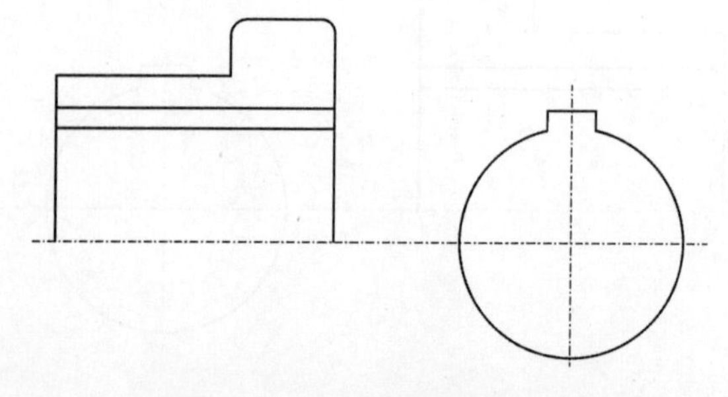

图 3－4－44　绘制齿轮（十一）

10. 在绘图工具栏上单击倒角按钮 倒角。具体操作如下：

命令：_ chamfer

（“修剪”模式）当前倒角距离 1 = 1.0000，距离 2 = 1.0000

选择第一条直线或［放弃（U）/多段线（P）/距离（D）/角度（A）/修剪（T）/方式（E）/多个（M）］：D

指定第一个倒角距离 <1.0000>：1

指定第二个倒角距离 <1.0000>：1

选择第一条直线或［放弃（U）/多段线（P）/距离（D）/角度（A）/修剪（T）/方式（E）/多个（M）］：

选择第二条直线，或按住 Shift 键选择直线以应用角点或［距离（D）/角度（A）/方法（M）］：（方法步骤如图 3－4－45 所示）

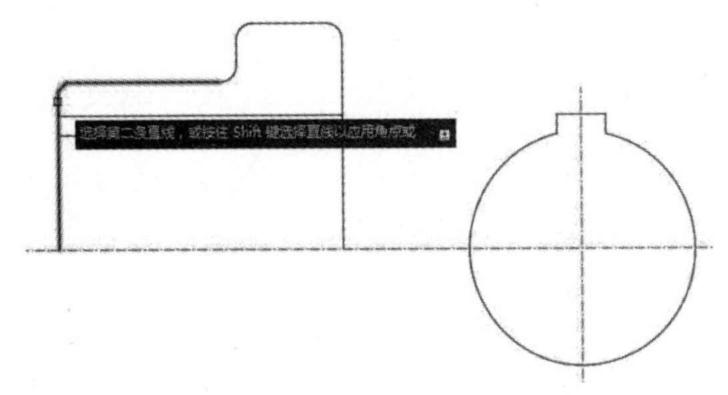

图 3－4－45　绘制齿轮（十二）

命令：CHAMFER

（“修剪”模式）当前倒角距离 1 = 1.0000，距离 2 = 1.0000

Enter 或者空格键确认。

得到的图形如图 3－4－46 所示。

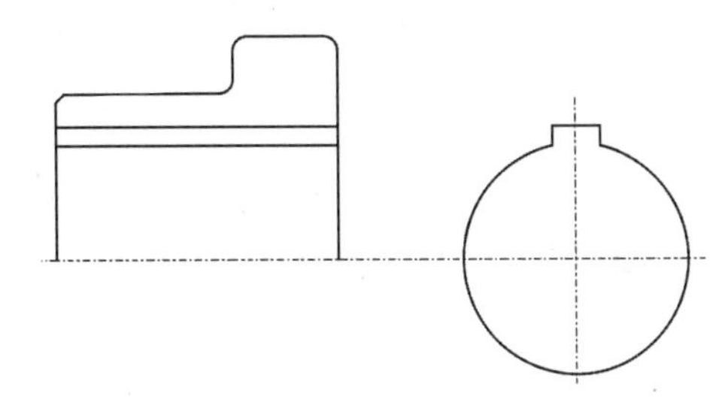

图 3－4－46　绘制齿轮（十三）

11. 运用直线指令和捕捉功能画如下线段，其操作步骤如图 3－4－47 所示。

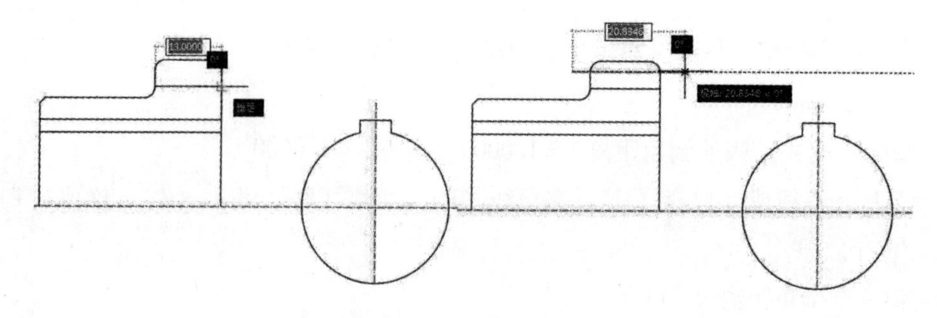

图 3－4－47　绘制齿轮（十四）

得到的图形如图 3－4－48 所示。

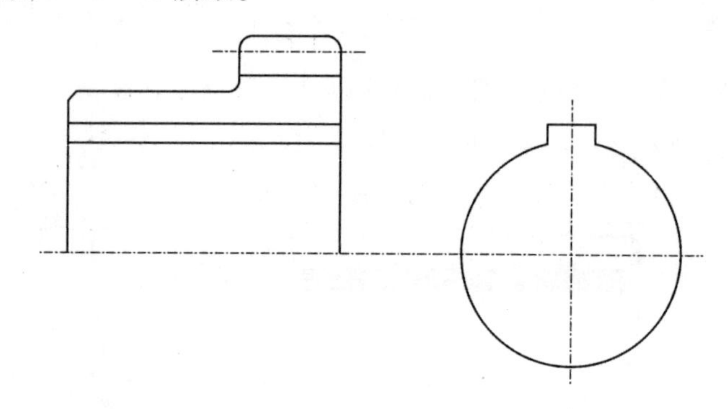

图 3－4－48　绘制齿轮（十五）

12. 在绘图工具栏上单击镜像按钮 镜像，具体操作步骤如图 3－4－49：

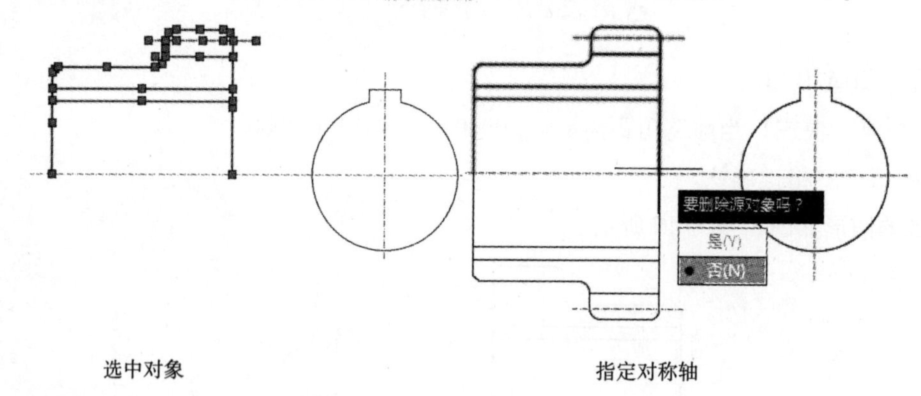

图 3－4－49　绘制齿轮（十六）

13. 删除多余的线段，得到的图形如图 3－4－50 所示。

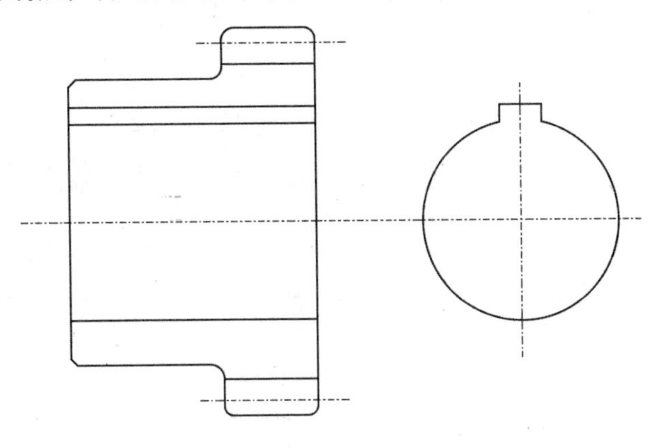

图 3－4－50　绘制齿轮（十七）

14. 绘制完成后，将文件另行保存为“齿轮 . dwg”文件名。

任务测试

任务测试表（表 3－4－1）。

表 3－4－1　任务测试表

班组人员签字：

任务名称	齿轮的绘制	规格型号	
检查数量		检验日期	年　月　日
检验项目	质量标准	测量方法	检验结果
倒角圆角	符合图纸	目测	
齿轮图形	符合图纸	目测	
图形尺寸	符合图纸	测量尺寸	
备注			
作品自我评价			
小组			
指导教师评语			

任务拓展

利用夹点对对象进行拉伸、移动等的操作方法

夹点实际上就是对象上的控制点，这是一种集成的编辑模式。在 AutoCAD 2018 中，使用夹点功能，可以对图形对象进行拉伸、移动、旋转、缩放、镜像等操作。

一、拉伸对象

激活夹点后，默认情况下，夹点的操作模式为拉伸。因此，通过移动选择的夹点，可以将图形对象拉伸到新的位置。不过，对于某些特殊的夹点，移动夹点时图形对象并不会被拉伸，如文字、图块、直线中点、圆心、椭圆圆心和点等对象上的夹点。

启动 AutoCAD 2018 后，在绘图区域中绘制两条垂直的线段，选择要拉伸的图形对象，使夹点呈选择状态，如图 3－4－50 所示，此时命令行显示如图 3－4－51 所示的提示信息。

其选项功能如下：

【基点】重新确定拉伸基点。

【复制】允许确定一系列的拉伸点，以实现多次拉伸。

【放弃】取消上一次操作。

【退出】退出当前的操作。

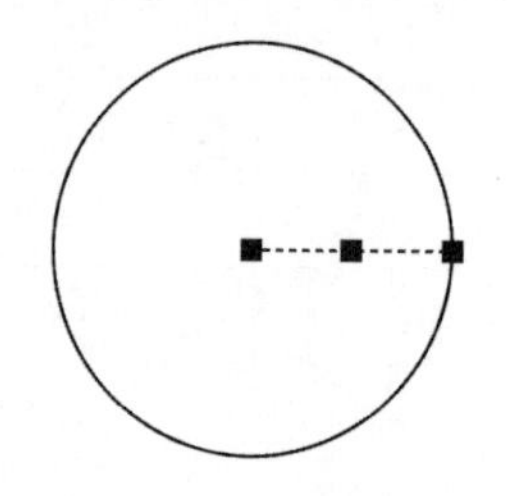

图 3－4－51　选择图形

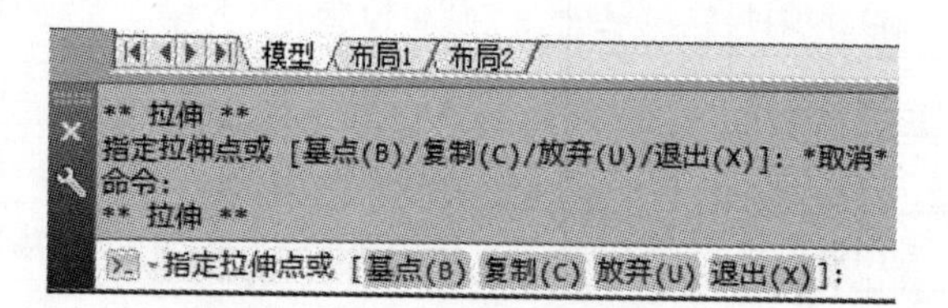

图 3－4－52　拉伸命令

然后用鼠标左键单击其中的一个夹点，移动鼠标至目标位置，按 ESC 键退出夹点编辑状态。

二、移动对象

移动图形对象时可以将图形对象从当前位置移动到新位置，并且还可以进行多次复制。选择要移动的图形对象，使夹点呈选择状态，然后用鼠标左键单击其中的一个夹点，按 Enter 键确认，此时命令提示如图 3－4－52 所示。

上述命令提示中的各选项，与拉伸编辑模式下选项的含义相同。命令提示中的【指定移动点】选项用于确定移动目的点（默认选项），可以通过输入点的坐标或拾取点的方式确定新位置。确定新位置后，AutoCAD 2018 将会以基点作为位移的起始点，以目的点作为终止点，将所选择的对象平移到新位置。

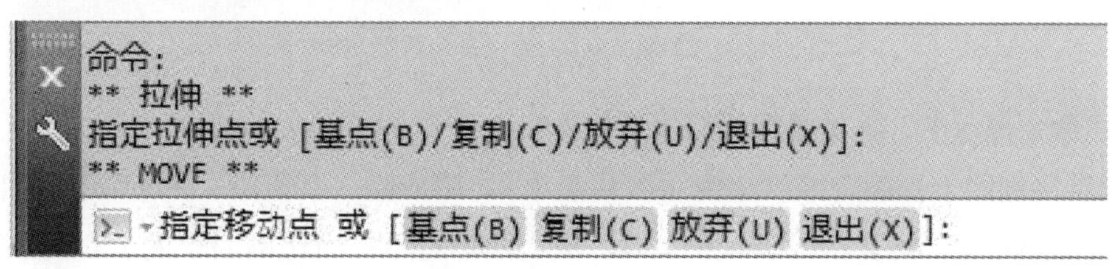

图 3－4－53　命令行

三、旋转对象

旋转图形对象可以把图形对象以所选择的夹点为基点，绕其进行旋转，还可以进行多次旋转复制。选择需要旋转的图形对象，使夹点呈选择状态，如图 3－4－53 所示。在命令行中输入 ROTATE 命令并按 Enter 键确认，根据命令行提示，输入旋转角度为 30°，按 Enter 键确认，效果如图 3－4－54 所示。

四、比例缩放对象

比例缩放图形对象可以把图形对象相对于基点进行缩放，同时，也可以进行多次复制。选择需要缩放的图形对象，使夹点呈选择状态，在命令行中输入 SCALE，按 Enter 键确认，进入比例缩放编辑模式，选择基点然后按 Enter 键确认，在命令行中的提示如图 3－4－55 所示。

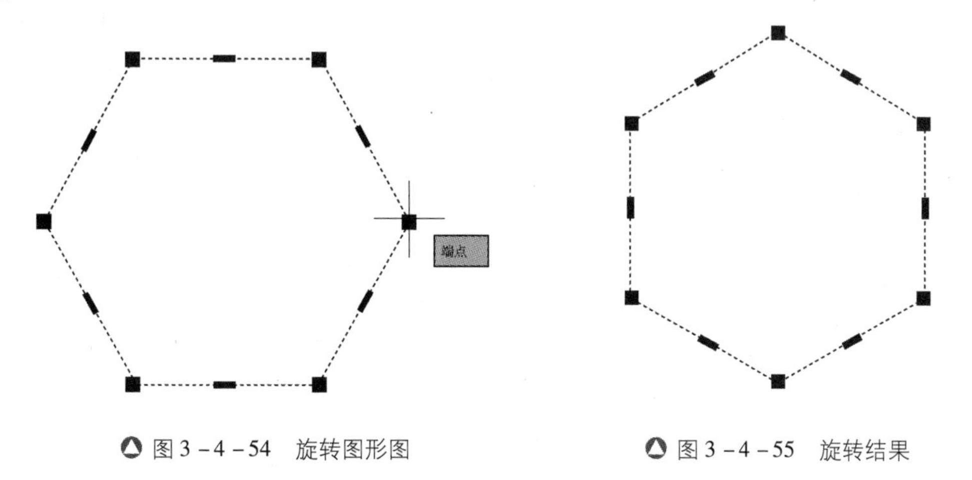

图 3－4－54　旋转图形图　　　图 3－4－55　旋转结果

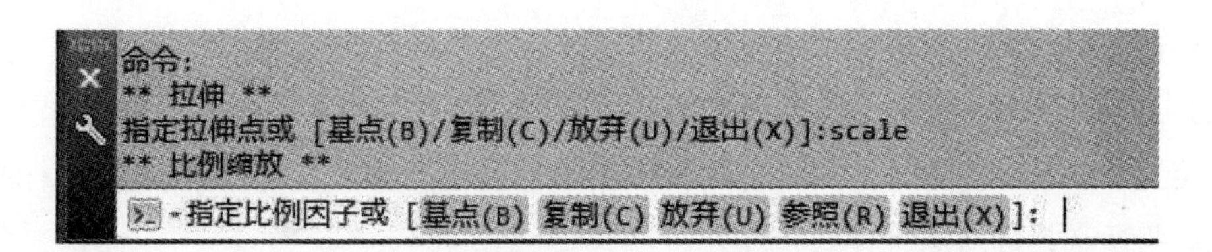

图 3-4-56　命令行

上述命令提示中，各主要选项的含义如下：

【指定比例因子】确定缩放比例（默认选项），用户输入数值后，AutoCAD 将相对于基点来缩放图形对象。当比例因子大于 1 时，放大图形对象；当比例因子大于 0 而小于 1 时，缩小图形对象。

【基点】重新确定缩放基点。

【复制】进入复制模式，根据输入的比例因子，以复制方式缩放图形对象。

【参照】进入参照模式，根据输入的比例因子，以参考方式缩放图形对象。

五、镜像对象

使用夹点编辑时，也可以进行镜像图形。选择需要旋转的图形对象，使夹点呈选择状态，如图 3-4-56 所示。选择其中一个夹点，连续按 4 次 Enter 键或输入 MIRROR 命令，根据命令行提示，输入 C（复制），按 Enter 键确认，选取一点作为镜像的点，按 ESC 键退出夹点编辑状态，效果如图 3-4-57 所示。

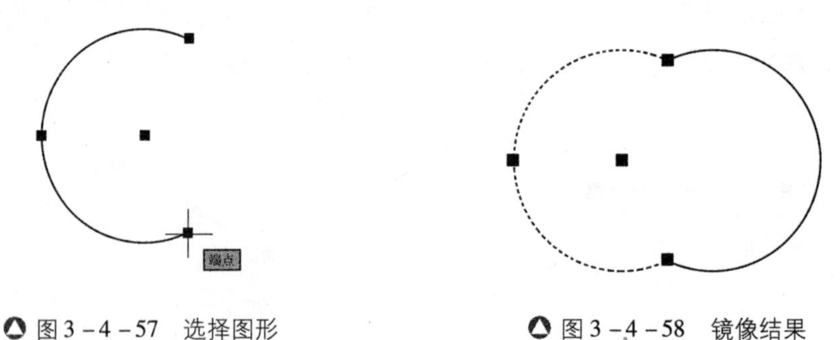

图 3-4-57　选择图形　　图 3-4-58　镜像结果

项目小结

本项目主要介绍了基本二维图形的编辑命令，通过四个任务使同学们掌握对象的选择方式、基本编辑功能(复制、镜像、偏移、阵列、移动、旋转、缩放、删除、恢复、修剪、延伸、拉伸、拉长、圆角、倒角、打断、分解、合并等)和编辑复合线的基本方法等。锻炼同学们的实际动手能力和解决问题的能力，为以后的学习打下一个坚实的基础。

项目思考题

1. 在 AutoCAD 中，怎样控制文字对象的镜像方向？

2. 偏移命令是一个单对象编辑命令，在使用过程中，能以什么方式选择对象？

3. 如何将对象在一点处断开成两个对象？

4. 对于同一平面上的两条不平行且无交点的线段，可以仅通过什么命令来延长原线段使两条线段相交于一点？

项目四
图形的标注

在图形设计中，尺寸标注是绘图设计工作中的一项重要内容，因为绘制图形的根本目的是反映对象的形状，而图形中各个对象的真实大小和相互位置只有经过尺寸标注后才能确定。AutoCAD包含了一套完整的尺寸标注命令和实用程序，用户使用它们足以完成图纸中要求的尺寸标注。用户在进行尺寸标注之前，必须了解AutoCAD尺寸标注的组成、标注样式的创建和设置方法。

通过本章的学习，读者应了解尺寸标注的规则和组成，以及“标注样式管理器”对话框的使用方法。并掌握创建尺寸标注的基础以及样式设置的方法。

项目目标

知识目标

1. 掌握图形的标注方法；
2. 了解尺寸标注的组成。

能力目标

能熟练使用 AutoCAD 软件进行图形的标注。

素质目标

1. 具有认真细致、严禁规范的图纸标注意识；
2. 具有合理安排标注严谨、准确和美观的意识；
3. 具有创新意识及获取新知识、新技能的学习能力。

任务一　文本标注方法

任务目标

● 知识目标

掌握创建文字样式，包括设置样式名、字体、文字效果；掌握设置表格样式，包括：设置数据、列标题和标题样式；掌握创建与编辑单行文字和多行文字方法；掌握使用文字控制符和“文字格式”工具栏编辑文字；掌握创建表格方法以及如何编辑表格和表格单元。

● 能力目标

操作者必须熟练创建文字样式，设置样式，熟练应用文字样式。

● 素质目标

1. 培养学生在使用计算机的过程中具有安全操作及规范操作的意识；

2. 培养学生在设置的过程中具有认真严谨的态度和吃苦耐劳的精神。

任务准备

一、文本样式

AutoCAD中，所有文字都有与之相关联的文字样式。在创建文字注释和尺寸标注时，AutoCAD通常使用当前的文字样式。也可以根据具体要求重新设置文字样式或创建新的样式。文字样式包括文字“字体”、“字型”、“高度”、“宽度系数”、“倾斜角”、“反向”、“倒置”以及“垂直”等参数。

选择“注释”“文字样式”命令，打开“文字样式”对话框。利用该对话框可以修改或创建文字样式，并设置文字的当前样式。设置样式名、设置字体、设置文字效果、预览与应用文字样式。

1. 设置样式名为“文字样式”对话框的“样式名”选项组中显示了文字样式的名称，创建新的文字样式，为已有的文字样式重命名或删除文字样式，各选项的含义如下：

“样式名”下拉列表框：列出当前可以使用的文字样式，默认文字样式为Standard。

“新建”按钮：单击该按钮打开“新建文字样式”对话框。在“样式名”文本框中输入新建文字样式名称后，单击“确定”按钮可以创建新的文字样式。新建文字样式将显示在“样式名”下拉列表框中。

“重命名”按钮：单击该按钮，打开“重命名文字样式”对话框。可在“样式名”文本框中输入新的名称，但无法重命名默认的 Standard 样式。

“删除”按钮：单击该按钮可以删除某一已有的文字样式，但无法删除已经使用的文字样式和默认的 Standard 样式。

2. 设置字体

“文字样式”对话框的“字体”选项组用于设置文字样式使用的字体和字高等属性。其中，“字体名”下拉列表框用于选择字体；“字体样式”下拉列表框用于选择字体格式，如斜体、粗体和常规字体等；“高度”文本框用于设置文字的高度。选中“使用大字体”复选框，“字体样式”下拉列表框变为“大字体”下拉列表框，用于选择大字体文件。

如果将文字的高度设为 0，在使用 TEXT 命令标注文字时，命令行将显示“指定高度”提示，要求指定文字的高度。如果在“高度”文本框中输入了文字高度，AutoCAD 将按此高度标注文字，而不再提示指定高度。

AutoCAD 提供了符合标注要求的字体形文件：gbenor. shx、gbeitc. shx 和 gbcbig. shx 文件。其中，gbenor. shx 和 gbeitc. shx 文件分别用于标注直体和斜体字母与数字；gbcbig. shx 则用于标注中文。

3. 设置文字效果

在“文字样式”对话框中，使用“效果”选项组中的选项可以设置文字的颠倒、反向、垂直等显示效果，如图 4－1－1 所示。在“宽度比例”文本框中可以设置文字字符的高度和宽度之比，当“宽度比例”值为 1 时，将按系统定义的高宽比书写文字；当“宽度比例”小于 1 时，字符会变窄；当“宽度比例”大于 1 时，字符则变宽。在“倾斜角度”文本框中可以设置文字的倾斜角度，角度为 0° \ u26102X 时不倾斜；角度为正值时向右倾斜；为负值时向左倾斜。

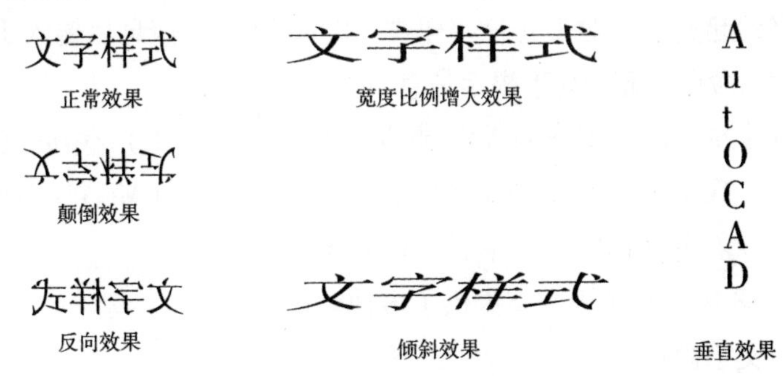

图 4－1－1　文字效果

4. 预览与应用文字样式

在“文字样式”对话框的“预览”选项组中，可以预览所选择或所设置的文字样式效果。其中，在“预览”按钮左侧的文本框中输入要预览的字符，单击“预览”按钮，可以将输入的字符按当前文字样式显示在预览框中。

设置完文字样式后，单击“应用”按钮即可应用文字样式。然后单击“关闭”按钮，关闭“文字样式”对话框。

二、文本标注

在绘图过程中，文字传递了很多设计信息，它可能是一个很复杂的说明，也可能是一个简短的文字信息。当需要文字标注的文本不是太长时，可以利用 DTEXT 命令创建单行文本；当需要标准很长、很复杂的文字信息时，可以利用 MTEXT 命令创建多行文本。

1. 单行文本标注

创建单行文字

AutoCAD 2007 中，“文字”工具栏可以创建和编辑文字。对于单行文字来说，每一行都是一个文字对象，选择“绘图”|“文字”|“单行文字”命令（DTEXT），或在“文字”工具栏中单击“单行文字”按钮，可以创建单行文字对象。

（1）指定文字的起点

默认情况下，通过指定单行文字行基线的起点位置创建文字。如果当前文字样式的高度设置为0，系统将显示“指定高度:”提示信息，要求指定文字高度，否则不显示该提示信息，而使用“文字样式”对话框中设置的文字高度。

然后系统显示“指定文字的旋转角度 <0>:”提示信息，要求指定文字的旋转角度。文字旋转角度是指文字行排列方向与水平线的夹角，默认角度为0°\u12290X 输入文字旋转角度，或按 Enter 键使用默认角度 0°\u65292X 最后输入文字即可。也可以切换到 Windows 的中文输入方式下，输入中文文字。

（2）设置对正方式

在“指定文字的起点或［对正（J）/样式（S）]:”提示信息后输入 J，可以设置文字的排列方式。此时，命令行显示如下提示信息。

输入对正选项［左（L）/对齐（A）/调整（F）/中心（C）/中间（M）/右（R）/左上（TL）/中上（TC）/右上（TR）/左中（ML）/正中（MC）/右中（MR）/左下（BL）/中下（BC）/右下（BR）] <左上（TL）>:

在 AutoCAD 2018 中，系统为文字提供了多种对正方式。

（3）设置当前文字样式

在“指定文字的起点或［对正（J）/样式（S）]:”提示下输入 S，可以设置当前使用的文字样式。选择该选项时，命令行显示如下提示信息。

输入样式名或［?］ <Mytext>:

可以直接输入文字样式的名称，也可输入“?”，在“AutoCAD 文本窗口”中显示当前图形已有的文字样式如图 4 –1 –2 所示。

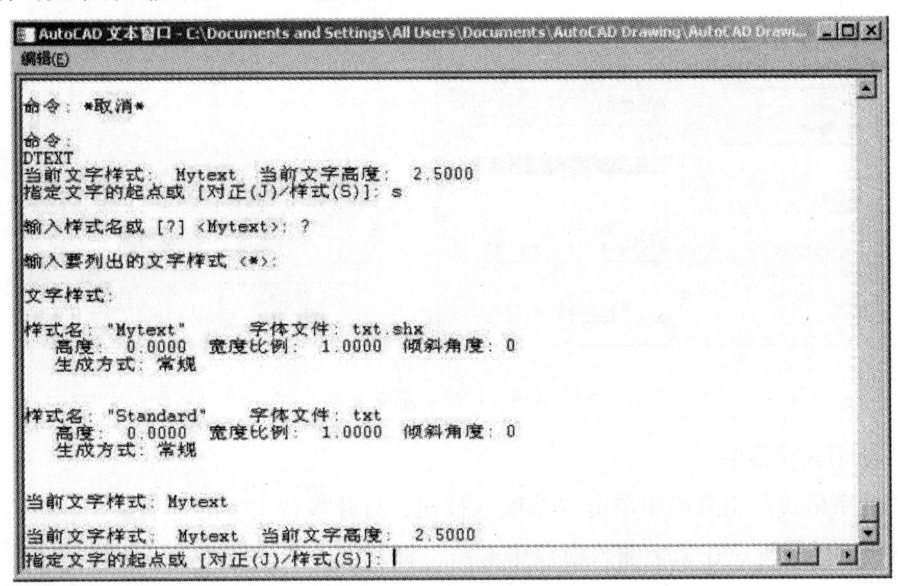

图 4 –1 –2　文字样式

2. 多行文本标注

“多行文字”又称为段落文字，是一种更易于管理的文字对象，可以由两行以上的文字组成，而且各行文字都是作为一个整体处理。选择“注释”|“文字”|“多行文字”命令（MTEXT)，或在“绘图”工具栏中单击“多行文字”按钮，然后在绘图窗口中指定一个用来放置多行文字的矩形区域，打开“文字格式”工具栏和文字输入窗口。利用它们可以设置多行文字的样式、字体大小等属性。

使用“文字格式”工具栏设置缩进、制表位和多行文字宽度使用选项菜单输入文字。

（1）使用“文字格式”工具栏

使用“文字格式”工具栏，可以设置文字样式、文字字体、文字高度、加粗、倾斜或加下划线效果。

单击“堆叠/非堆叠”按钮，可以创建堆叠文字（堆叠文字是一种垂直对齐的文字或分数)。在使用时，需要分别输入分子和分母，其间使用/、#或^分隔，然后选择这一部分文字，单击按钮即可。

（2）设置缩进、制表位和多行文字宽度

在文字输入窗口的标尺上右击，从弹出的标尺快捷菜单中选择“缩进和制表位”命令，打开“缩进和制表位”对话框，可以从中设置缩进和制表位位置。其中，在“缩进”选项组的“第一行”文本框和“段落”文本框中设置首行和段落的缩进位置；在“制表位”列表框中可设置制表符的位置，单击“设置”按钮可设置新制表位，单击“清除”按钮可清除列表框中的所有设置。

在标尺快捷菜单中选择“设置多行文字宽度”子命令，可打开“设置多行文字宽度”对话框，在“宽度”文本框中可以设置多行文字的宽度如图4－1－3所示。

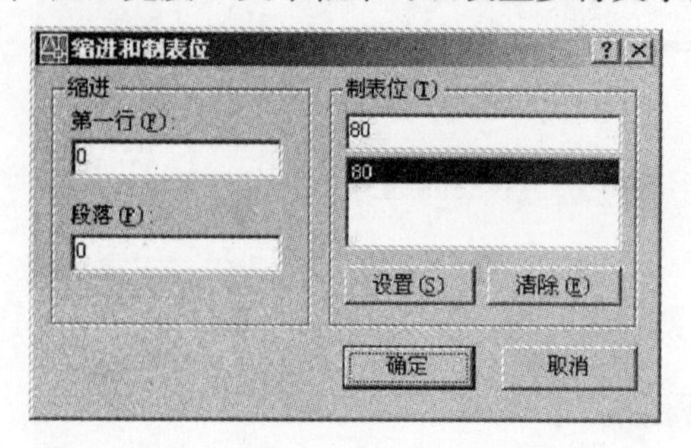

图4－1－3　宽度设置

（3）使用选项菜单

在“文字格式”工具栏中单击“选项”按钮，打开多行文字的选项菜单，可以对多行文本进行更多的设置。在文字输入窗口中右击，将弹出一个快捷菜单，该快捷菜单与选项菜单中的主要命令一一对应如图4－1－4所示。

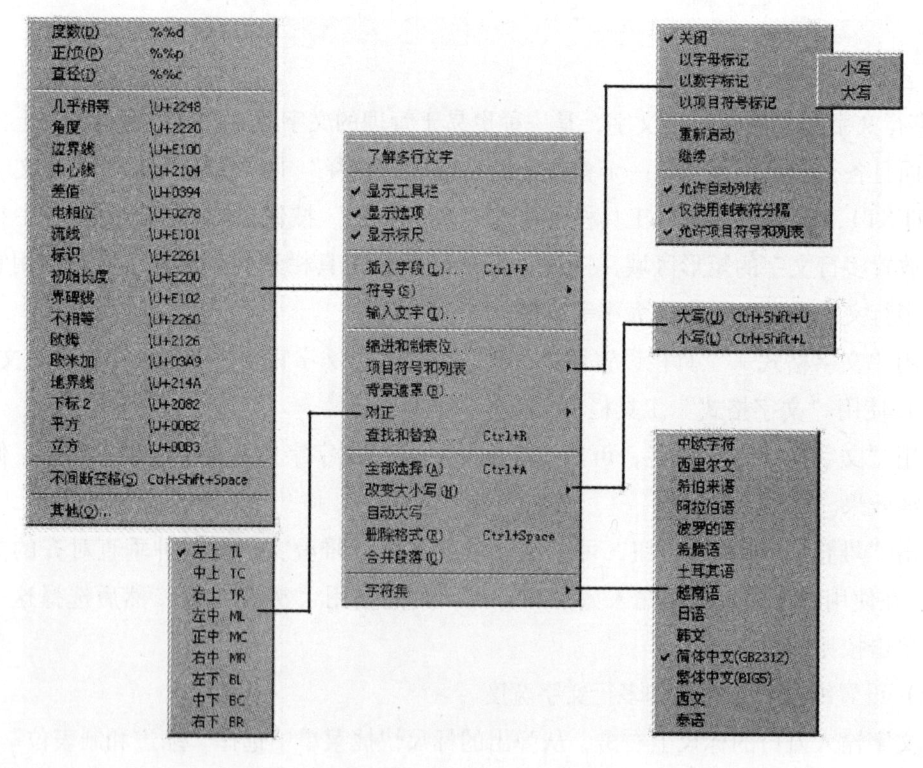

图4－1－4　多行文本设置

（4）输入文字

在多行文字的文字输入窗口中，可以直接输入多行文字，也可以在文字输入窗口中右击，从弹出的快捷菜单中选择“输入文字”命令，将已经在其他文字编辑器中创建的文字内容直接导入到当前图形中。

三、文本编辑

AutoCAD 提供了“文字样式”编辑器，通过这个编辑器可以方便直观地设置需要的文本样式，或是对已有样式进行修改。

要编辑创建的多行文字，可选择“注释” | “对象” | “文字样式”命令（TEXT-DIT）

1. 选择注释对象：选择要编辑的文字、多行文字或标注对象。

要求选择想要修改的文本，同时光标表为拾取框。用拾取框选择对象时：

如果选择的文本是用 TEXT 命令创建的单行文本，则深显该文本，可对其进行修改。

如果选择的文本是用 MTEXT 命令创建的多行文本，选择对象后则打开“文字编辑器”选项卡和多行文字编辑器，可根据前面介绍对各项设置或内容进行修改。

2. 放弃（U）：放弃对文字对象的上一个更改。

3. 模式（M）：控制是否自动重复命令。选择此项，命令提示如下：

输入文本编辑模式选项 [单个（s）/多个（M）]：

单个（S）：修改选定的文字对象一次，然后结束命令。

多个（M）：允许在命令持续时间内编辑多个文字对象。

四、表格

在以前的 AutoCAD 版本中，要绘制表格必须采用绘制图线或结合偏移、复制等编辑命令来完成，这样的操作过程烦琐而复杂，不利于提高绘图效率。自从 AutoCAD 新增了“表格”绘图功能，创建表格就变得非常容易，用户可以直接插入设置好样式的表格。同时，随着版本的不断升级，表格功能也在精益求精、日趋完善。

1. 定义表格样式

表格使用行和列以一种简洁清晰的形式提供信息，常用于一些组件的图形中。表格样式控制一个表格的外观，用于保证标准的字体、颜色、文本、高度和行距。用户可以使用默认的表格样式，也可以根据需要自定义表格样式。

（1）新建表格样式

选择“注释” | “表格样式”命令（TABLESTYLE），打开“表格样式”对话框。单击“新建”按钮，可以使用打开的“创建新的表格样式”对话框创建新表格样式。

在“新样式名”文本框中输入新的表格样式名，在“基础样式”下拉列表中选择默认的表格样式或者任何已经创建的样式，新样式将在该样式的基础上进行修改。然后单击

“继续”按钮，将打开“新建表格样式”对话框，可以通过它指定表格的行格式、表格方向、边框特性和文本样式等内容，如图 4－1－5 所示。

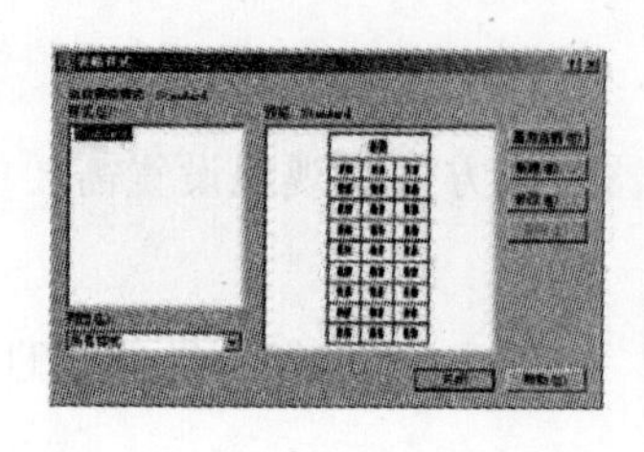

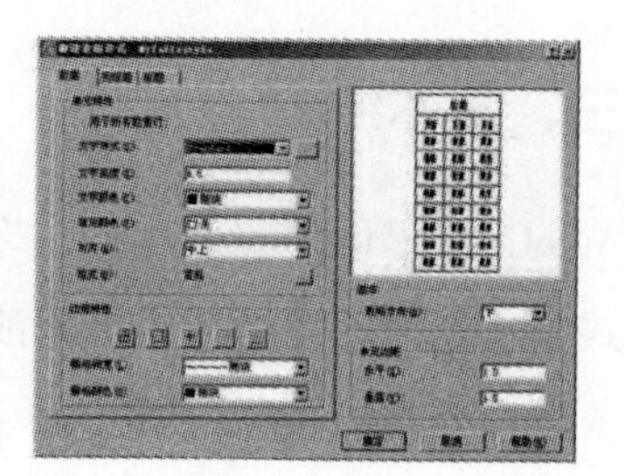

图 4－1－5　新建表格样式

（2）设置表格的数据、列标题和标题样式

在“新建表格样式”对话框中，可以使用“数据”、“列标题”和“标题”选项卡分别设置表格的数据、列表题和标题对应的样式，如图4－1－6所示。

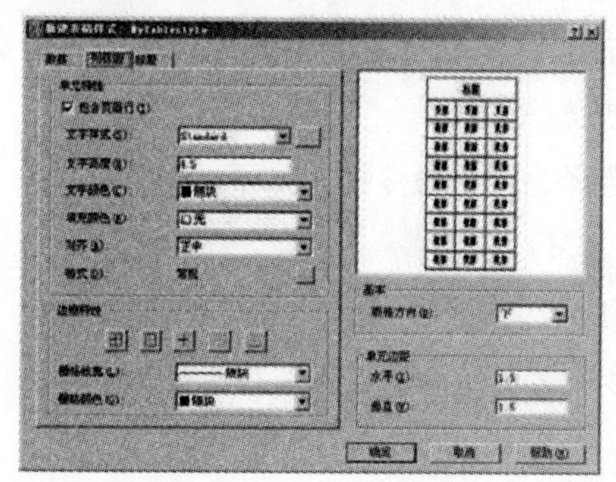

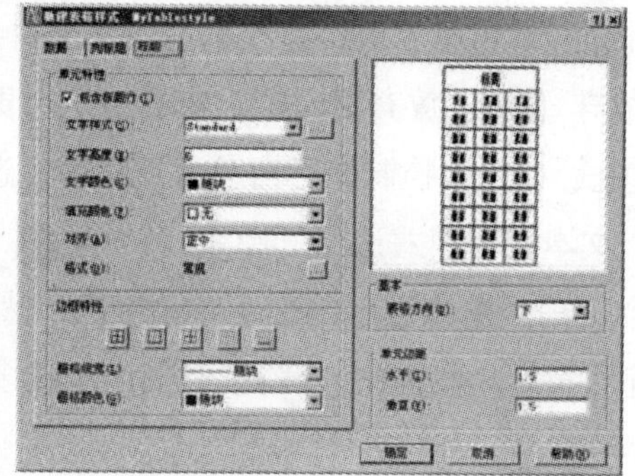

图 4－1－6　表格样式设置

（3）管理表格样式

在 AutoCAD 中，还可以使用“表格样式”对话框来管理图形中的表格样式。在该对话框的“当前表格样式”后面，显示当前使用的表格样式（默认为 Standard）；在“样式”列表中显示了当前图形所包含的表格样式；在“预览”窗口中显示了选中表格的样式；在“列出”下拉列表中，可以选择“样式”列表是显示图形中的所有样式，还是正在使用的样式。

此外，在“表格样式”对话框中，还可以单击“置为当前”按钮，将选中的表格样式设置为当前；单击“修改”按钮，在打开的“修改表格样式”对话框中修改选中的表格样式；单击“删除”按钮，删除选中的表格样式，如图 4－1－7 所示。

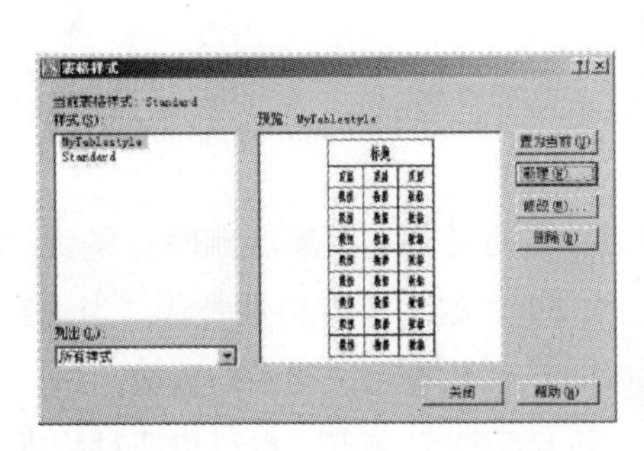

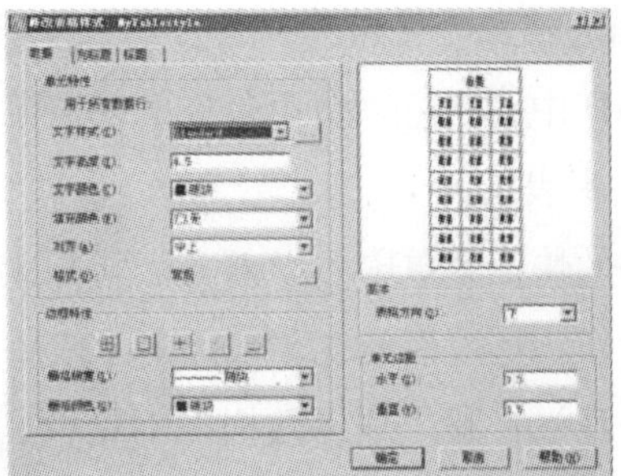

图 4-1-7　管理表格

2. 创建表格

选择“注释”中图标“表格”命令，打开“插入表格”对话框。在“表格样式设置”选项组中，可以从“表格样式名称”下拉列表框中选择表格样式，或单击其后的按钮，打开“表格样式”对话框，创建新的表格样式。在该选项组中，还可以在“文字高度”下面显示当前表格样式的文字高度，在预览窗口中显示表格的预览效果。

在“插入方式”选项组中，选择“指定插入点”单选按钮，可以在绘图窗口中的某点插入固定大小的表格；选择“指定窗口”单选按钮，可以在绘图窗口中通过拖动表格边框来创建任意大小的表格。

在“列和行设置”选项组中，可以通过改变“列”、“列宽”、“数据行”和“行高”文本框中的数值来调整表格的外观大小，如图 4-1-8 所示。

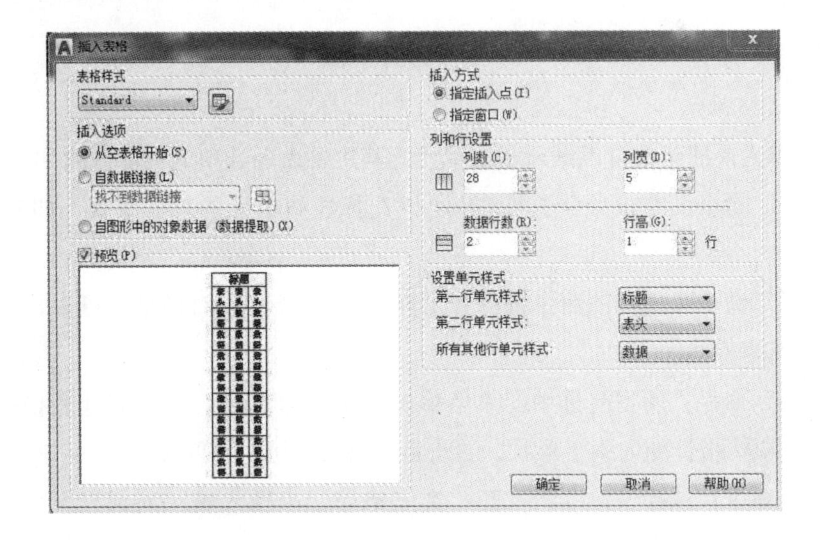

图 4-1-8　插入表格

3. 编辑表格和表格单元

AutoCAD 中，还可以使用表格的快捷菜单来编辑表格。

（1）编辑表格

从表格的快捷菜单中可以看到，可以对表格进行剪切、复制、删除、移动、缩放和旋转等简单操作，还可以均匀调整表格的行、列大小，删除所有特性替代。当选择“输出”命令时，还可以打开“输出数据”对话框，以 .csv 格式输出表格中的数据。

当选中表格后，在表格的四周、标题行上将显示许多夹点，也可以通过拖动这些夹点来编辑表格，如图 4－1－9 所示。

钻　模				
序号	名称	数量	材料	备注
1	底座	1	HT150	
2	钻模板	1	40	
3	钻套	3	40	
4	轴	1	40	
5	开口垫片	1	40	
6	六角螺母	3	35	GB6170-86

图 4－1－9　编辑表格

（2）编辑表格单元

使用表格单元快捷菜单可以编辑表格单元，其主要命令选项的功能说明如下：

“单元对齐”命令：在该命令子菜单中可以选择表格单元的对齐方式，如左上、左中、左下等。

“单元边框”命令：选择该命令将打开“单元边框特性”对话框，可以设置单元格边框的线宽、颜色等特性。

“匹配单元”命令：用当前选中的表格单元格式（源对象）匹配其他表格单元（目标对象），此时，鼠标指针变为刷子形状，单击目标对象即可进行匹配。

“插入块”命令：选择该命令将打开“在表格单元中插入块”对话框。可以从中选择插入到表格中的块，并设置块在表格单元中的对齐方式、比例和旋转角度等特性。

“合并单元”命令：当选中多个连续的表格元格后，使用该子菜单中的命令，可以全部、按列或按行合并表格单元。

任务实施

绘制好的 A3 样板图，如图 4 –1 –10 所示。

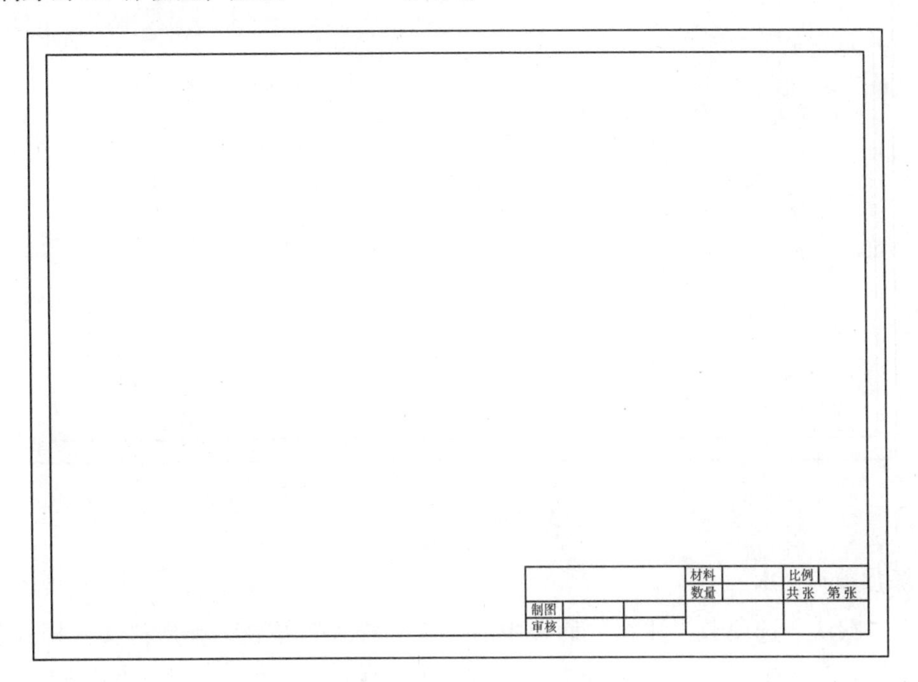

图 4 –1 –10　A3 样板图

1. 创建既定文本样式

（1）新建文件。单机“快速访问”工具栏中的新建按钮，弹出“选择样板”，在“打开”按钮下拉菜单中选择“无样板公制”命令，新建空白文件。

（2）设置图层。单机“默认”选项卡“图层”面板中的“图层特性”按钮，新建如下 2 个图层。

图框层：颜色为白色，其余参数默认。

标题栏层：颜色为白色，其余参数默认。

（3）绘制图框。将“图层框”图层设定为当前图层。

单机“默认”选项卡“绘图”面板中的“矩形”按钮，指定矩形的点分别为｛（0，0）、（420，279）｝和｛（10，10）、（410，287）｝，分别作为图纸边和边框。如图4 –1 –11 所示。

（4）绘制标题栏。将“标题栏层”图层设定为当前图层。

图 4－1－11　边框

2. 添加单行文本

单机“默认”选项卡“注释”面板中的“文字样式”按钮，弹出“文字样式”对话框，新建“长仿宋体”，在“字体名”下拉列表框中选择“仿宋”选项，“高度”为 4，其余参数默认。单机“置于当前按钮”，将新建文字样式置为当前。如图 4－1－12 所示。

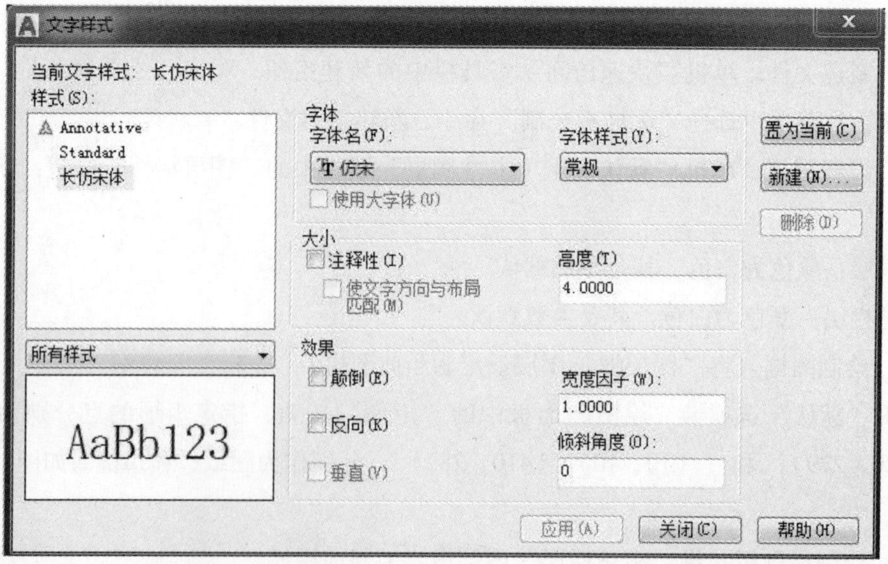

图 4－1－12　文字样式设置

3. 了解表格的创建及编辑方式

单机“默认”选项卡“注释”面板中的“表格样式”按钮，系统弹出“表格样式”对话框，如图 4 – 1 – 13 所示。

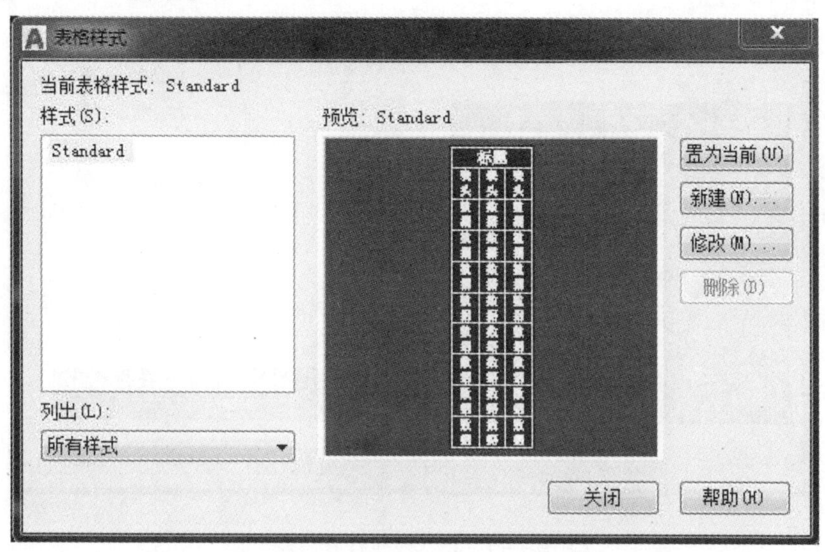

图 4 – 1 – 13　表格样式

单机“修改”按钮，系统弹出“修改表格样式”对话框，在“单元样式”下拉列表中选择“数据”选项，在下面的“文字”选项卡中单机“文字样式”下拉列表框右侧的按钮，弹出“文字样式”对话框，选择“长仿宋体”，如图 4 – 1 – 14 所示。再打开“常规”，将“页边距”组中的“水平”和“垂直”均设置成 1，“对齐”设置为“正中”，如图 4 – 1 – 15 所示。

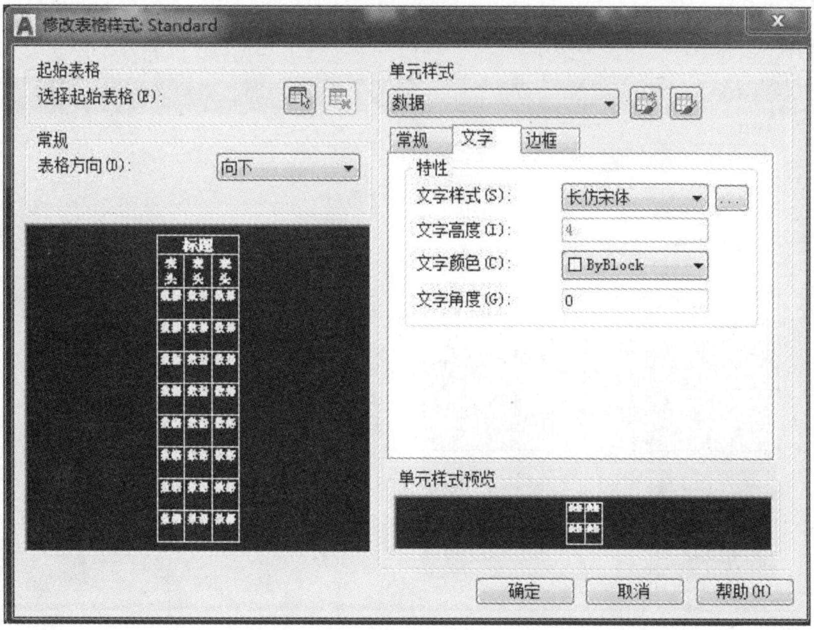

图 4 – 1 – 14　表格样式文字修改

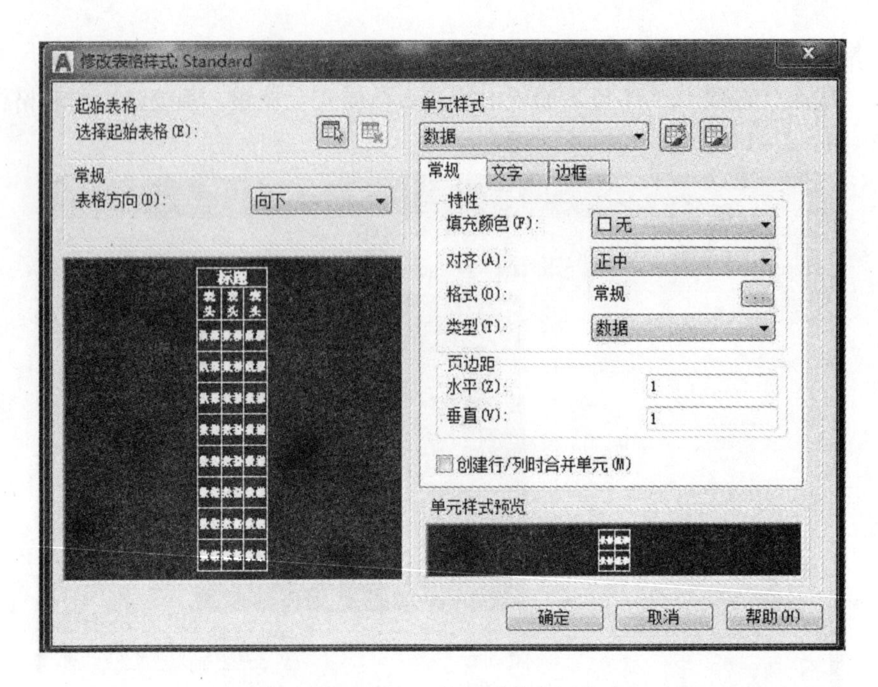

图 4－1－15　表格样式常规修改

单机“确定”按钮，系统回到“表格样式”对话框，单机“关闭”按钮退出。

单机“默认”选项卡“注释”面板中的“表格”按钮，系统弹出“插入表格”对话框，在“列和行设置”选项组中将“列数”设置为28，“列宽”设置为5，“数据行数”设置为2（加上标题行和表头行共4行），“行高”设置为1行（即为10）；在“设置单元样式”选项组中，将“第一行单元样式”“第二行单元样式”和“所有其他行单元样式”都设置为“数据”，如图4－1－16所示。

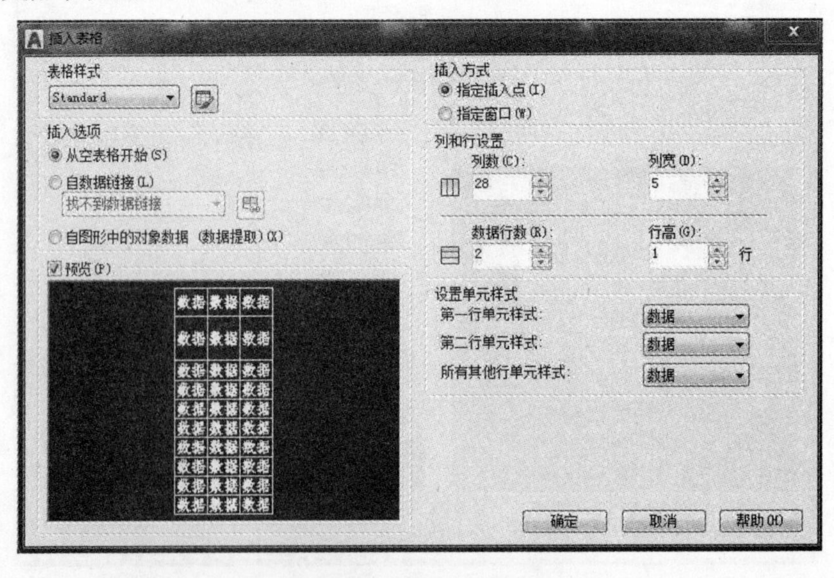

图 4－1－16　插入表格

在线框右下角附近指定表格位置，系统生成表格，不输入文字，如图 4－1－17 所示。

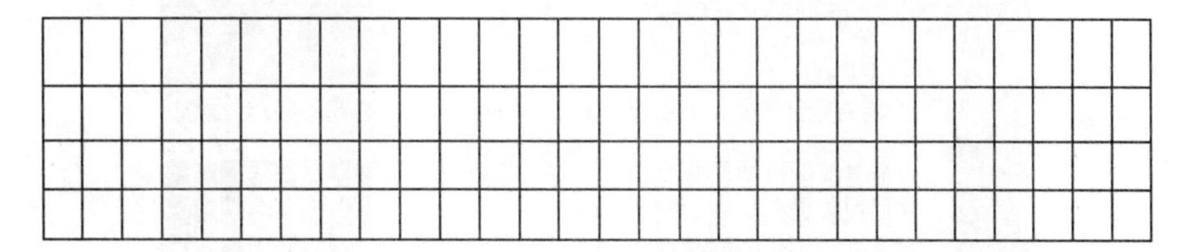

图 4－1－17　生成表格

单机表格中的任一单元格，系统显示其编辑夹点，右击，在弹出的快捷菜单中选择“特性”命令，系统弹出“特性”选项板，将单元格高度参数改为 8，这样该单元格所在行的高度就统一改为 8。同样的方法将其他行的高度改为 8，如图4－1－18所示。

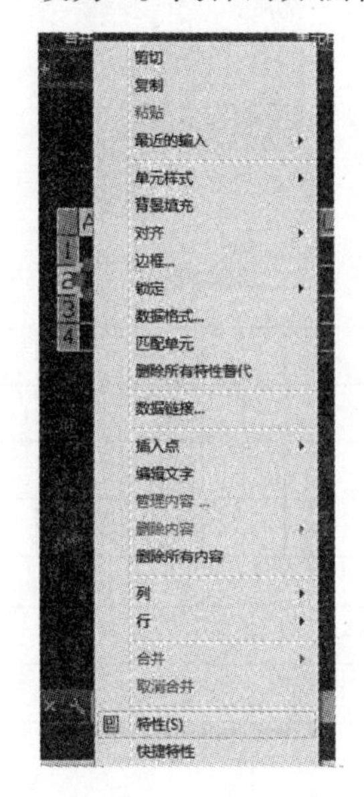

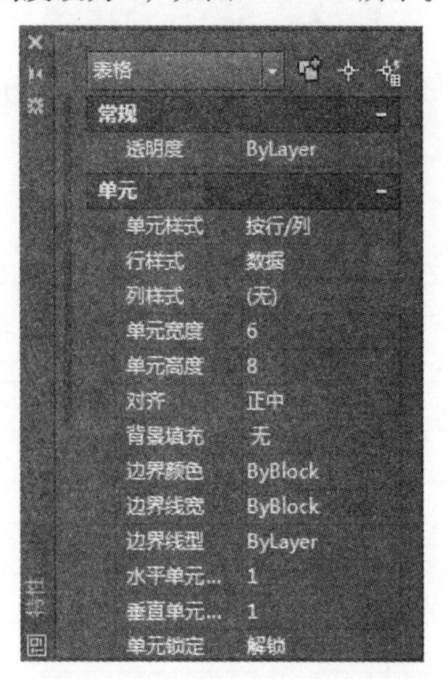

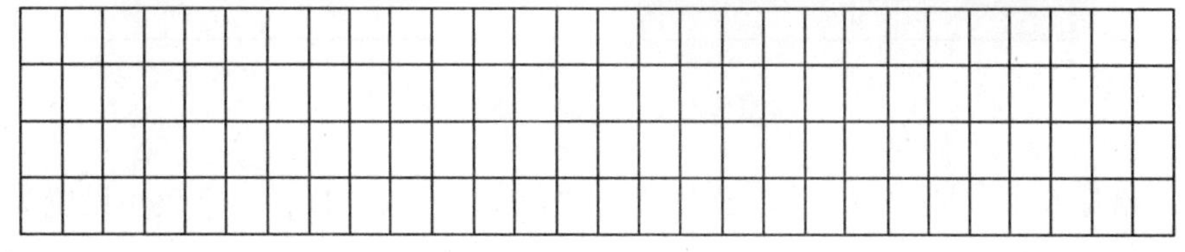

图 4－1－18　表格特性修改

选择 A1 单元格，按住 Shift 键，同时选择右边的 12 个单元格以及下面的 13 个单元格，右击，在弹出的快捷菜单中选择“合并”→“全部”命令，这些单元格完成合并。用同样的方法合并其他单元格，结果如图 4－1－19 所示。

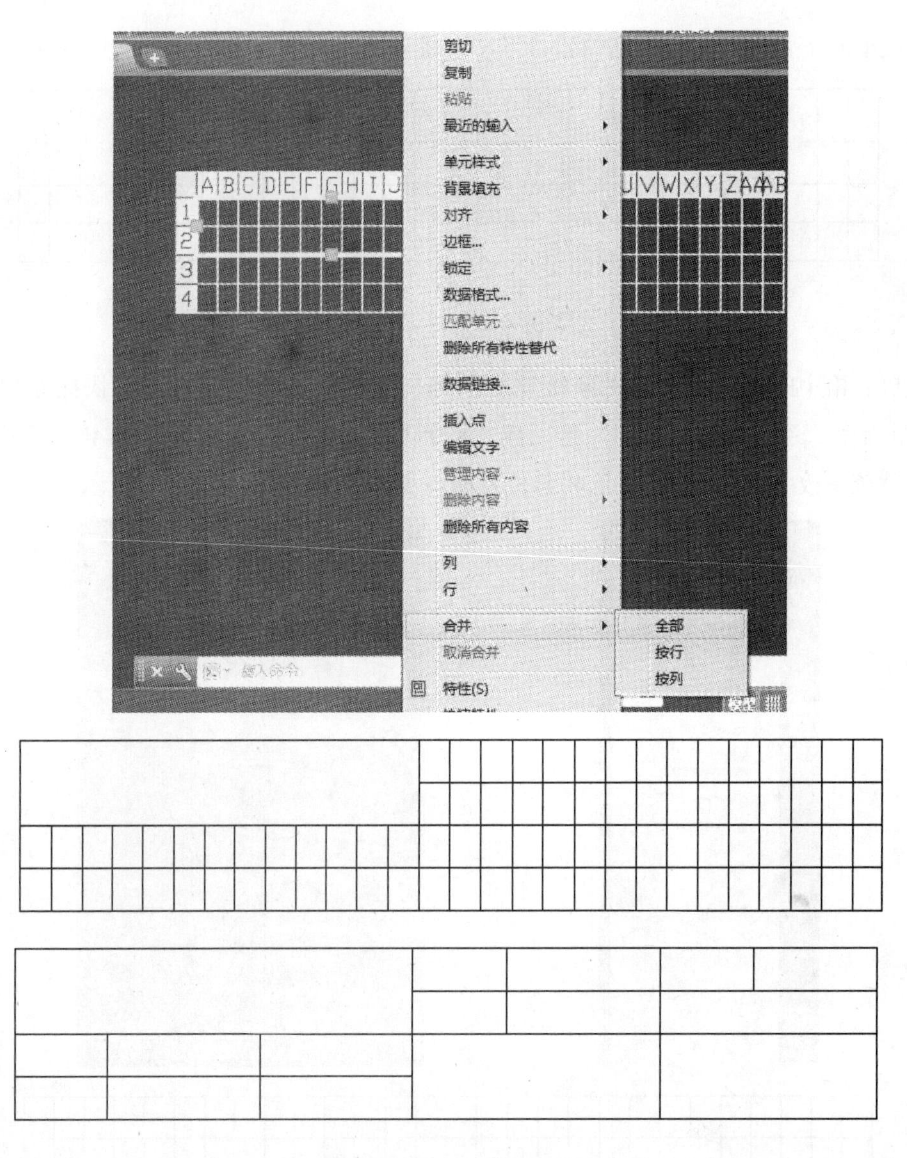

图 4－1－19　合并表格

在单元格处双击鼠标左键，将字体设置为“仿宋－GB2312”，文字大小设置为 4，在单元格中输入文字，结果如图 4－1－20 所示。

图 4－1－20　表格输入文字

用同样的方法，输入其他单元格文字，结果如图 4－1－21 所示。

			材料		比例	
			数量		共　张	第　张
制图						
审核						

图 4－1－21　完成表格文字输入

移动标题栏。单击“默认”选项卡“修改”面板中的“移动”按钮，将刚生成的标题栏准确地移动到图框的右下角。

保存样板图。单击“快捷访问”工具栏中的“保存”按钮，输入名称为“A3 样板图 1”，保存绘制好的图形。

任务测试

任务测试表（表 4－1－1）。

表 4－1－1　任务测试表

班组人员签字：

任务名称	文本的标注方法	规格型号	
检查数量		检验日期	年　月　日
检验项目	质量标准	测量方法	检验结果
绘制矩形	尺寸要求准确	目测	
创建、设置文本样式	格式正确	目测	
插入表格	正确设置、使用	目测	
备注			
作品自我评价			
小组			
指导教师评语			

任务拓展

特殊字符的输入方法操作及文字的编辑

在实际设计绘图中，往往需要标注一些特殊的字符。例如，在文字上方或下方添加划线、标注度（°）、±\u12289Xϕ 等符号。这些特殊字符不能从键盘上直接输入，因此，AutoCAD 提供了相应的控制符，以实现这些标注要求，见表 4－1－2。

在 AutoCAD 的控制符中，%%O 和%%U 分别是上划线与下划线的开关。第 1 次出现此符号时，可打开上划线或下划线，第 2 次出现该符号时，则会关掉上划线或下划线。在“输入文字:”提示下，输入控制符时，这些控制符也临时显示在屏幕上，当结束文本创建命令时，这些控制符将从屏幕上消失，转换成相应的特殊符号。

表 4－1－2　AutoCAD 常用控制符

控制码	标注的特殊字符	控制码	标注的特殊字符
%%O	上划线	\u+0278	电相位
%%U	下划线	\u+E101	流线
%%D	“度”符号（°）	\u+2261	标识
%%P	正负符号（±）	\u+E102	界碑线
%%C	直径符号（Φ）	\u+2260	不等于（≠）
%%%	百分号（%）	\u+2126	欧姆（Ω）
\u+2248	约等于（≈）	\u+03A9	欧米伽（Ω）
\u+2220	角度（∠）	\u+214A	低界线
\u+E100	边界线	\u+2082	下标 2
\u+2104	中心线	\u+00B2	上标 2
\u+0394	差值		

任务二　尺寸标注方法

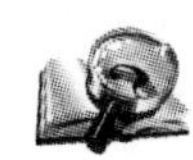

任务目标

● **知识目标**

了解尺寸标注的规则和组成，以及“标注样式管理器”对话框的使用方法。并掌握创建尺寸标注的基础以及样式设置的方法。

● **能力目标**

操作者必须熟练掌握图纸中要求的尺寸标注。

● **素质目标**

1. 培养学生在使用计算机的过程中具有安全操作及规范操作的意识；
2. 培养学生在标注的过程中具有认真严谨的态度和吃苦耐劳的精神。

任务准备

一、尺寸样式

AutoCAD 2007 中，对绘制的图形进行尺寸标注时应遵循以下规则：

物体的真实大小应以图样上所标注的尺寸数值为依据，与图形的大小及绘图的准确度无关。图样中的尺寸以毫米为单位时，不需要标注计量单位的代号或名称。如采用其他单位，则必须注明相应计量单位的代号或名称，如度、厘米及米等。

图样中所标注的尺寸为该图样所表示的物体的最后完工尺寸，否则应另加说明。一般物体的每一尺寸只标注一次，并应标注在最后反映该结构最清晰的图形上。

尺寸标注的组成在机械制图或其他工程绘图中，一个完整的尺寸标注应由标注文字、尺寸线、尺寸界线、尺寸线的端点符号及起点等组成。如图 4－2－1 所示。

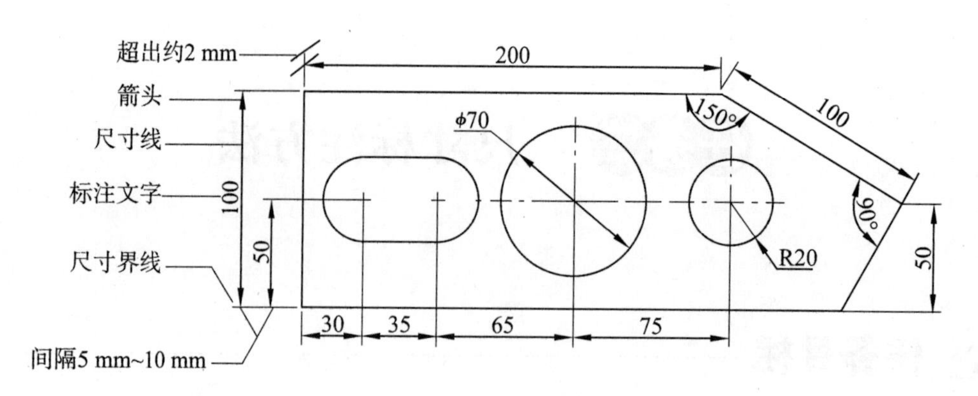

图4－2－1　尺寸标注的组成

1. 新建或修改尺寸样式

AutoCAD 中对图形进行尺寸标注的基本步骤如下：

（1）选择“图层”命令，在打开的“图层特性管理器”对话框中创建一个独立的图层，用于尺寸标注。

（2）选择“注释”｜“文字样式”命令，在打开的“文字样式”对话框中创建一种文字样式，用于尺寸标注。

（3）选择“注释”｜“标注样式”命令，在打开的“标注样式管理器”对话框设置标注样式。

（4）使用对象捕捉和标注等功能，对图形中的元素进行标注。

创建标注样式：

在 AutoCAD 中，使用“标注样式”可以控制标注的格式和外观，建立强制执行的绘图标准，并有利于对标注格式及用途进行修改。要创建标注样式，选择“注释”｜“标注样式”命令，打开“标注样式管理器”对话框，单击“新建”按钮，在打开的“创建新标注样式”对话框中即可创建新标注样式。如图4－2－2所示。

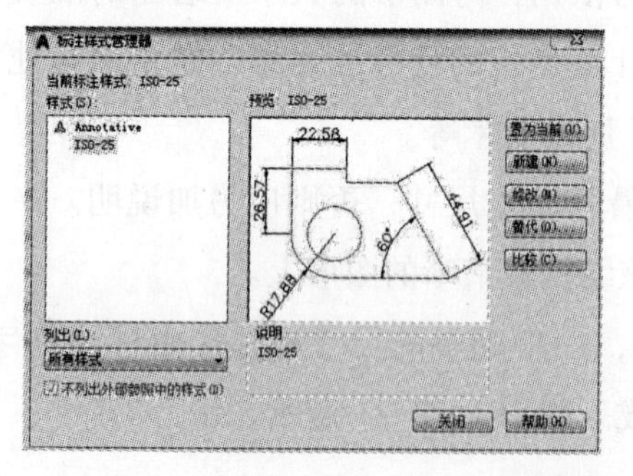

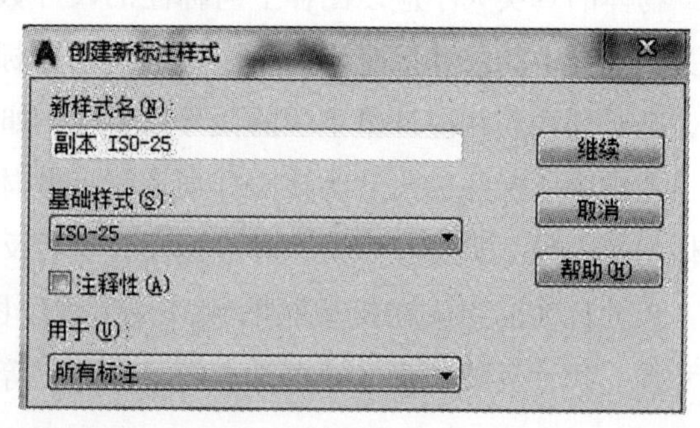

图4－2－2　创建新标注样式

2. 设置直线格式

在“新建标注样式”对话框中，使用“直线”选项卡可以设置尺寸线、尺寸界线的格式和位置。

（1）设置尺寸线

在“尺寸线”选项组中，可以设置尺寸线的颜色、线宽、超出标记以及基线间距等属性。如图 4－2－3 所示。

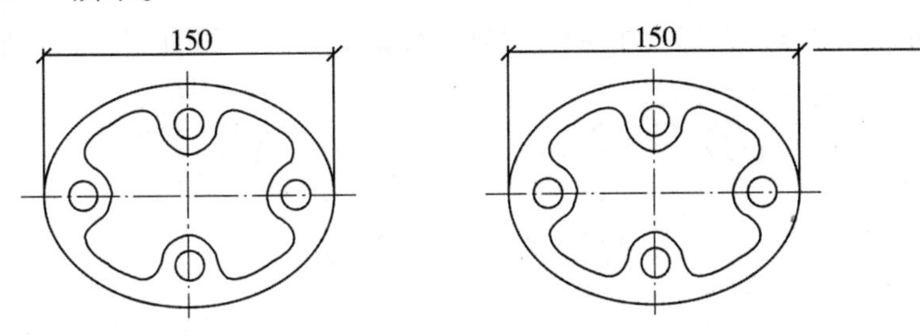

图 4－2－3　尺寸线

（2）尺寸界线

在“尺寸界线”选项组中，可以设置尺寸界线的颜色、线宽、超出尺寸线的长度和起点偏移量、隐藏控制等属性。如图 4－2－4 所示。

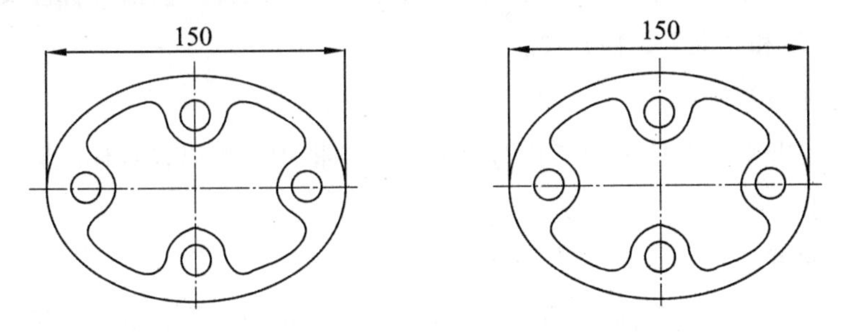

图 4－2－4　尺寸界线

3. 设置符号和箭头格式

在“新建标注样式”对话框中，使用“符号和箭头”选项卡可以设置箭头、圆心标记、弧长符号和半径标注折弯的格式与位置。

（1）箭头

在“箭头”选项组中，可以设置尺寸线和引线箭头的类型及尺寸大小等。通常情况下，尺寸线的两个箭头应一致。

为了适用于不同类型的图形标注需要，AutoCAD 设置了 20 多种箭头样式。可以从对应的下拉列表框中选择箭头，并在“箭头大小”文本框中设置其大小。也可以使用自定义箭头，此时可在下拉列表框中选择“用户箭头”选项，打开“选择自定义箭头块”对话框。

在“从图形块中选择”文本框内输入当前图形中已有的块名，然后单击“确定”按钮，AutoCAD将以该块作为尺寸线的箭头样式，此时，块的插入基点与尺寸线的端点重合。

（2）圆心标记

在“圆心标记”选项组中，可以设置圆或圆弧的圆心标记类型，如“标记”、“直线”和“无”。其中，选择“标记”选项可对圆或圆弧绘制圆心标记；选择“直线”选项，可对圆或圆弧绘制中心线；选择“无”选项，则没有任何标记。当选择“标记”或“直线”单选按钮时，可以在“大小”文本框中设置圆心标记的大小。如图4-2-5所示。

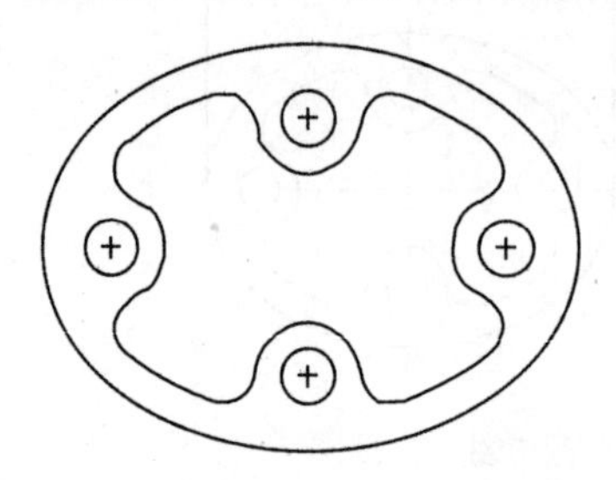
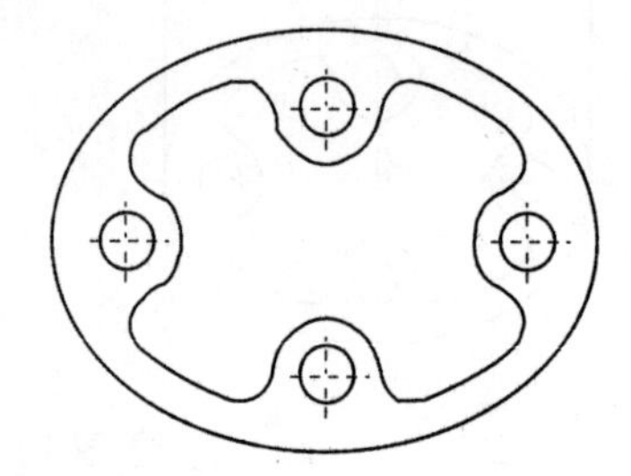

图4-2-5　圆心标记

（3）弧长符号

在“弧长符号”选项组中，可以设置弧长符号显示的位置，包括“标注文字的前缀”、“标注文字的上方”和“无”3种方式。

（4）半径标注折弯

在“半径标注折弯”选项组的“折弯角度”文本框中，可以设置标注圆弧半径时标注线的折弯角度大小。

4. 设置文字格式

在“新建标注样式”对话框中，可以使用“文字”选项卡设置标注文字的外观、位置和对齐方式。

（1）文字外观

在“文字外观”选项组中，可以设置文字的样式、颜色、高度和分数高度比例，以及控制是否绘制文字边框等。部分选项的功能说明如下。

“分数高度比例”文本框：设置标注文字中的分数相对于其他标注文字的比例，AutoCAD将该比例值与标注文字高度的乘积作为分数的高度。

“绘制文字边框”复选框：设置是否给标注文字加边框。如图4-2-6所示。

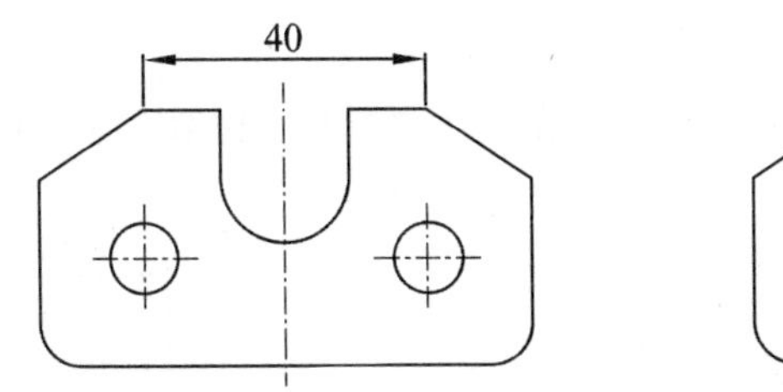

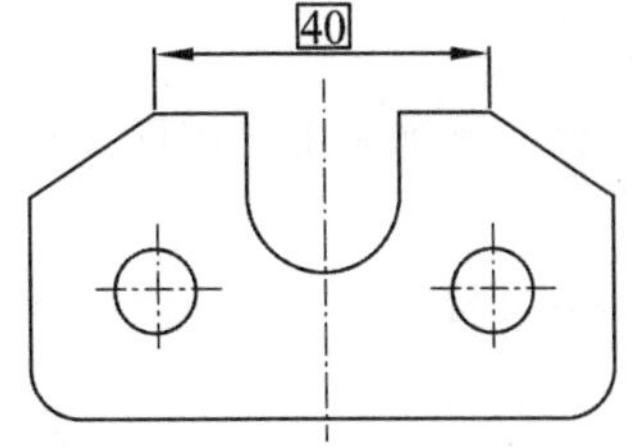

图4-2-6　文字边框

（2）文字位置

在“文字位置”选项组中，可以设置文字的垂直、水平位置以及尺寸线的偏移量。如图4-2-7所示。

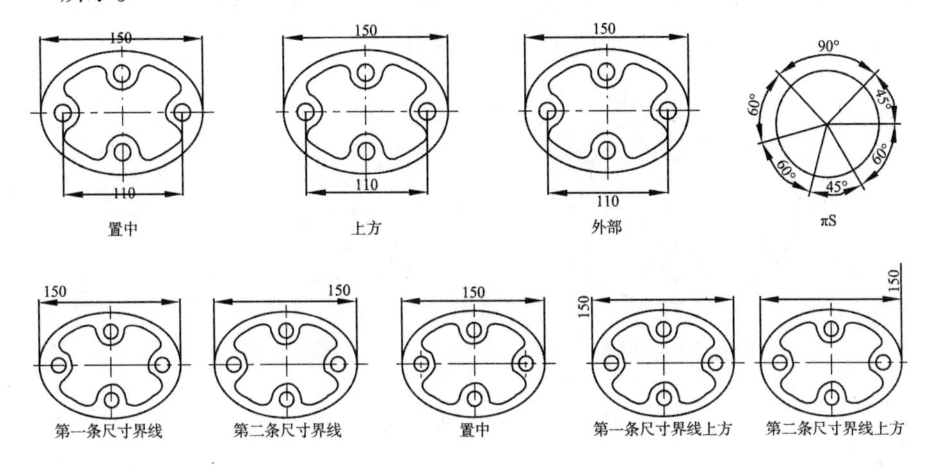

图4-2-7　文字位置

（3）文字对齐

在“文字对齐”选项组中，可以设置标注文字是保持水平还是与尺寸线平行。

5. 设置调整格式

在“新建标注样式”对话框中，可以使用“调整”选项卡设置标注文字、尺寸线、尺寸箭头的位置。

（1）调整选项

在“调整选项”选项组中，可以确定当尺寸界线之间没有足够的空间，同时放置标注文字和箭头时，应从尺寸界线之间移出对象，如图4-2-8所示。

图4-2-8　箭头调整

（2）文字位置

在“文字位置”选项组中，可以设置当文字不在默认位置时的位置。如图4 –2 –9所示。

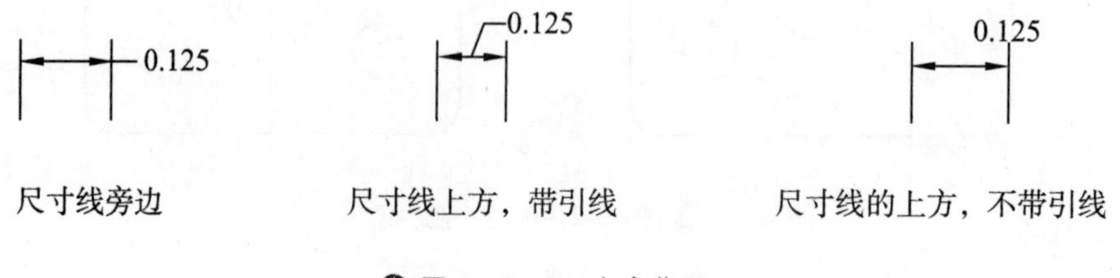

图 4 –2 –9　文字位置

（3）标注特征比例

在“标注特征比例”选项组中，可以设置标注尺寸的特征比例，以便通过设置全局比例来增加或减少各标注的大小。如图 4 –2 –10 所示。

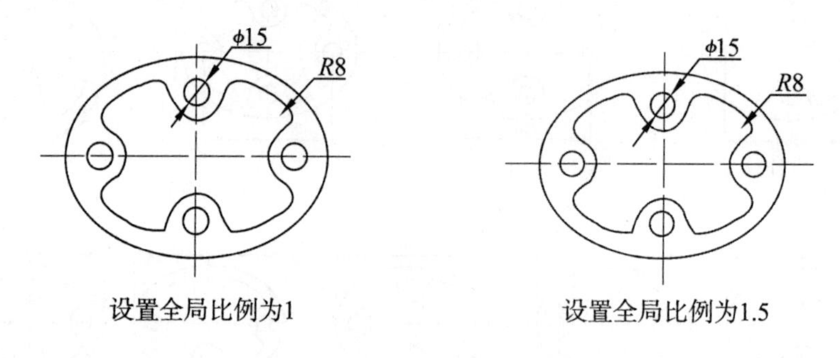

图 4 –2 –10　标注特征比例

（4）优化

在“优化”选项组中，可以对标注文本和尺寸线进行细微调整，该选项组包括以下两个复选框。

“手动放置文字”复选框：选中该复选框，则忽略标注文字的水平设置，在标注时可将标注文字放置在指定的位置。

“在尺寸界线之间绘制尺寸线”复选框：选中该复选框，当尺寸箭头放置在尺寸界线之外时，也可在尺寸界线之内绘制出尺寸线。

6. 设置主单位格式

在“新标注样式”对话框中，可以使用“主单位”选项卡设置主单位的格式与精度等属性。

（1）线性标注

在“线性标注”选项组中，可以设置线性标注的单位格式与精度，主要选项功能如下。

“单位格式”下拉列表框：设置除角度标注之外的其余各标注类型的尺寸单位，包括“科学”、“小数”、“工程”、“建筑”、“分数”等选项。

“精度”下拉列表框：设置除角度标注之外的其他标注的尺寸精度。

“分数格式”下拉列表框：当单位格式是分数时，可以设置分数的格式，包括“水平”、“对角”和“非堆叠”3 种方式。

“小数分隔符”下拉列表框：设置小数的分隔符，包括“逗点”、“句点”和“空格”3 种方式。

“舍入”文本框：用于设置除角度标注外的尺寸测量值的舍入值。

“前缀”和“后缀”文本框：设置标注文字的前缀和后缀，在相应的文本框中输入字符即可。

“测量单位比例”选项组：使用“比例因子”文本框可以设置测量尺寸的缩放比例，AutoCAD 的实际标注值为测量值与该比例的积。选中“仅应用到布局标注”复选框，可以设置该比例关系仅适用于布局。

“消零”选项组：可以设置是否显示尺寸标注中的“前导”和“后续”零。

（2）角度标注

在“角度标注”选项组中，可以使用“单位格式”下拉列表框设置标注角度时的单位，使用“精度”下拉列表框设置标注角度的尺寸精度，使用“消零”选项组设置是否消除角度尺寸的前导和后续零。

7. 设置换算单位格式

在“新建标注样式”对话框中，可以使用“换算单位”选项卡设置换算单位的格式，在 AutoCAD 中，通过换算标注单位，可以转换使用不同测量单位制的标注，通常是显示英制标注的等效公制标注，或公制标注的等效英制标注。在标注文字中，换算标注单位显示在主单位旁边的方括号［　］中。如图 4－2－11 所示。

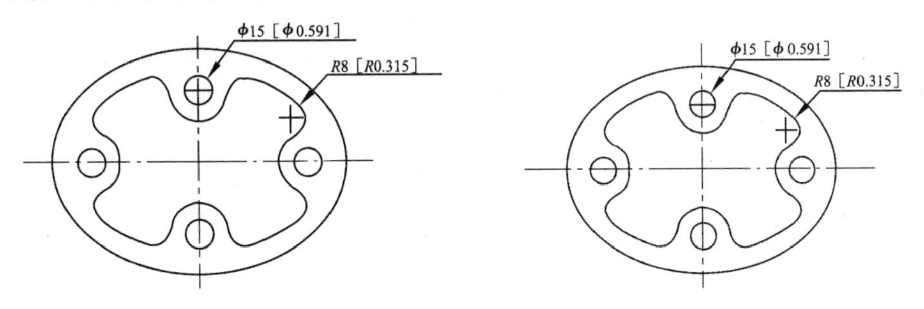

图 4－2－11　换算标注

8. 设置公差格式

在“新建标注样式”对话框中，可以使用“公差”选项卡设置是否标注公差，以何种方式进行标注。如图 4－2－12 所示。

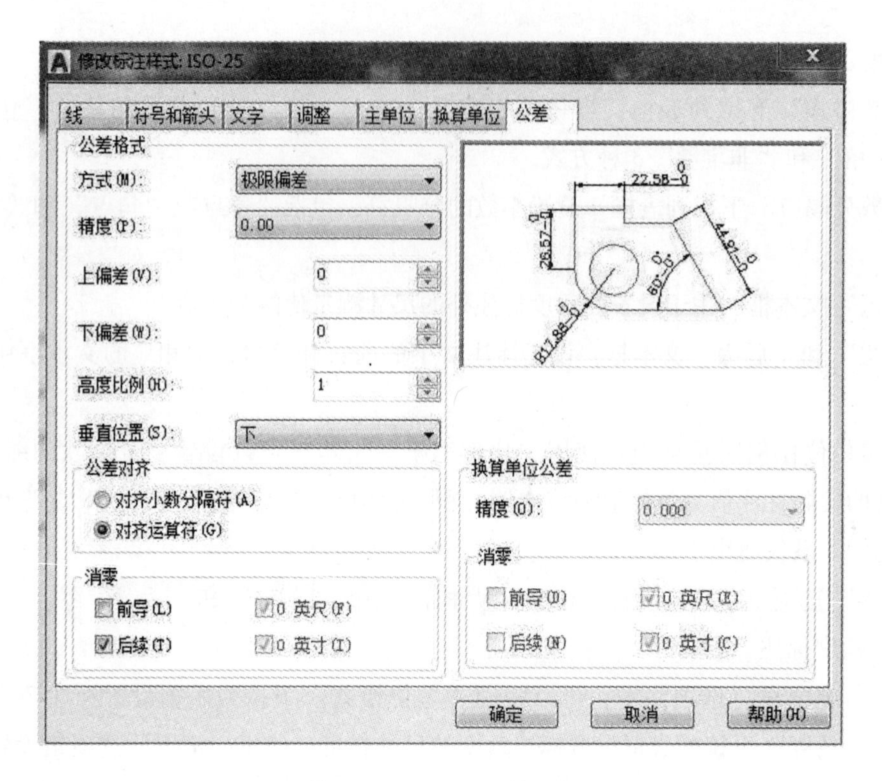

图4-2-12　公差标注

二、标注尺寸

用户在了解尺寸标注的组成与规则、标注样式的创建和设置方法后，接下来就可以使用标注工具标注图形了。AutoCAD 提供了完善的标注命令，例如使用“直径”、“半径”、“角度”、“线性”、“圆心标记”等标注命令，可以对直径、半径、角度、直线及圆心位置等进行标注。

通过本节的学习，读者应掌握各种类型尺寸标注的方法，其中包括长度型尺寸、半径、直径、圆心、角度、引线和形位公差等；另外，掌握编辑标注对象的方法。

1. 长度型尺寸标注

用户选择“注释”|“标注”命令（DIMLINEAR）或在“标注”工具栏中单击“线性”按钮，可创建用于标注用户坐标系 XY 平面中的两个点之间的距离测量值，并通过指定点或选择一个对象来实现。

2. 对齐标注

选择“标注”|“对齐”命令（DIMALIGNED），可以对对象进行对齐标注。

对齐标注是线性标注尺寸的一种特殊形式。在对直线段进行标注时，如果该直线的倾斜角度未知，那么使用线性标注方法将无法得到准确的测量结果，这时，可以使用对齐标注。

3. 角度型尺寸标注

选择“标注”|“角度”命令（DIMANGULAR），可以测量圆和圆弧的角度、两条直线间的角度、三点间的角度。执行 DIMANGULAR 命令，此时命令行提示如下。如图4－2－13所示。

选择圆弧、圆、直线或<指定顶点>。

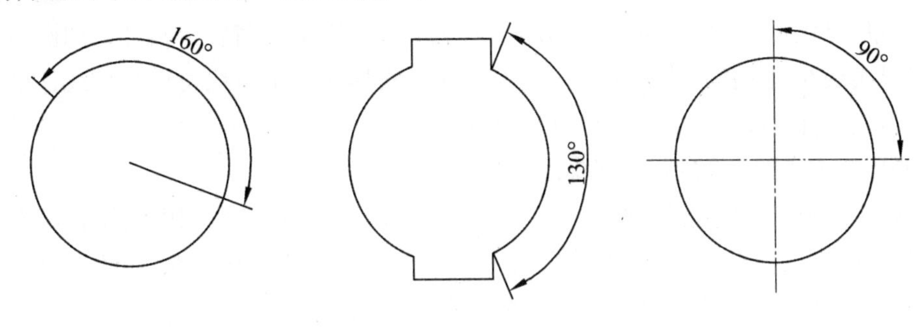

图4－2－13　角度标注

4. 直径标注

选择“标注”|“直径”命令（DIMDIAMETER）或在“标注”工具栏中单击“直径标注”按钮，可以标注圆和圆弧的直径。

直径标注的方法与半径标注的方法相同。当选择了需要标注直径的圆或圆弧后，直接确定尺寸线的位置，系统将按实际测量值标注出圆或圆弧的直径。并且，当通过“多行文字（M）”和“文字（T）”选项重新确定尺寸文字时，需要在尺寸文字前加前缀%%C，才能使标出的直径尺寸有直径符号Φ。

5. 基线标注

选择“标注”|“基线”命令（DIMBASELINE）或在“标注”工具栏中单击“基线”按钮，可以创建一系列由相同的标注原点测量出来的标注。

与连续标注一样，在进行基线标注之前也必须先创建（或选择）一个线性、坐标或角度标注作为基准标注，然后执行 DIMBASELINE 命令，此时命令行提示如下信息。指定第二条尺寸界线原点或［放弃（U）/选择（S）］<选择>。

在该提示下，可以直接确定下一个尺寸的第二条尺寸界线的起始点。AutoCAD 将按基线标注方式标注出尺寸，直到按下 Enter 键结束命令为止。

6. 连续标注

选择“标注”|“连续”命令（DIMCONTINUE），或在“标注”工具栏中单击“连续”按钮，可以创建一系列端对端放置的标注，每个连续标注都从前一个标注的第二个尺寸界线处开始。

在进行连续标注之前，必须先创建（或选择）一个线性、坐标或角度标注作为基准标注，以确定连续标注所需要的前一尺寸标注的尺寸界线，然后执行 DIMCONTINUE 命令，此时命令行提示如下。指定第二条尺寸界线原点或［放弃（U）/选择（S）］<选择>。

在该提示下，当确定了下一个尺寸的第二条尺寸界线原点后，AutoCAD 按连续标注方式标注出尺寸，即把上一个或所选标注的第二条尺寸界线作为新尺寸标注的第一条尺寸界线标注尺寸。当标注完成后，按 Enter 键即可结束该命令。

三、引线标注

AutoCAD 提供了引线标注功能，利用该功能不仅可以标注特定的尺寸，如圆角、倒角等，还可以实现在图中添加多行旁注、说明。在引线标注中指引线可以是折线，也可以是曲线，指引线端部可以是箭头，也可以是没有箭头。

1. 利用 LEADER 命令进行引线标注

LERADE 命令可以创建灵活多样的引线标注形式，可根据需要把引线设置为折线或曲线，指引线可以带箭头，也可以不带箭头，注释文本可以是多行文本，可以是行位公差，也可以从图形其他部位复制，还可以是一个图块。

执行方式

命令：LEADER。在命令行输入“LRADER”命令，标注倒角尺寸，命令提示如下。

弹出“文字编辑器”选项卡和多行文字编辑器，输入“C10”，并将“C”改为斜体。单机“关闭”按钮，效果如图 4 - 2 - 14 所示。

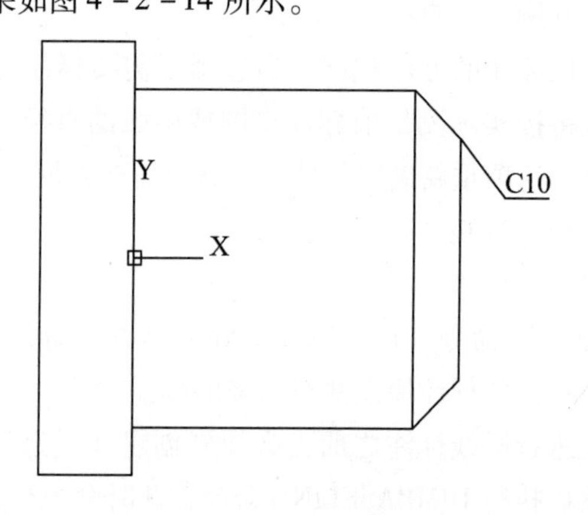

图 4 - 2 - 14　倒角标注

2. 快速引线标注

利用 QLRADER 命令可快速生成指引线及注释，而且可以通过命令行优化对话框进行用户自定义，由此可以消除不必要的命令行提示，取得最高的工作效率。

执行方式

命令：QLRADER。

(1) 指定第一个引线点：在上面的提示下确定一点作为引线的第一个点。

提示如下：

指定下一个点：(输入指引线的第二点)

指定下一个点：(输入指引线的第三点)

SutoCAD 提示用户输入的点的数目由“引线设置”对话框确定。输入完指引线的点后，提示如下：

指定文字宽度 <0.0000 >：（输入多行文本的宽度）

输入注释文字的第一行 < 多行文字（M） >：

此时，有两种命令出入选择。

输入注释文字的第一行：在命令行输入第一行文本。

多行文字（M）：打开多行文字编辑器，输入多行文本。直接按 Enter 键，结束 QLEADER 命令，并把多行文本标注在指引线的末端附近。

（2）设置（S）：之间按 Enter 或输入（S），打开“引线设置”，该对话框包括“注释”、“引线和箭头”、“附着”3 个选项卡。

“注释”用于设置引线标注中注释文本的类型、多行文本的格式并确定注释文本是否多次使用。如图 4－2－15 所示。

图 4－2－15　引线设置

“引线和箭头”用来设置引线标注中指引线和箭头的形式。其中“点数”设置执行 QLEADRE 命令时提示用户输入点数的数目。注意设置点数要比用户希望的指引线的段数多 1。可利用微调框进行设置，如果选项中“无限制”复选框，会一直提示用户输入点直到连续按两次 Enter 键为止。“角度约束”设置第一段和第二段指引线的角度约束。如图 4－2－16 所示。

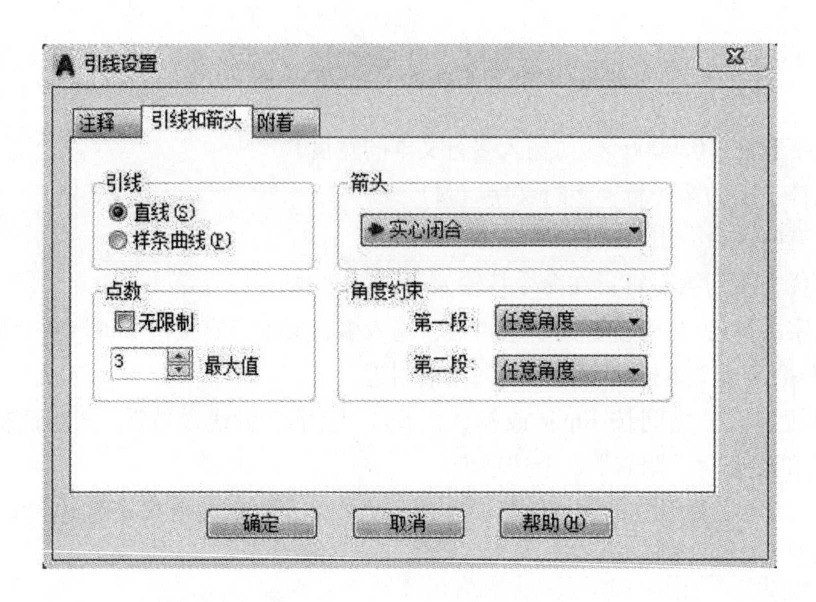

图 4－2－16　引线和箭头

“附着”设置注释文本和指引线的相对位置。如果最后一段指引线指向右边，系统自动把注释文本放在右侧，反之放在左侧。利用该选项卡左侧和右侧分别设置位于左侧和右侧的注释文本与最后一段指引线的相对位置，二者可相同也可不同。如图 4－2－17 所示。

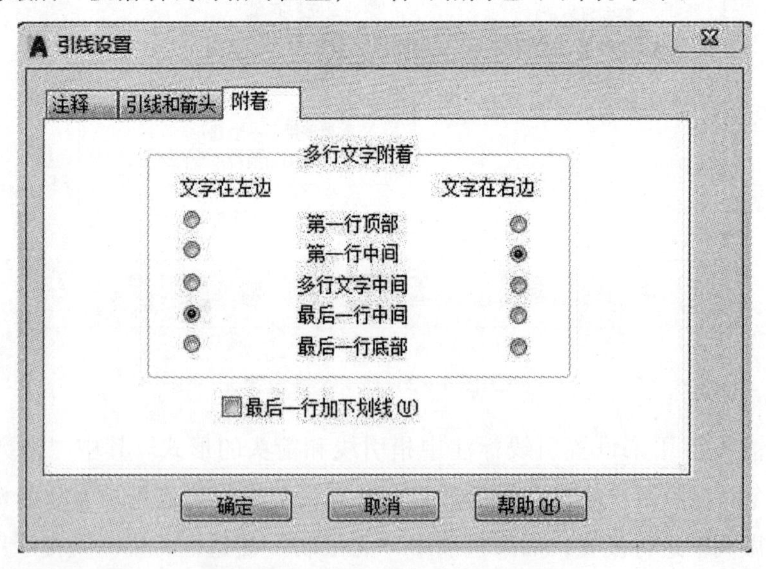

图 4－2－17　注释文本位置设置

四、公差及形位公差

形位公差在机械图形中极为重要。一方面，如果形位公差不能完全控制，装配件就不能正确装配；另一方面，过度吻合的形位公差又会由于额外的制造费用而造成浪费。

1. 形位公差的组成

在 AutoCAD 中，可以通过特征控制框来显示形位公差信息，如图形的形状、轮廓、方向、位置和跳动的偏差等。如图 4－2－18 所示。

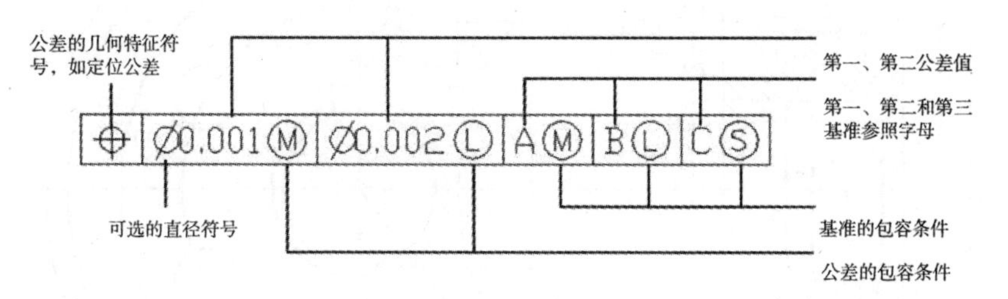

图 4－2－18　形位公差的组成

2. 标注形位公差

选择“注释”选项卡“标注”面板中的“公差”（快捷键 TOL）按钮或在“标注”工具栏中单击“公差”按钮，打开“形位公差”对话框，可以设置公差的符号、值及基准等参数。如图 4－2－19 所示。

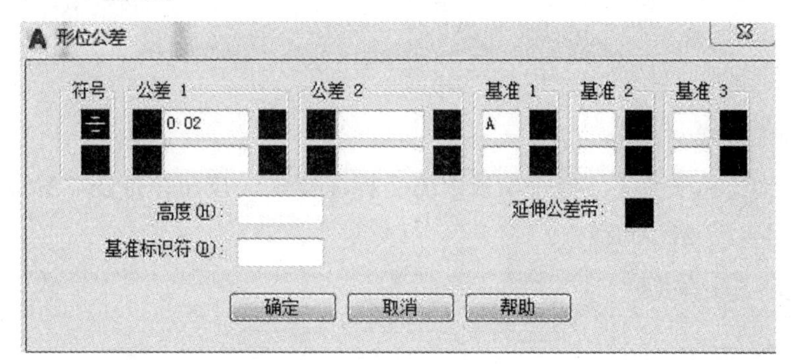

图 4－2－19　形位公差

任务实施

实践操作

本例标注的斜齿轮零件图如图 4－2－20 所示。

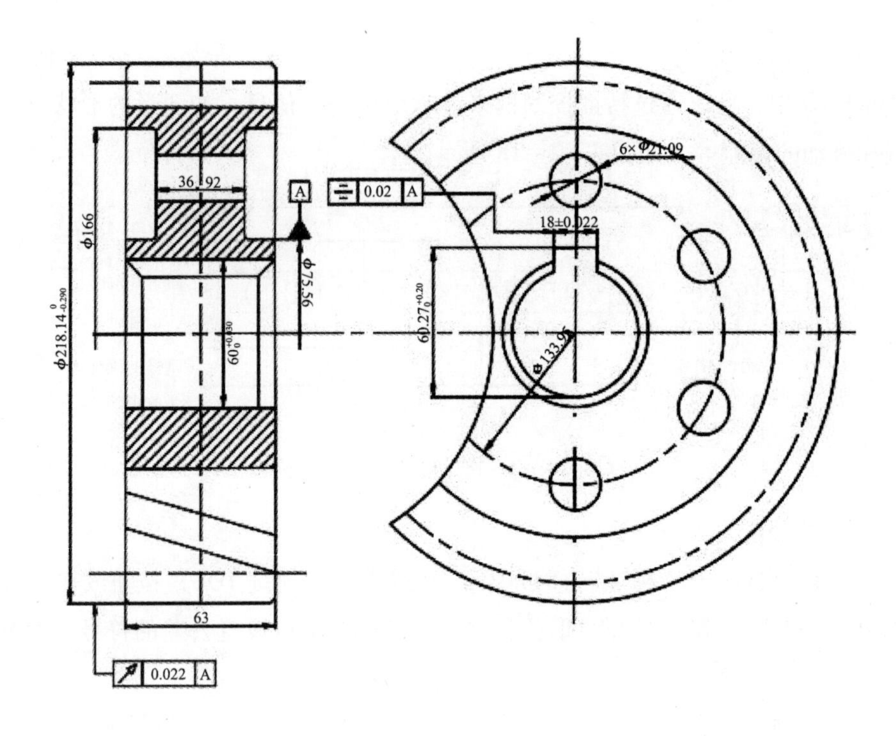

图4-2-20 斜齿轮零件图

1. 创建标注样式

单机“默认”选项卡“注释”面板中的“标注样式”按钮，打开“标注样式管理器”对话框，如图4-2-21所示。

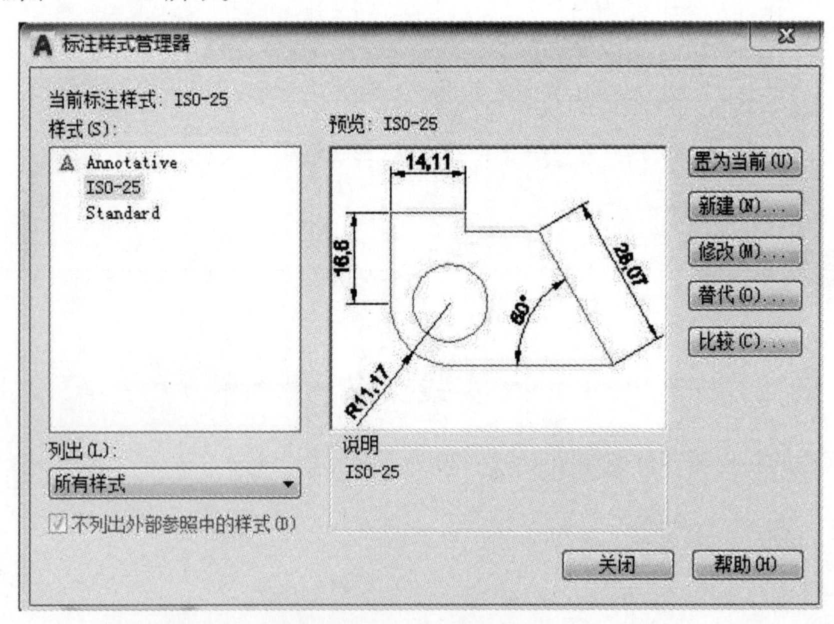

图4-2-21 创建标注样式

单机“新建”按钮，系统弹出“创建新标注样式”对话框，创建“齿轮标注”样式，如图 4－2－22 所示。

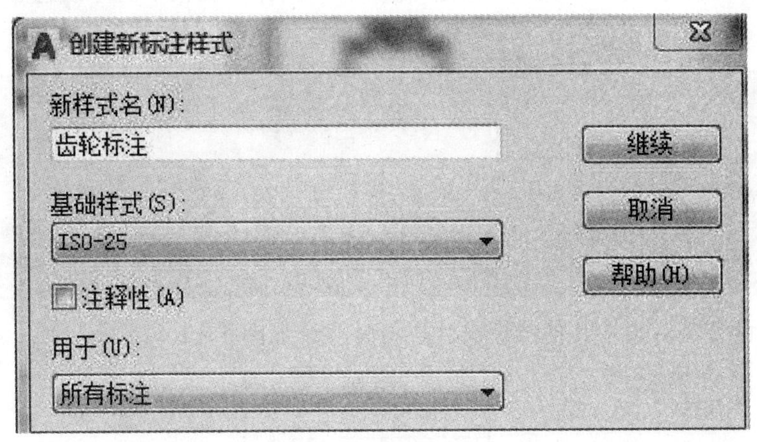

图 4－2－22 创建新标注样式

在“创建新标注样式”对话框中单击“继续”按钮，系统弹出“新建标注样式：齿轮标注”对话框。其中，在“线”选项卡中，设置尺寸线和尺寸界线的“颜色”为 ByBlock，其他保持默认设置；在“符号和箭头”选项卡中，设置“箭头大小”为 5，其他保持默认设置。在“文字”选项卡中，设置“颜色”为 ByBlock，文字高度为 5，文字对齐为“ISO 标准”其他保持默认设置；在“主单位”选项卡中，设置“精度”为 0.00，“小数分隔符”为“句点”，其他保持默认设置，单击“确定”按钮，返回到“标注样式管理器”对话框，并将齿轮标注设为当前。如图 4－2－23 所示。

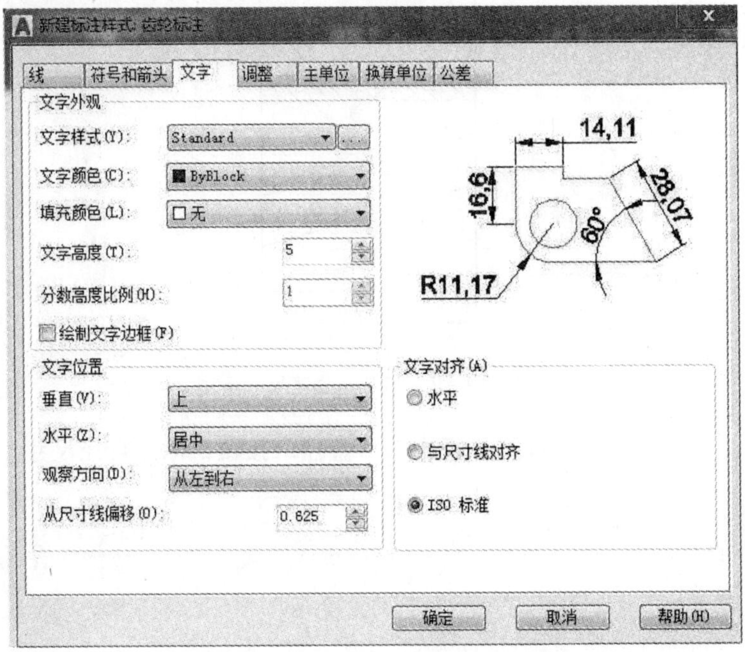

图 4－2－23 标注文字设置

2. 平面图形的尺寸标注

（1）标注无公差尺寸。单击“默认”选项卡“注释”面板中的“线性”按钮，标注线性尺寸。命令提示与操作如下：

```
DIMLINEAR
指定第一个尺寸界线原点或 <选择对象>:
指定第二条尺寸界线原点:
指定尺寸线位置或
[多行文字(M)/文字(T)/角度(A)/水平(H)/垂直(V)/旋转(R)]:
标注文字 = 36.92
```

使用同样的方法对图中其他线性尺寸进行标注，如图 4－2－24 所示。

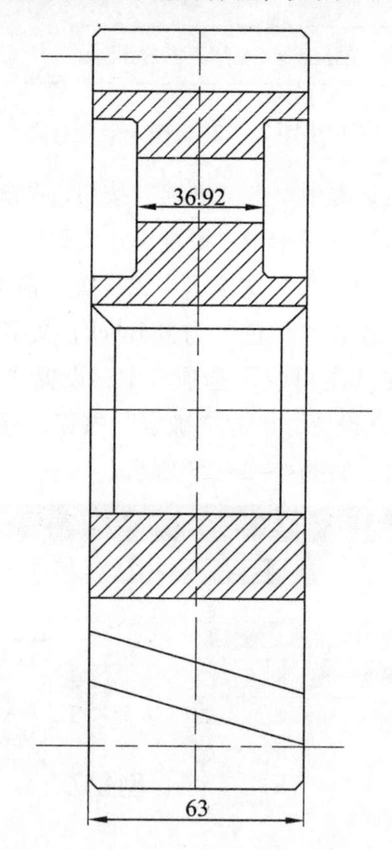

图 4－2－24　无公差尺寸标注

单击“默认”选项卡“注释”面板中的“直径”按钮，标注直径尺寸。命令行提示与操作如下。

```
命令: _dimdiameter
选择圆弧或圆:
标注文字 = 21.09
指定尺寸线位置或 [多行文字(M)/文字(T)/角度(A)]: m
指定尺寸线位置或 [多行文字(M)/文字(T)/角度(A)]:
```

直径标注效果如图 4－2－25 所示。

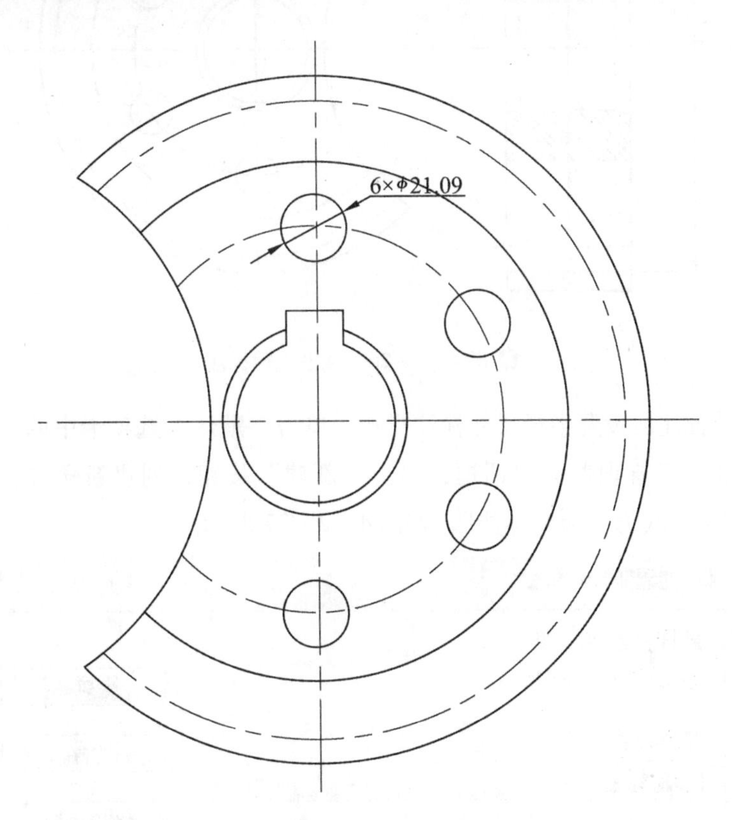

图 4－2－25　直径标注

使用线性标注对圆进行标注，要通过修改标注文字来实现，单击“默认”选项卡“注释”面板中的“线性”按钮，命令行提示与操作如下。

```
命令: _dim
选择对象或指定第一个尺寸界线原点或 [角度(A)/基线(B)/连续(C)/坐标(O)/对齐(G)/分发(D)/图层(L)/放弃(U)]:
指定第一个尺寸界线原点或 [角度(A)/基线(B)/继续(C)/坐标(O)/对齐(G)/分发(D)/图层(L)/放弃(U)]:
指定第二个尺寸界线原点或 [放弃(U)]:
指定尺寸界线位置或第二条线的角度 [多行文字(M)/文字(T)/文字角度(N)/放弃(U)]:t
输入标注文字 <218.14>: %%c218.14
```

完成操作后，在图中显示的标注文字就变成了 ϕ218. 14。用相同的方法标注主视图中其他的直径尺寸，最终如图 4 –2 –26 所示。

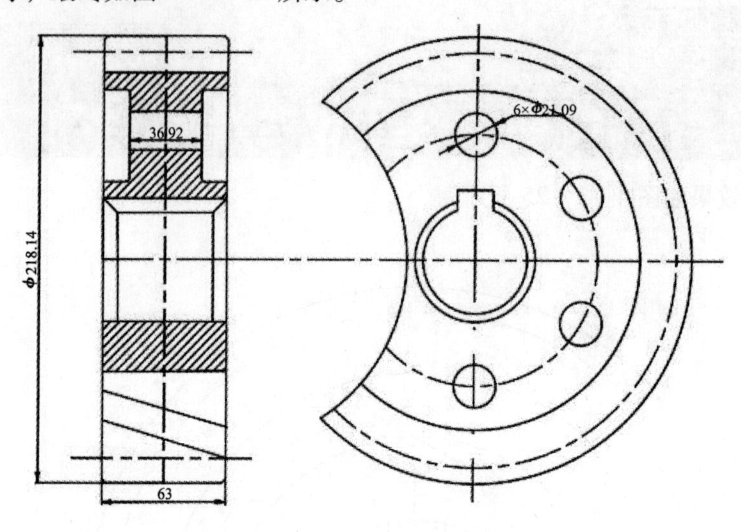

图 4 –2 –26　线性直径标注

（2）半尺寸标注。设置半径尺寸标注样式。单击“默认”选项卡中的“标注样式”按钮，弹出“标注样式管理器”对话框，单击“新建”按钮，创建新样式名为“齿轮标注（半尺寸）”，基础样式为“齿轮标注”，如图 4 –2 –27 所示。

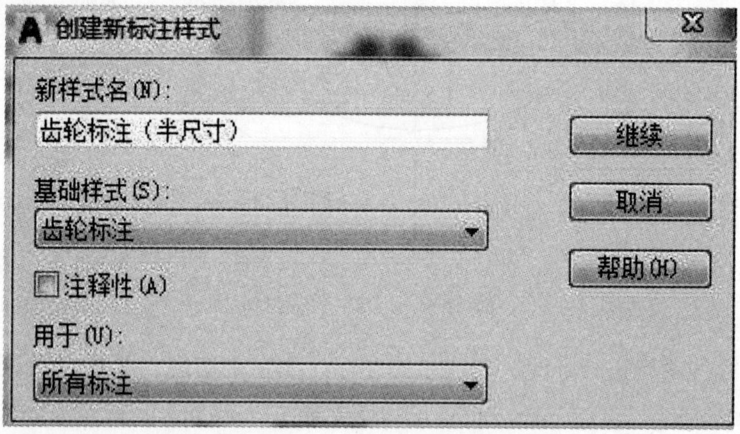

创建新标注样式
新样式名(N):
齿轮标注（半尺寸）
继续
基础样式(S):
齿轮标注
取消
注释性(A)
帮助(H)
用于(U):
所有标注

图 4 –2 –27　创建半尺寸标注样式

在“创建新标注样式”对话框中单击“继续”按钮，在弹出的“新建标注样式：齿轮标注（半尺寸）”对话框中选择“线”选项卡，如图 4 –2 –28 所示。同时将“齿轮标注（半尺寸）”样式设置为当前使用的标注样式。

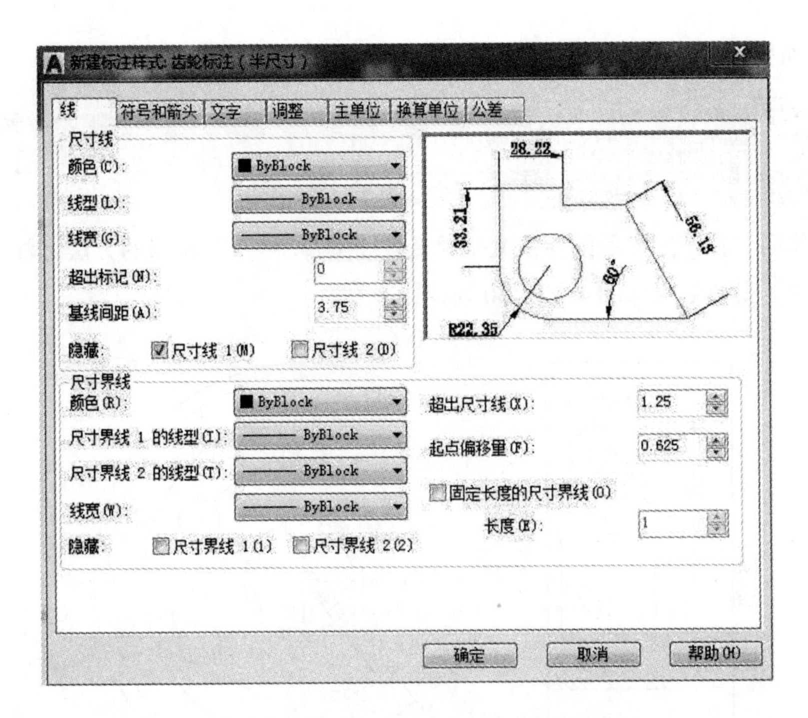

图 4-2-28　半尺寸标注样式设置

单击“默认”选项卡“注释”面板中的“直径”按钮，选择左视图中半径为 ϕ122.56 的圆标注尺寸。如图 4-2-29 所示。

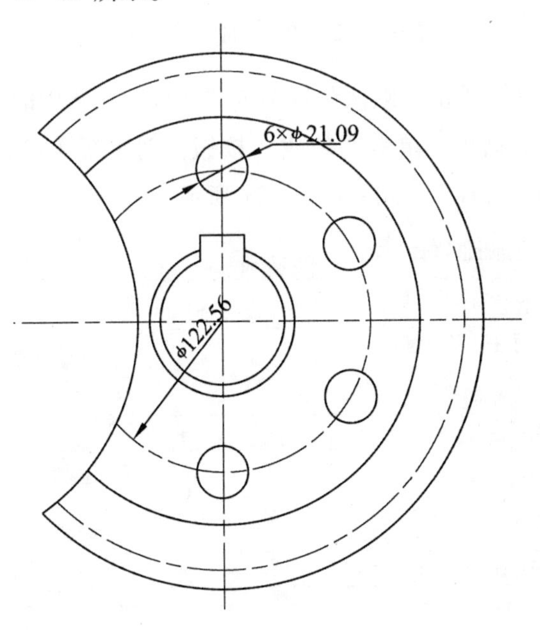

图 4-2-29　半尺寸直径标注

使用线性标注对圆进行半径尺寸标注，通过修改标注文字来实现，单击“默认”选项卡“注释”面板中的“线性”按钮，命令提示如下。

```
命令:  dim
选择对象或指定第一个尺寸界线原点或 [角度(A)/基线(B)/连续(C)/坐标(O)/对齐(G)/分发(D)/图层(L)/放弃(U)]:
指定第一个尺寸界线原点或 [角度(A)/基线(B)/继续(C)/坐标(O)/对齐(G)/分发(D)/图层(L)/放弃(U)]:
指定第二个尺寸界线原点或 [放弃(U)]:
指定尺寸界线位置或第二条线的角度 [多行文字(M)/文字(T)/文字角度(N)/放弃(U)]:t
输入标注文字 <37.78>: %%c75.56
```

完成操作后，在图中显示的标注文字就变成了 ϕ75. 56。用相同的方法标注主视图中其他的直径尺寸，最终效果如图 4 – 2 – 30 所示。

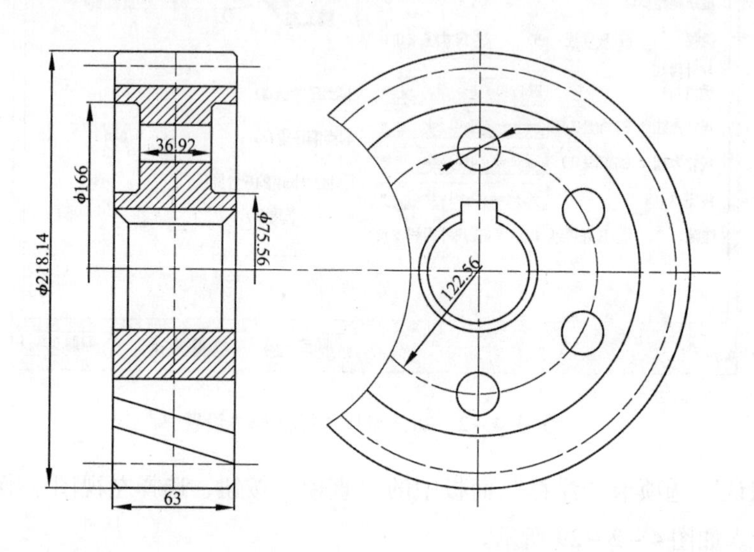

图 4 – 2 – 30　完成半尺寸标注

（3）带公差尺寸标注。单击“默认”选项卡“注释”面板中的“标注样式”按钮，弹出“标注样式管理器”对话框，单击“新建”按钮，创建新样式名为“齿轮标注（带公差）”，基础样式为“齿轮标注”，如图 4 – 2 – 31 所示。

创建新标注样式

新样式名(N):

齿轮标注（带公差）

继续

基础样式(S):

齿轮标注

取消

注释性(A)

帮助(H)

用于(U):

所有标注

图 4 – 2 – 31　创建公差标注样式

在“创建新标注样式”对话框中单击“继续”按钮，在弹出的“新建标注样式：齿轮标注（带公差）”对话框中选择“公差”选项卡，如图4-2-32所示。同时将“齿轮标注（带公差）”样式设置为当前使用的标注样式。

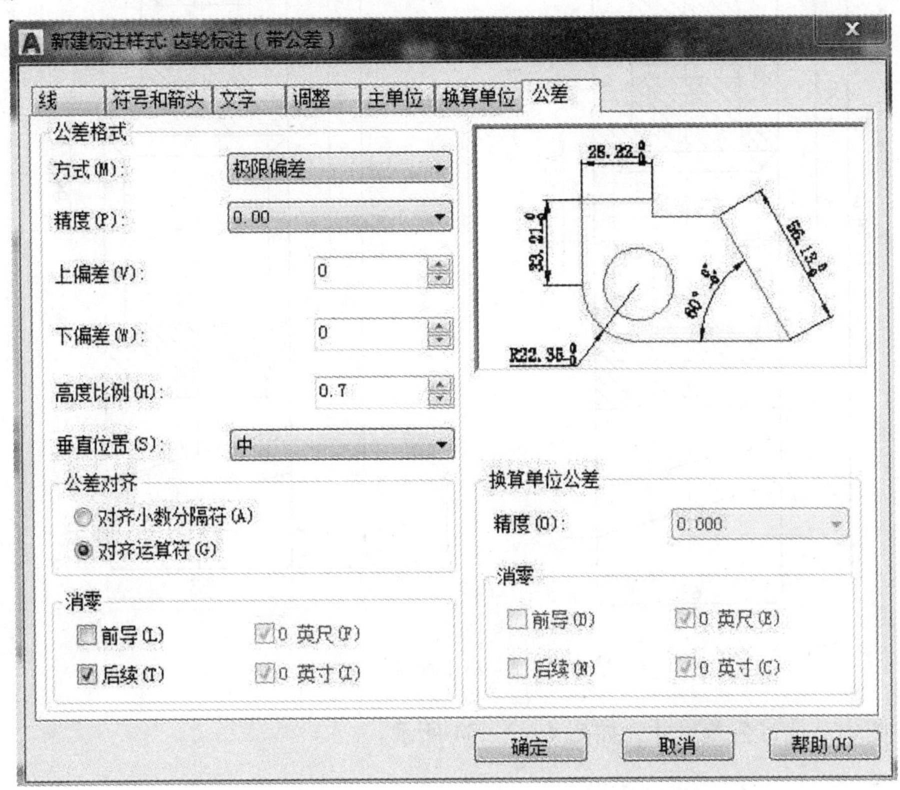

图4-2-32　带公差标注设置

标注带公差尺寸。单击“默认”选项卡“注释”面板中的“线性”按钮，在主视图中标注齿顶圆尺寸。然后单击“默认”选项卡“修改”面板中的“分解”按钮，分解带公差的尺寸标注。分解完成后，双击图中的标注文字“218.14”，修改为“%%c218.14”。完成操作后，在图中显示的标注文字就变成了“ϕ218.14”，如图4-2-33所示。

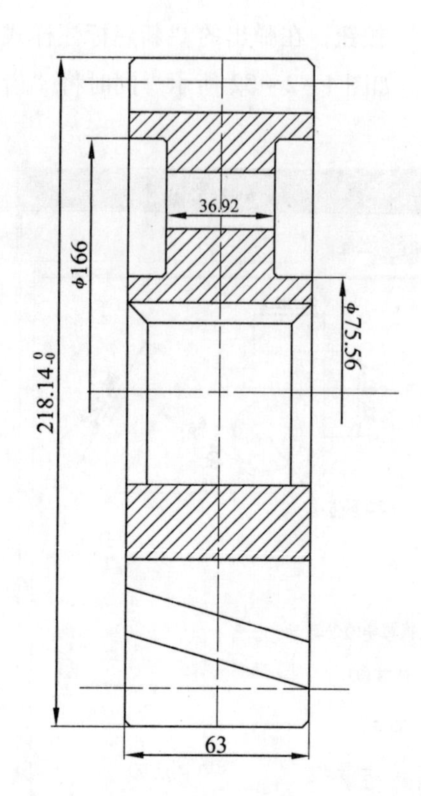

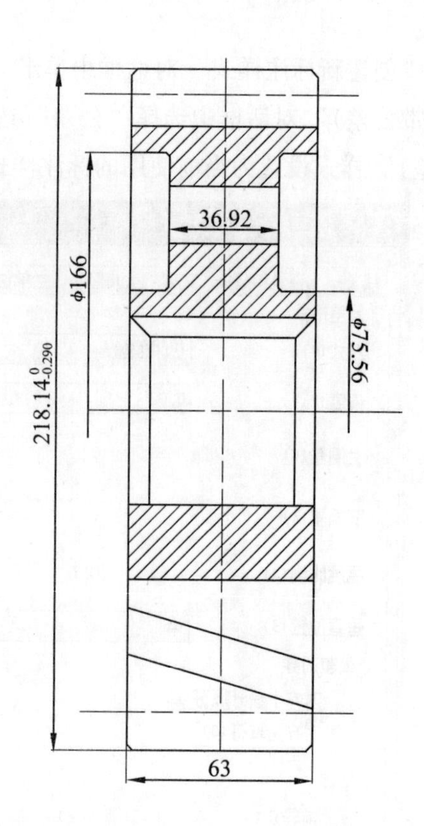

图 4－2－33 标注公差尺寸

标注图中其他带公差尺寸，如图 4－2－34 所示。

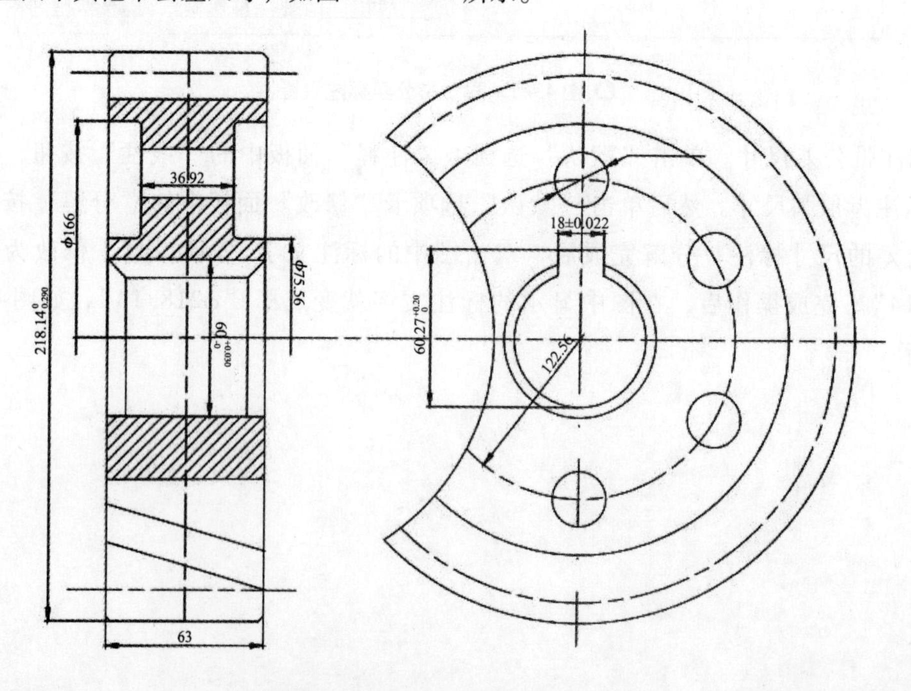

图 4－2－34 标注其他公差尺寸

3. 平面图形的尺寸公差及行位公差标注

（1）基准符号。单击“默认”选项卡“绘图”面板中“矩形”按钮、“图案填充”按钮、“直线按钮”和“多行文本”按钮，绘制基准符号，如图 4－2－35 所示。

图 4－2－35　基准符号

（2）标注几何公差。单击“注释”选项卡“标注”面板中的“公差”（快捷键 TOL）按钮，系统打开“形位公差”对话框，选择对称度几何公差符号，输入公差值和基准面符号。然后单击“默认”“标注”面板中的“多重引线”按钮，绘制相应引线，完成形位公差的标注。用相同的方法完成其他形位公差的标注。如图 4－2－36 和图 4－2－37 所示。

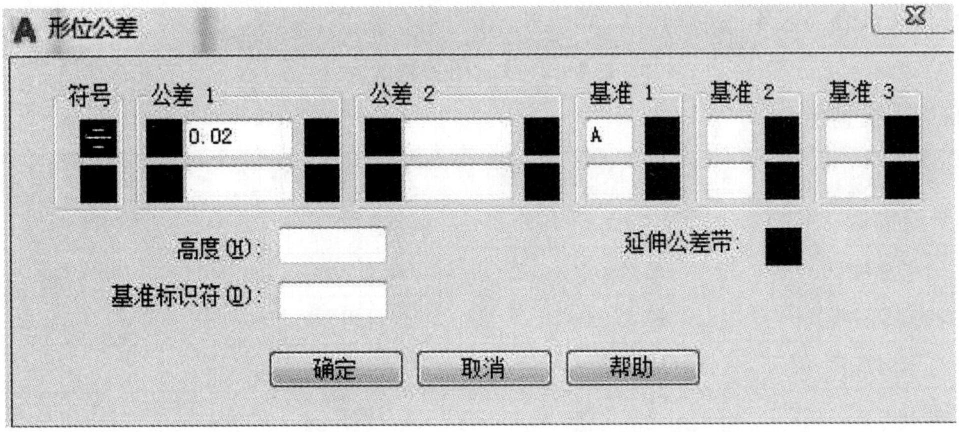

图 4－2－36　形位公差标注

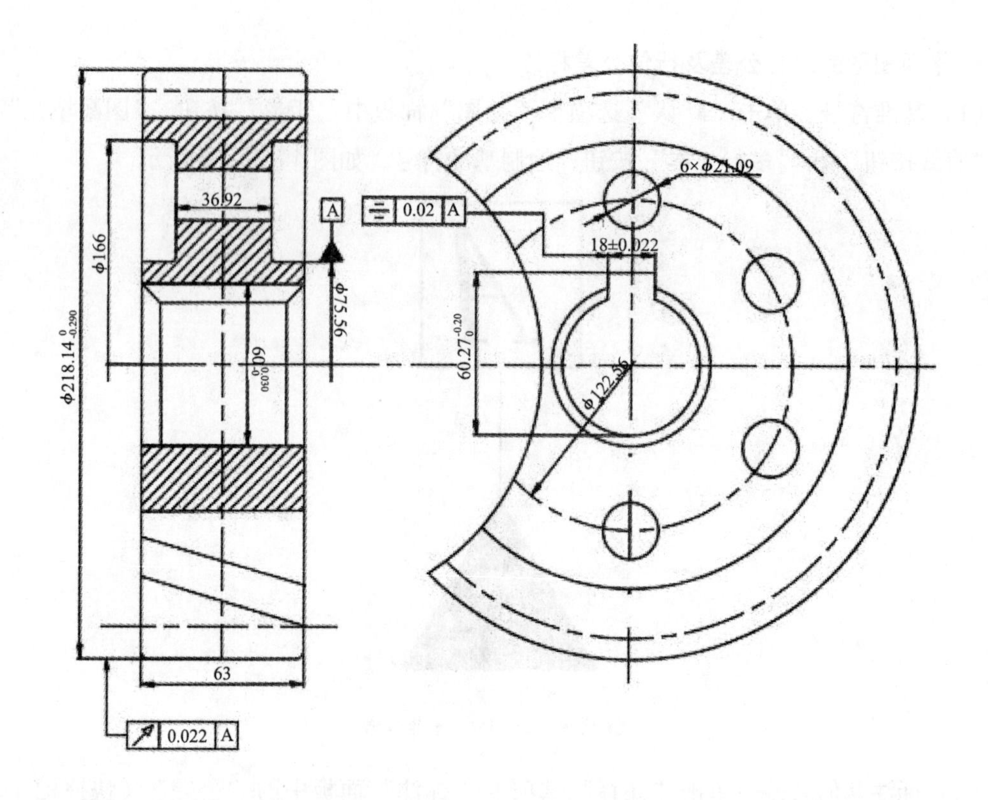

图4-2-37　其他形位公差标注

任务测试

任务测试表（表4-2-1）。

表4-2-1　任务测试表

班组人员签字：

任务名称	图形的标注		规格型号	
检查数量			检验日期	年　月　日
检验项目	质量标准		测量方法	检验结果
创建标注样式	格式正确		目测	
尺寸标注	格式正确		目测	
形位尺寸标注	格式正确		目测	
备注				
作品自我评价				
小组				
指导教师评语				

任务拓展

编辑标注的操作方法

AutoCAD 2018 允许对已经创建好的尺寸标注进行编辑修改，包括修改尺寸文本的内容、改变其位置、使尺寸文本倾斜一定的角度等，还可以对尺寸界线进行编辑。

1. 尺寸编辑

利用 DIMEDIT 命令可以修改已有尺寸标注的文本内容，将尺寸文本倾斜一定角度，还可以对尺寸界线进行修改，使其旋转一定的角度从而标注一段线段在某一方向上的投影尺寸。DIMEDIT 命令还可以同时对多个尺寸标注进行编辑。

执行方式

命令行：DIMEDIT（快捷命令：DED）。

菜单栏：选择菜单栏中的“标注”→“对齐文字”→“默认”命令。

操作步骤

```
命令: DED
DIMEDIT
输入标注编辑类型 [默认(H)/新建(N)/旋转(R)/倾斜(O)] <默认>:
```

2. 尺寸文本编辑

通过 DIMTEDIT 命令可以改变尺寸文本的位置，使其位于尺寸线上面左端、右端或中间，而且可以使文本倾斜一定的角度。

执行方式

命令行：DIMTEDIT。

菜单栏：选择菜单栏中的“标注”→“对齐文字”→（除“默认”命令外其他命令）。

操作步骤如下：

```
DIMTEDIT
选择标注:
为标注文字指定新位置或 [左对齐(L)/右对齐(R)/居中(C)/默认(H)/角度(A)]:
```

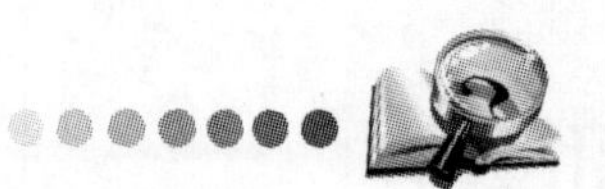

项目小结

本项目主要介绍了图形标注的文本样式和尺寸标注，通过两个任务使同学们了解文本标注和尺寸标注的新建、设置及使用方法，了解表格的创建及编辑方式，掌握最基本的标注技巧，学习了在工程图中常常出现的长度型尺寸标注、对齐标注、角度型尺寸标注、直径标注、基线标注、连续标注、引线标注、公差及形位公差标注方法。

通过本项目的学习，锻炼了同学们的实际动手能力和解决问题的能力，为以后的学习打下一个坚实的基础。

项目思考题

绘制项目思考题 1、2、3 所示图形的标注。

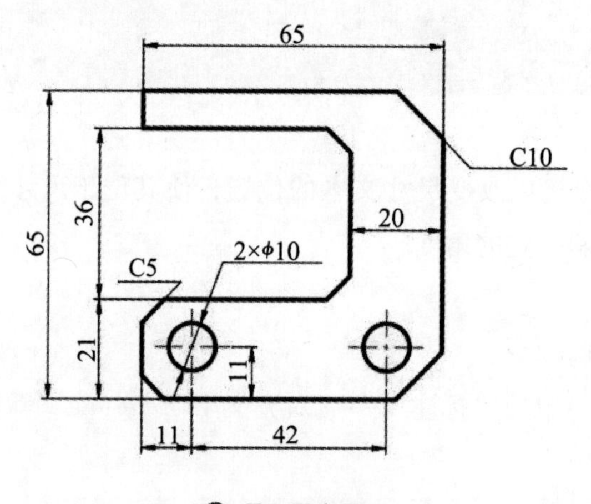

项目思考题 1

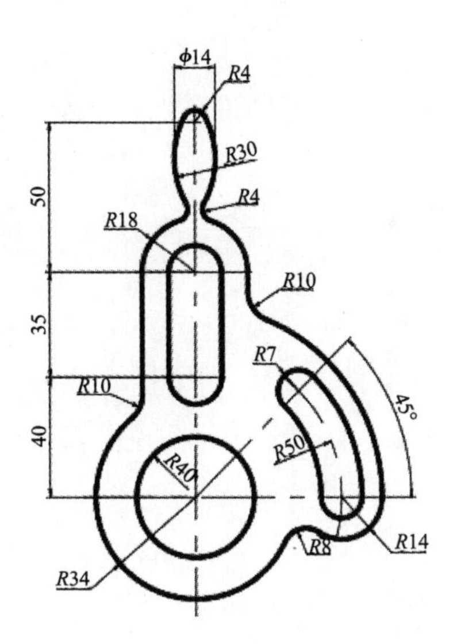

项目思考题 2

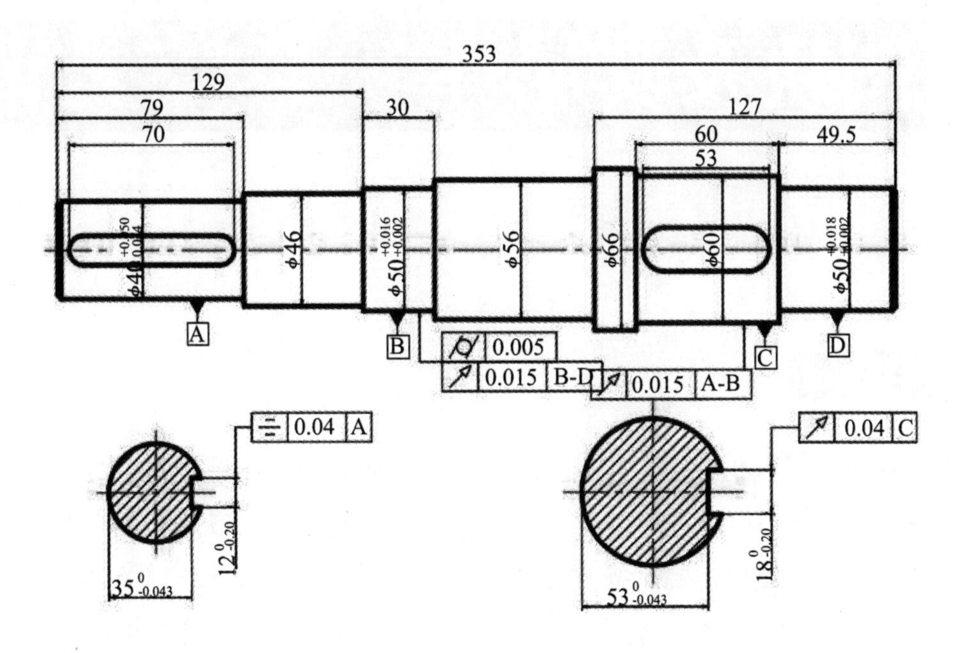

项目思考题 3

项目五
图块及其属性

在工程图中常常有一些重复出现的符号或结构，如表面粗糙度代号、标题栏、标准件等。为了提高绘图速度，在 AutoCAD 中，常把这些符号或结构创建为图块。使用图块可以提高绘图速度、节省存储空间、便于修改图形并能够为其添加属性。通过本课程的学习，学生能熟练掌握 AutoCAD 软件的使用方法，能根据工作要求完成图块的操作任务；掌握图块的基本操作和定义图块的属性是学会 CAD 制图的基础，是能否绘制图纸的关键训练环节，所以，本项目在整门课程的学习中显得尤为重要。

本项目根据由简入繁的学习原则，分为图块的基本操作和图块的属性两个学习任务。让学生在完成学习任务的同时，为绘制机械设备的零件图、装配图和制冷系统图打下基础。

项目目标

知识目标

1. 掌握图块的基本操作方法；
2. 了解块的属性。

能力目标

能熟练使用 AutoCAD 软件进行块的创建、插入和属性定义。

素质目标

1. 具有认真细致、严禁规范的图纸绘制意识；
2. 具有分析及解决实际问题的能力；
3. 具有创新意识及获取新知识、新技能的学习能力。

 图块的基本操作

 任务目标

● **知识目标**

掌握图块的基本创建、存盘和插入的基本操作。

● **能力目标**

操作者必须熟练掌握图块的基本操作技术，达到熟练创建、插入图块的能力。

● **素质目标**

1. 培养学生在使用计算机的过程中具有安全操作及规范操作的意识；

2. 培养学生在绘图的过程中具有认真严谨的态度和吃苦耐劳的精神。

 任务准备

图块的基本操作

一、图块的创建

将选定的图形对象创建一个整体形成块，方便在作图时插入同样的图形。

1. 操作方法

（1）菜单栏：单击【绘图】→【块】→【创建】命令。

（2）工具栏：单击功能区【默认】选项卡→【块】面板中的【创建】按钮。

（3）命令行：BLOCK（或缩写：B）。

执行上述命令后，系统弹出“块定义”对话框，如图 5 –1 –1 所示。

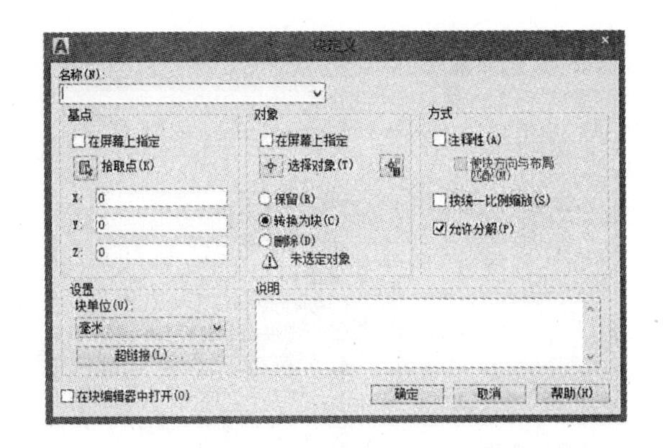

图 5－1－1　块定义对话框

2. 选项说明

（1）“名称”文本框：指定块的名称。

（2）“基点”区：指定块的插入基点，默认值是（0，0，0）。

“在屏幕上指定”复选框：选取该项，关闭对话框时，系统将提示用户指定基点。

“拾取点”按钮：指定块的基点。

“X”、“Y”、“Z”文本框：通过坐标值指定块的基点。

（3）“对象”区：用于选择构成块的对象，以及创建块之后如何处理这些对象，是保留还是删除选定的对象或将它们转换成块实例。

（4）“方式”区：指定块的行为。

（5）“设置”区：指定块的设置。

（6）说明：指定块的文字说明。

（7）“在块编辑器中打开”复选框：选取该项，关闭对话框时，系统将打开块编辑器。

二、图块的存盘

利用 BLOCK 命令定义的图块保存在其所属的图形当中，该图块只能在该图形中插入，不能插入到其他的图形中，利用 WBLOCK 命令把图块以图形文件的形式写入磁盘，图形文件可以任意插入使用。

1. 操作方法

命令行 WBLOCK（或缩写：W）

执行上述命令后，系统弹出“写块”对话框，如图 5－1－2 所示。

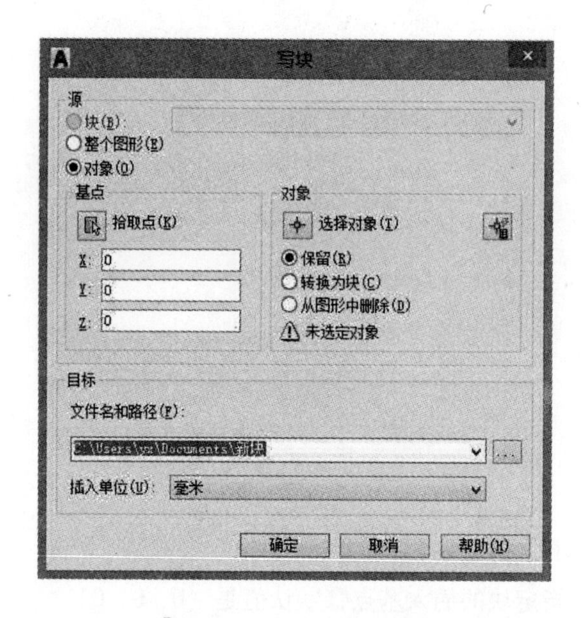

图 5－1－2　写块对话框

2. 选项说明

（1）源选项组：确定要保存为图形文件的图块或图形对象。

选中“块”单选按钮：单击右侧的下拉框，在展开的列表中选择一个图块，将其保存为图形文件。

整个图形单选按钮：把当前的整个图形保存为图形文件。

对象单选按钮：把不属于图块的图形对象保存为图形文件，对象的选择通过对象选项组来完成。

（2）基点选项组：用于选择图形。

（3）目标选项组：用于指定图形文件的名称、保存路径和插入单位。

三、图块的插入

把定义好的图块或图形文件插入到当前图形的任意位置。

1. 操作方法

（1）菜单栏：单击【插入】→【块】命令。

（2）工具栏：单击功能区【默认】选项卡→【块】面板中的【插入】按钮。

（3）命令行：INSERT（或缩写：I）。

执行上述命令后，系统弹出“块插入”对话框，如图 5－1－3 所示。

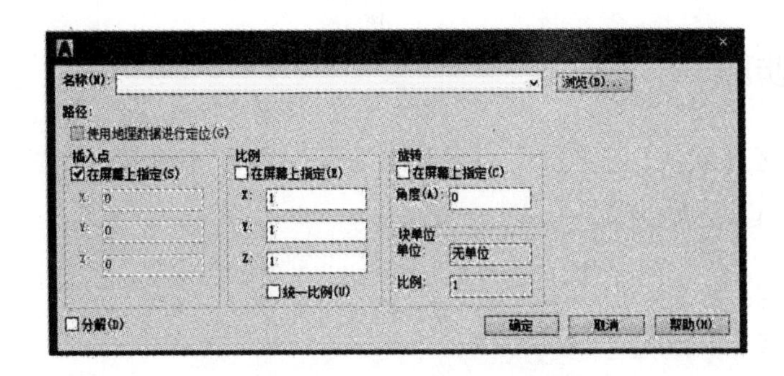

图 5－1－3　块插入对话框

2. 选项说明

(1) “路径”显示框：显示图块的保存路径。

(2) “插入点”选项组：指定插入点，插入图块时该点与图块的基点重合。可以在绘图区指定该点，也可以在下面的文本框中输入坐标值。

(3) “比例”选项组：确定插入图块时的缩放比例。图块被插入当前图形中时，以任意比例放大或缩小。X 轴方向和 Y 轴方向的比例系数也可以取不同，另外，比例系数还可以是一个负数。当为负数时表示插入图块的镜像。

(4) “旋转”选项组：指定插入图块时的旋转角度。

如果选定在屏幕上指定复选框，系统切换到绘图区，在绘图区选择一点，系统自动测量插入点与该点连线和 X 轴正方向之间的夹角，把这个夹角作为块的旋转角。

也可以在角度框中直接输入旋转角度。

(5) 分解“复选框”：选中该复选框，则在插入块的同时把其炸开，插入到图形中的组成块对象不再是一个整体，可对每个对象单独操作。

任务实施

打开初始文件：端盖.dwg 文件，如图 5－1－4 所示。标注 $\phi60$ 外圆表面粗糙度。

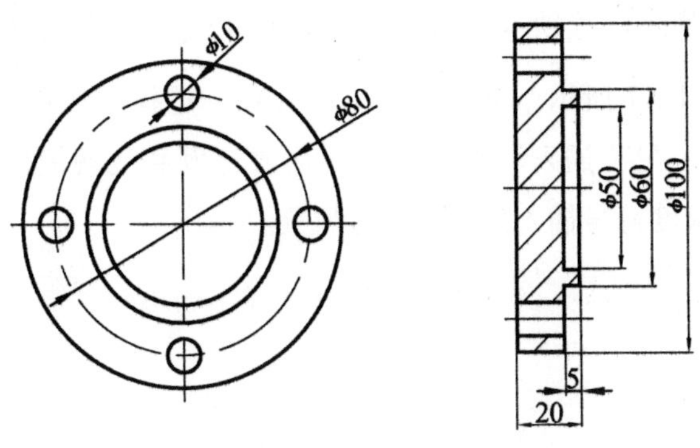

图 5－1－4　端盖

一、操作步骤

1. 单击功能区【默认】选项卡→【绘图】面板中的【直线】按钮，绘制表面粗糙度符号，如图 5－1－5 所示。

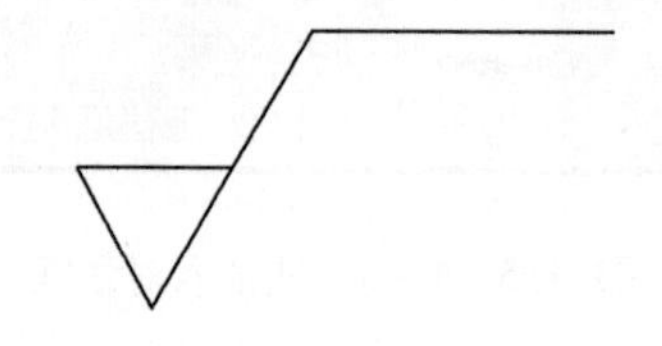

图 5－1－5　表面粗糙度符号

2. 在命令行输入 WBLOCK 后按 Enter 键，打开“写块”对话框，单击选择对象按钮，回到绘图窗口，拖动鼠标指针选择绘制表面粗糙度符号，按 Enter 键，回到“写块”对话框，在名称文本框中添加名称“表面粗糙度符号”，选取基点，其他选项默认设置，如图 5－1－6所示，单击确定按钮，完成创建图块的操作。

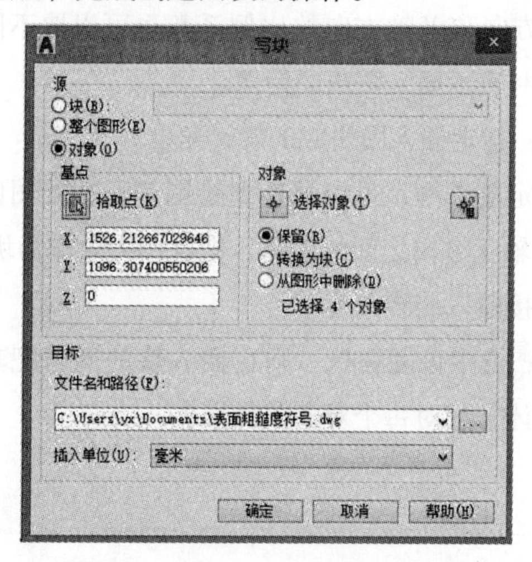

图 5－1－6　“写块”对话框

3. 单击功能区【默认】选项卡→【块】面板中的【插入】按钮，系统弹出“插入”对话框，如图 5－1－7 所示。单击“浏览”按钮，选择“表面粗糙度符号 . dwg”，然后单击“打开”按钮。在“插入”对话框中，缩放比例和旋转使用默认设置。单击“确定”按钮，将表面粗糙度符号插入到图中合适位置。

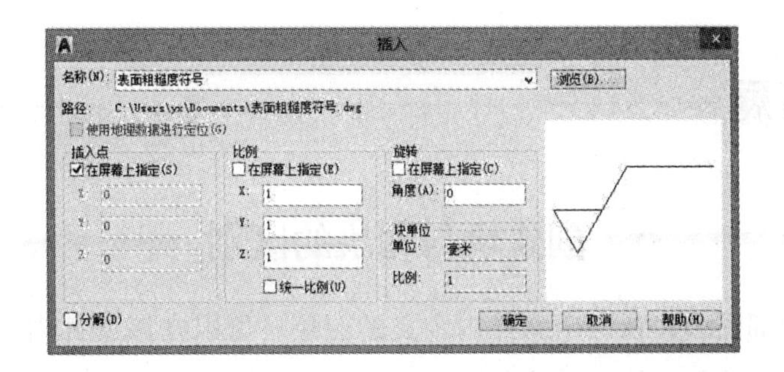

图 5－1－7　“插入”对话框

4. 添加多行文字，标注表面粗糙度符号，最终效果如图 5－1－8 所示。

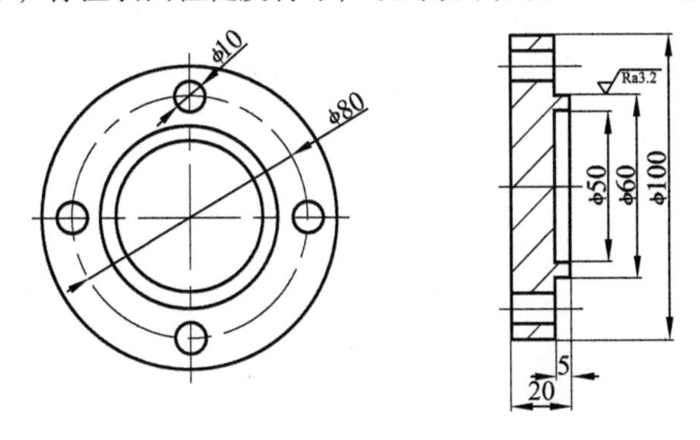

图 5－1－8　标注表面粗糙度符号

任务测试

任务测试表（表 5－1－1）。

表 5－1－1　任务测试表

班组人员签字：

任务名称	图块的基本操作	规格型号	
检查数量		检验日期	年　月　日
检验项目	质量标准	测量方法	检验结果
块创建	格式正确	目测	
块插入	格式正确	目测	
块存盘	独立文件	目测	
备注			
作品自我评价			
小组			
指导教师评语			

任务拓展

创建块与写块的区别

创建图块是内部图块，在一个文件内定义的图块，可以在该文件内部自由应用，内部图块一旦被定义，它就和文件同时被存储和打开。

写块是外部图块，将块以主文件的形式写入磁盘，其他图形文件也可以使用。

任务二　图块的属性

任务目标

● 知识目标

了解图块的属性。

● 能力目标

操作者必须熟练掌握图块的基本操作技术，达到熟练定义、编辑图块属性的能力。

● 素质目标

1. 培养学生在使用计算机的过程中具有安全操作及规范操作的意识；
2. 培养学生在绘图的过程中具有认真严谨的态度和吃苦耐劳的精神。

任务准备

图块的属性

为了增加图块的通用性，我们可以赋予图块一些文本信息，这些文本信息均称为属性，即属性是与块相关联的文字信息。具有属性的块相当于在普通图块上加上必要的文字说明。

图块的属性不能单独存在和使用，只有在插入相应的图块时才能显示。

一、定义图块的属性

属性是将数据附着到块上的标签或标记。属性中可包含的数据为零件编号、价格、注释等。

1. 操作方法

（1）菜单栏：单击【绘图】→【块】→【定义属性】命令。

（2）工具栏：单击功能区【默认】选项卡→【块】面板中的【定义属性】按钮。

（3）命令行：ATTDEF（或缩写：ATT）。

执行上述命令后，系统弹出“写块”对话框，如图 5－2－1 所示。

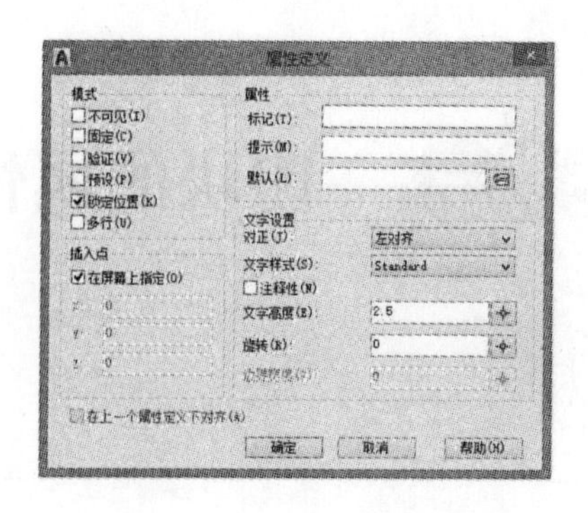

图5－2－1　属性定义对话框

2. 选项说明

（1）模式选项

不可见复选框：设置在插入块时不显示属性值。

固定复选框：设置在插入块时显示属性的固定值。

验证复选框：设置在插入块时提示用户验证属性值是否正确。

预设复选框：设置在插入包含预置属性值的块时将属性显示缺省值。

锁定位置复选框：锁定块参照中属性的位置。

多行复选框：选中该复选框可以指定属性值包含多行文字，可以指定属性的边界宽度。

（2）属性选项

用于设置属性数据。

标记：设置属性的标记。

提示：设置属性提示。当用户在插入该图块时，命令行将显示设置的属性提示。

默认：设置默认的属性值。

（3）插入点选项

用于确定放置属性的位置。

（4）文字选项

设置属性文字的对正、样式、高度和旋转。

对正：设置属性文字的对正方式。

文字样式：设置属性文字的样式。

缺省样式是 standard，如果需要其他文字样式，可先在文字样式设置对话框中设置。

高度：指定属性文字的高度。

旋转：指定属性文字的旋转角度。

（5）在上一个属性定义下对齐(A) 选择此项后，可将属性标记直接置于前一个已定义的属性下面，并且文字样式、字高、对正等特性与前一个属性相同。如果在这之前没有创建属性定义，该选项不可用。

二、修改属性的定义

在定义图块之前，可以对属性的定义进行修改，不仅可以修改属性标签，还可以修改属性提示和属性默认值。

1. 操作方法

（1）菜单栏：单击【修改】→【对象】→【文字】→【编辑】命令。

（2）命令行：TEXTEDIT。

执行上述命令后，选择定义的图块，系统弹出“编辑属性定义”对话框，如图5－2－2所示。

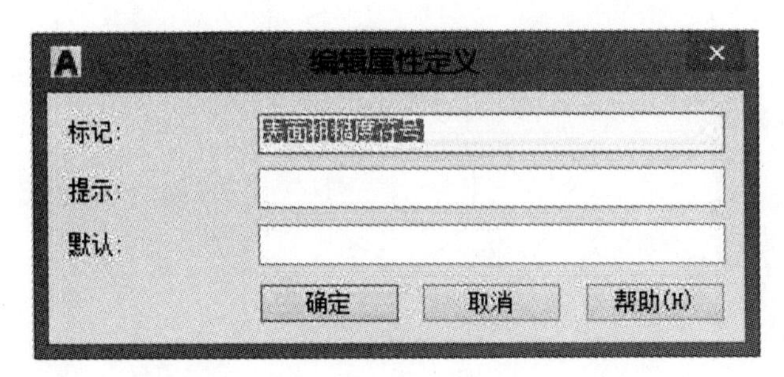

图 5－2－2 “编辑属性定义”对话框

2. 选项说明

该对话框表示要修改属性的标记、提示及默认值，可在各文本框中对各项进行修改。

三、图块属性编辑

用 ATTEDIT 命令可对指定的图块属性值进行修改，属性的位置、文本等其他设置也可进行编辑。操作方法有：

1. 菜单栏：单击【修改】→【对象】→【属性】→【单个】命令。

2. 工具栏：单击功能区【默认】选项卡→【块】面板中的【编辑属性】按钮。

3. 命令行：ATTEDIT（或缩写 ATE）。

定义六角螺母图块属性并进行修改与编辑，如图 5－2－3 所示。

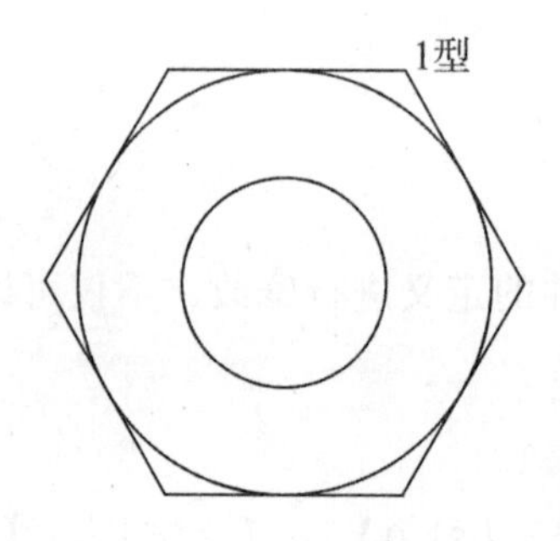

图5－2－3　图块属性的定义、修改与编辑

操作步骤：

1. 绘制如图5－2－4所示六角螺母，并创建名称为六角螺母的块。

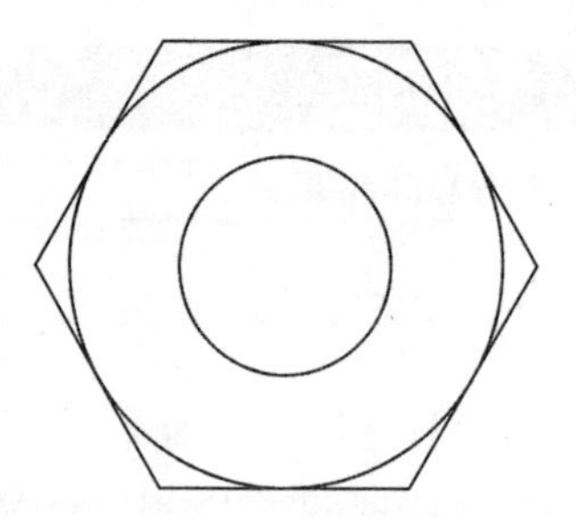

图5－2－4　六角螺母

2. 定义块的属性

单击功能区【默认】选项卡→【块】面板中的【定义属性】按钮，打开属性定义对话框，如图5－2－5所示，单击确定按钮，在角位置输入一个块的属性值。

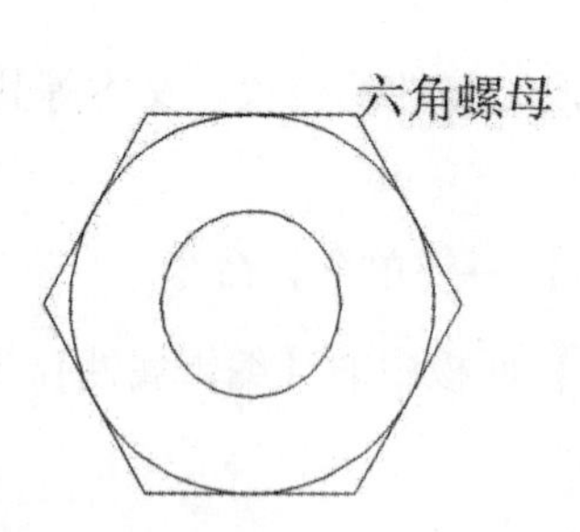

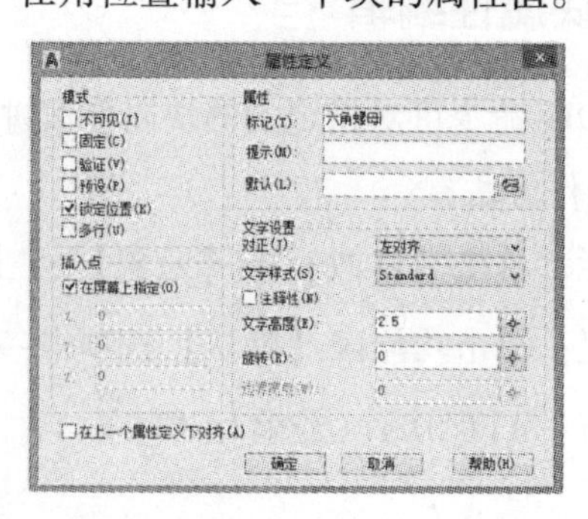

图5－2－5　块属性定义

3. 修改块的属性定义

单击【修改】→【对象】→【文字】→【编辑】命令，如图5－2－6所示。

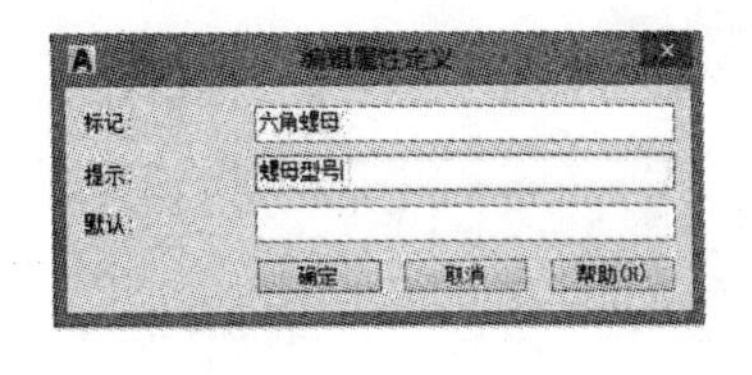

图 5 - 2 - 6　修改快的属性定义

4. 编辑图块的属性

打开块定义对话框，在名称文本框中输入“1 型”，指定右上角为基点；选择“六角螺母”标记为对象，如图 5 - 2 - 7 所示。单击确定按钮，打开如图 5 - 2 - 8 所示的编辑属性对话框，输入螺母型号为“1 型”，单击确认按钮，最终效果如图 5 - 2 - 3 所示。

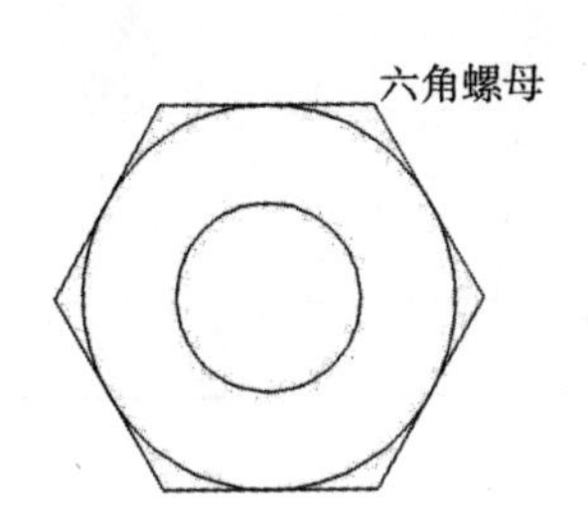

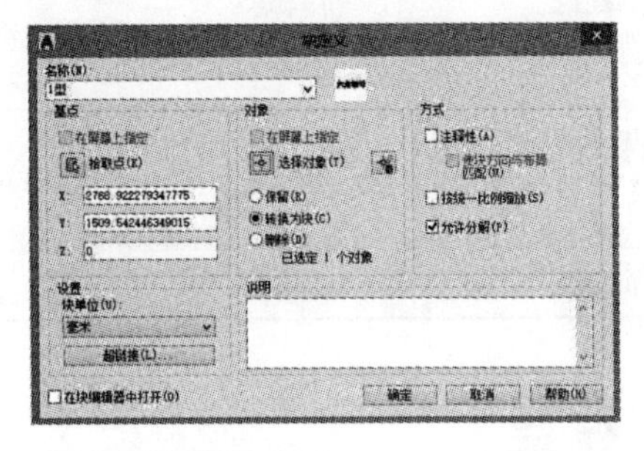

图 5 - 2 - 7　块定义对话框

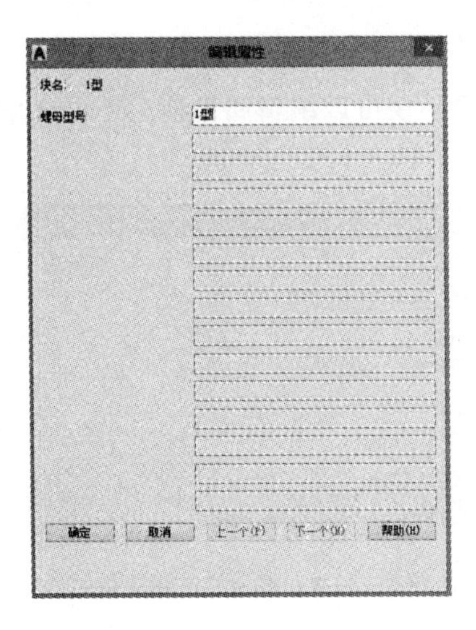

图 5 - 2 - 8　编辑属性对话框

任务测试

任务测试表（表5-2-1）。

表5-2-1 任务测试表

班组人员签字：

任务名称	图块的属性	规格型号	
检查数量		检验日期	年 月 日
检验项目	质量标准	测量方法	检验结果
属性的定义	符合要求	目测	
属性的修改	符合要求	属性检测	
属性的编辑	符合要求	目测	
备注			
作品自我评价			
小组			
指导教师评语			

任务拓展

用户通过菜单栏或工具栏执行图块编辑命令时，系统打开“增强属性编辑器”对话框，如图5-2-9所示，该对话框不仅可以编辑属性值，还可以编辑属性的文字选项和图层、线型、颜色等的特性值。

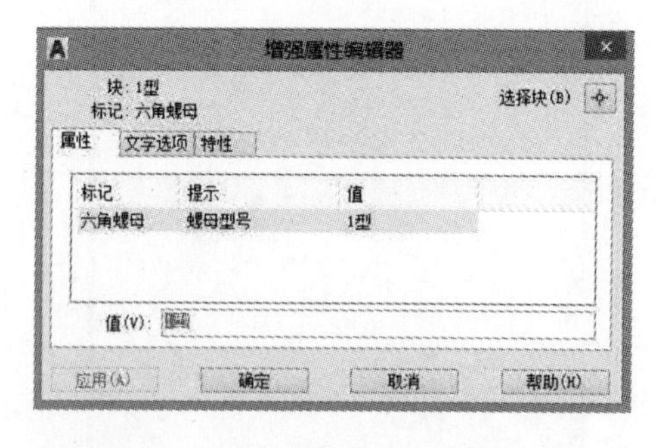

图5-2-9 增强属性编辑器对话框

另外，还可以通过块属性管理器对话框来编辑属性。单击功能区【默认】选项卡→【块】面板中的【块属性管理器】按钮，打开如图5-2-10所示的块属性管理器对话框，单击编辑按钮，系统打开编辑属性对话框，通过该对话框编辑图块属性。

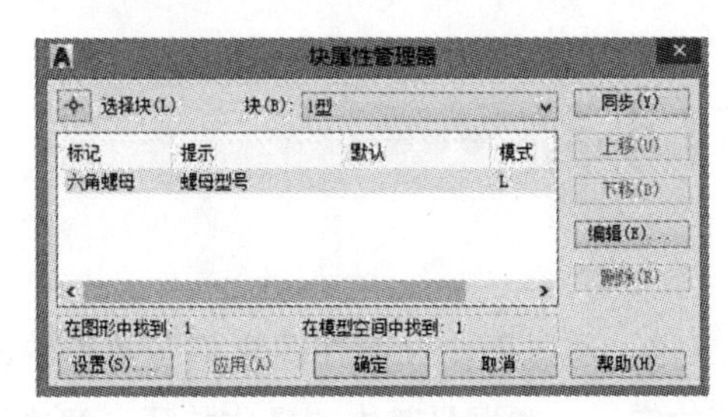

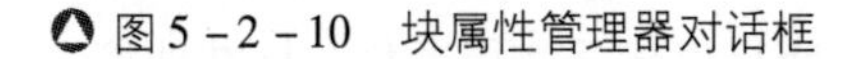
图 5－2－10　块属性管理器对话框

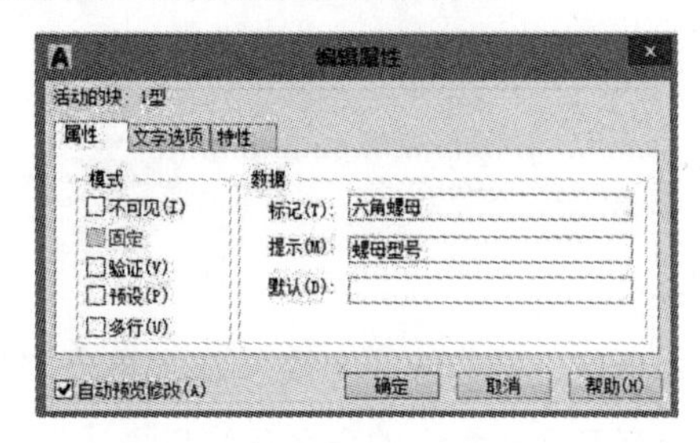

图 5－2－11　编辑属性对话框

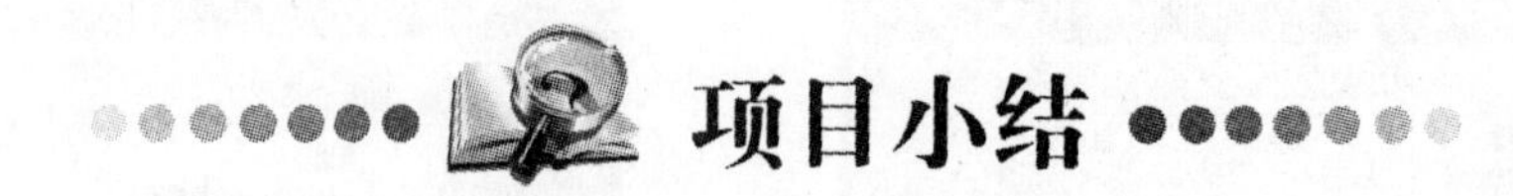

项目小结

本项目主要介绍了图块的基本操作及图块的属性，通过两个任务使同学们了解图块的创建、存盘及插入命令的含义及使用方法，了解属性的定义，掌握最基本的操作技巧，解决了在工程图中常常出现的一些重复的符号或结构，如表面粗糙度代号、标题栏、标准件等。通过使用 AutoCAD 中的图块功能，提高了绘图速度并节省存储空间。

通过本项目的学习，锻炼了同学们的实际动手能力和解决问题的能力，为以后的学习打下一个坚实的基础。

项目思考题

1. 说明属性块的作用与优点？

2. 说明创建属性块的方法和步骤？

3. 绘制下图中表面粗糙度符号并定义属性“CCD”，将属性块插入到指定位置，并对属性进行编辑。

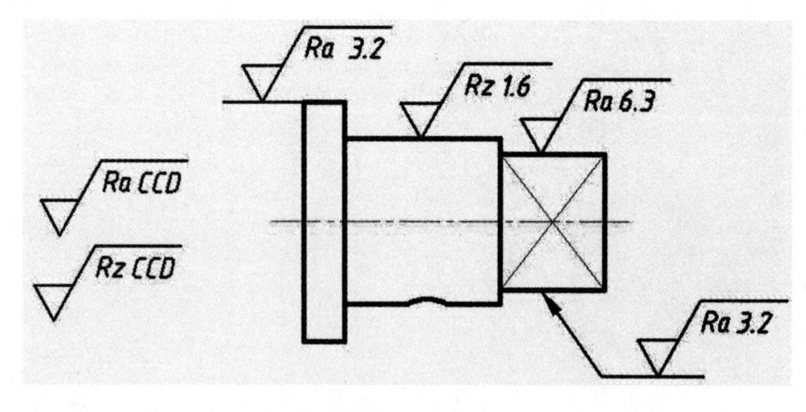

项目思考题图

项目六
常见基本实体的绘制

项目描述

通过本项目的学习，掌握三维坐标表示及三维图形观察方法；使用直线、样条曲线、三维多段线和各种曲面绘制命令绘制三维图形；使用基本命令绘制三维实体以及通过对二维图形进行拉伸、旋转等操作创建各种各样的复杂实体。

在工程设计和绘图过程中，三维图形应用越来越广泛。AutoCAD 可以利用 3 种方式来创建三维图形，即线架模型方式、曲面模型方式和实体模型方式。线架模型方式为一种轮廓模型，它由三维的直线和曲线组成，没有面和体的特征。表面模型用面描述三维对象，它不仅定义了三维对象的边界，而且还定义了表面即具有面的特征。实体模型不仅具有线和面的特征，而且还具有体的特征，各实体对象间可以进行各种布尔运算操作，从而创建复杂的三维实体图形。

本课重点讲解建立长方体等基本三维实体模型的方法，通过旋转将二维平面转化为三维实体模型以及控制实体显示外观的方法，通过本课学习，读者应达到如下目标：1. 理解和掌握绘制基本三维实体模型的命令；2. 掌握编辑建立三维实体模型的方法。

项目目标

知识目标

1. 了解三维的相关概念；
2. 掌握基本三维图形的绘制方法；
3. 掌握基本三维编辑功能的应用。

能力目标

1. 能熟练使用 AutoCAD 软件进行基本三维图形的绘制及实体编辑；
2. 掌握基本三维图形命令的使用方法和操作技巧，达到熟练绘制三维图形的能力。

素质目标

1. 具有规范的图纸绘制意识；
2. 具有分析及解决实际问题的能力；
3. 具有基本的三维空间想象能力。

任务一　基本三维模型创建

任务描述

通过本任务的学习掌握 Autocad 基本三维模型的创建，对三维建模有初步的概念。

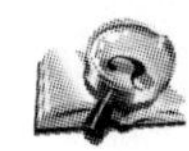

任务目标

● **知识目标**

1. 初步了解三维模型相关知识；
2. 掌握螺旋体模型的创建；
3. 掌握长方体模型的创建；
4. 掌握圆柱体模型的创建；
5. 了解组合体模型的创建。

● **能力目标**

1. 会使用螺旋体命令创建图形；
2. 会使用长方体命令创建图形；
3. 会使用圆柱体命令创建图形；
4. 能分析组合体并绘制。

● **素质目标**

1. 具有空间想象力；
2. 具有三维图形实体编辑的分析能力；
3. 具有新技能的学习能力及运用能力。

任务准备

一、螺旋体

1. 命令名称：螺旋体（HELIX）。
2. 功能：创建一个螺旋体。

3. 启动方法：

（1）切换工作空间至三维建模，如图 6－1－1 所示。

【常用】→【绘图】→【螺旋】；如图 6－1－2 所示。

（2）命令行输入 HELIX，回车。

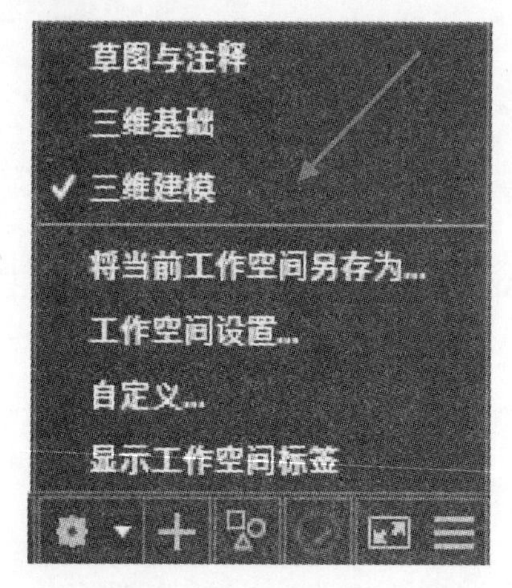

图 6－1－1　切换工作空间

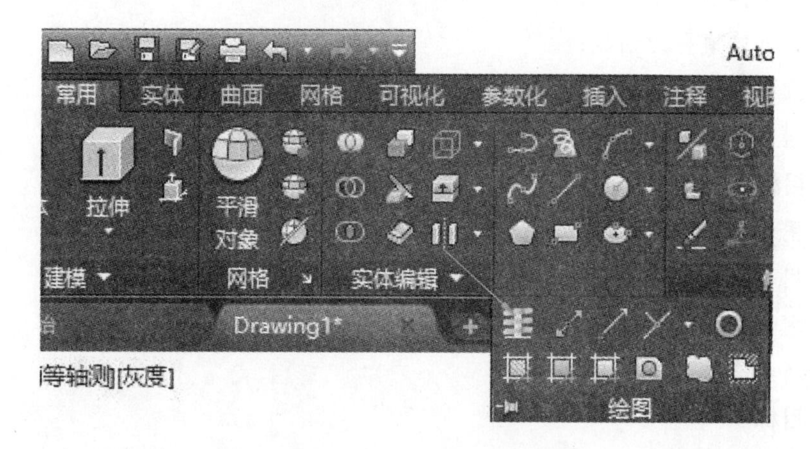

图 6－1－2　螺旋命令

注意：底面直径和顶面直径均不能为 0。

二、长方体

1. 命令名称：长方体（BOX）。

2. 功能：创建一个长方体。

3. 启动方法

（1）切换工作空间至三维基础【默认】→【创建】→【长方体】；如图 6－1－3（a）所示。

(2) 切换工作空间至三维建模【常用】→【建模】→【长方体】；如图 6-1-3 (b) 所示。

(3) 命令行输入 BOX，回车。

长方体命令如图 6-1-3 所示。

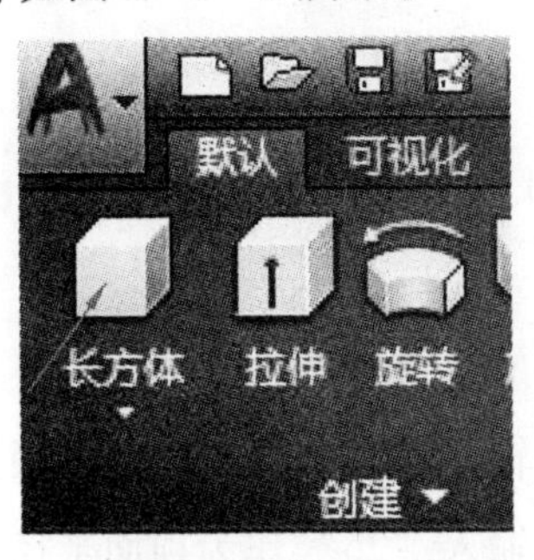

(a)

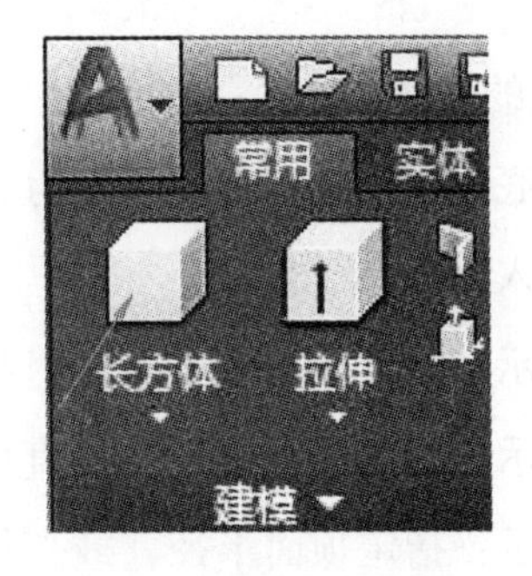

(b)

图 6-1-3　长方体命令

三、圆柱体

1. 命令名称：圆柱体（CYLINDER）。

2. 功能：创建实体圆柱体。

3. 启动方法：

(1) 切换工作空间至三维基础【默认】→【创建】→【圆柱体】；如图 6-1-4 (a) 所示。

(2) 切换工作空间至三维建模【常用】→【建模】→【圆柱体】；如图 6-1-4 (b) 所示。

(3) 命令行输入 CYLINDER，回车。

圆柱体命令如图 6-1-4 所示。

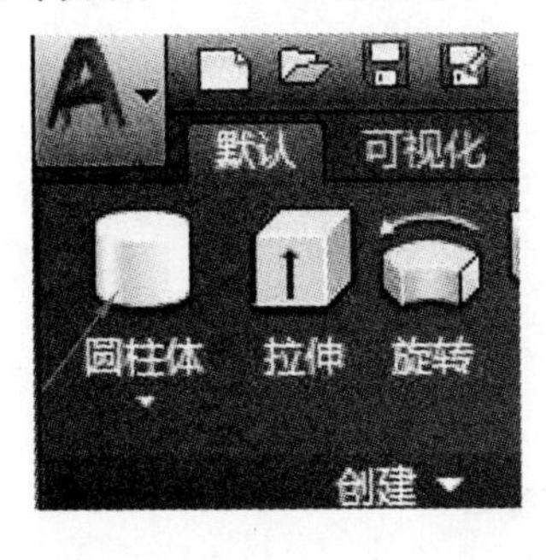

(a)

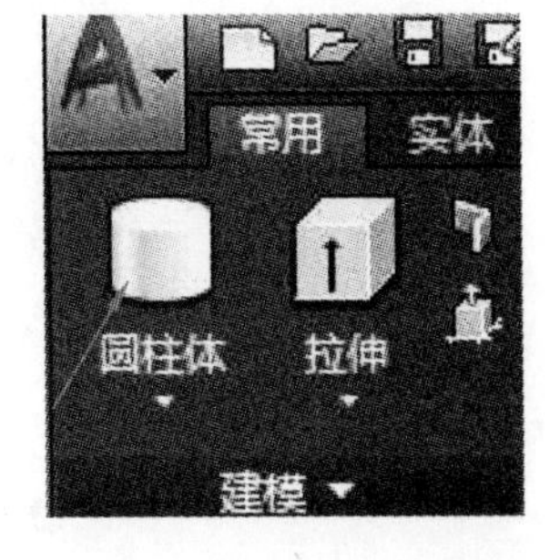

(b)

图 6-1-4　圆柱体命令

任务实施

案例：绘制基本三维模型

1. 螺旋体的创建

创建一个底面直径和顶面直径均为50，高度为100，圈间距为5的螺旋。

命令行输入HELIX，回车。

命令行提示：指定底面中心点：用左键在适当的位置单击选择一个点。

命令行提示：指定底面半径［或直径（D）］：输入“25”作为底面半径。

命令行提示：指定顶面半径［或直径（D）］：输入“25”作为顶面半径。

命令行提示：指定螺旋高度或［轴端点（A）/圈数（T）/圈高（H）/扭曲（W）］：输入“H”选择圈高选项。

命令行提示：指定圈间距：输入“5”作为圈间距。

命令行提示：指定螺旋高度或［轴端点（A）/圈数（T）/圈高（H）/扭曲（W）］：输入“100”作为螺旋高度。如图6-1-5所示。

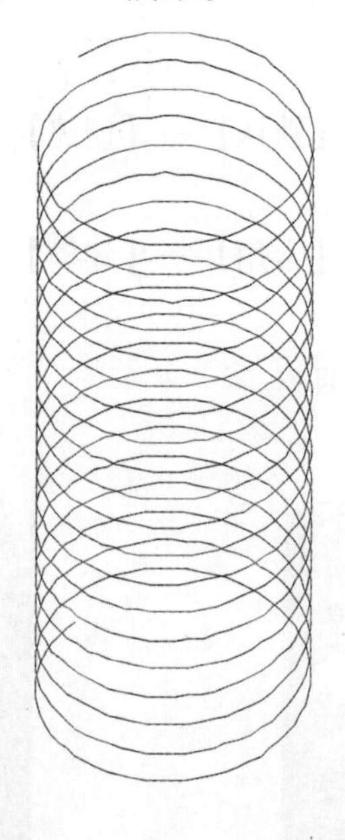

图6-1-5　螺旋体

2. 长方体的创建

创建一个长、宽、高分别为500、300、600的长方体。

命令行输入 BOX 回车。

命令行提示：指定第一个角点或［中心点］：输入“0，0，0”（选择原点为第一个角点）。

命令行提示：指定其他角点或［立方体（C）/长度（L）］：输入“500，300，600”作为第二个角点。如图 6－1－6 所示。

图 6－1－6　长方体

注意：

如果第二次只输入了两个坐标，系统就会提示“指定高度或［两点（2P）］”，此时要输入长方体的高度；

如果第一次输入的不是原点，则第二次输入坐标时要用相对坐标“@”符号：

输入的第二点坐标如果是负值，则分别是向左、向前、向下来创建长方体。

3. 圆柱体的创建

以圆底面创建实体圆柱体的步骤。

（1）命令行输入 CYLINDER。

（2）指定底面的中心点或［三点（3P）/两点（2P）/切点、切点、半径（T）/椭圆（E）］：指定底面中心点。

（3）指定底面半径或直径。

（4）指定圆柱体的高度。

以椭圆底面创建实体圆柱体的步骤：

（1）命令行输入 CYLINDER。

（2）指定底面的中心点或［三点（3P）/两点（2P）/切点、切点、半径（T）/椭圆（E）］：输入 E（椭圆）。

（3）指定第一条轴的起点。

（4）指定第一条轴的端点。

（5）指定第二条轴的端点（长度和旋转）。

（6）指定圆柱体的高度。

创建采用（轴端点）指定高度和旋转的实体圆柱体的步骤：

（1）命令行输入 CYLINDER。

（2）指定底面中心点。

（3）指定底面半径或直径。

（4）在命令提示下，输入 A（轴端点）指定圆柱体的轴端点。

此端点可以位于三维空间的任意位置。如图 6－1－7 所示。

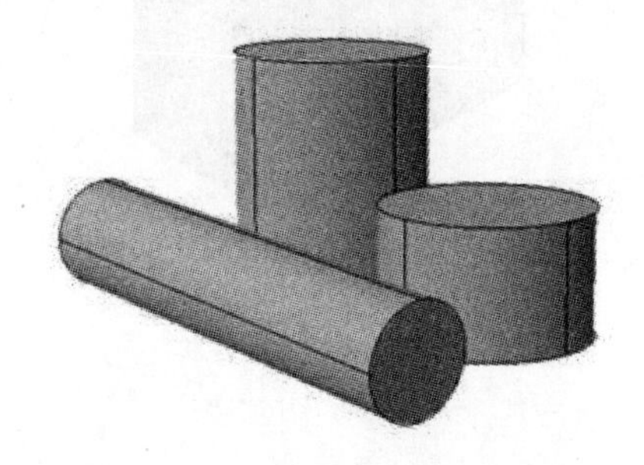

图6－1－7　圆柱体

注意：

1. 系统变量 DRAGVS 设置在创建三维实体、网格图元以及拉伸实体、曲面和网格时显示的视觉样式。可以创建以圆或椭圆为底面的实体圆柱体。

2. 默认情况下，圆柱体的底面位于当前 UCS 的 XY 平面上。圆柱体的高度与 Z 轴平行。

3. 可以使用以下选项来控制创建的圆柱体的大小和旋转：使用 CYLINDER 命令的“轴端点”选项设定圆柱体的高度和旋转。圆柱体顶面的圆心为轴端点，可将其置于三维空间中的任意位置。

4. 使用三个点定义底面。使用“三点”选项定义圆柱体的底面。可以在三维空间中的任意位置设定三个点。

任务测试

任务测试表（表6－1－1）。

表6－1－1　任务测试表

班组人员签字：

任务名称	直线类命令的使用	规格型号	
检查数量		检验日期	年　月　日
检验项目	质量标准	测量方法	检验结果
螺旋体	绘制图形	测量尺寸	
长方体	绘制图形	测量尺寸	
圆柱体	绘制图形	测量尺寸	
备注			
作品自我评价			
小组			
指导教师评语			

任务拓展

三维组合实体的创建

绘制如图6－1－9所示的三维实体。

1. 转换视图

命令：【可视化】→【西南等轴测图】或输入“View（V）”。

2. 绘制锲体

命令：【常用】→【建模】→【锲体】或输入“Wedge（We）”

指定第一个角点或中心（C）：在绘图区合适位置单击以确定第一个角点

指定其他角点或［立方体（C）/长度（L）］：单击确定第二个角点

指定高度或［两点（2P）］ <150 >：输入高度值。

3. 变换坐标将斜面定义为XY平面（建立用户坐标系）

命令：UCS

当前UCS名称：*没有名称*

指定UCS的原点或［面（F）/命名（NA）/对象（OB）上一个（P）/视图（V）/世

界（W）/X/Y/Z/Z 轴（ZA）] <世界>：3

指定新原点<0，0，0>捕捉 A 点（UCS 原点）

在正 X 轴范围上指定点：捕捉 B 点（UCS 正 X 轴）

在 UCS 坐标系 XY 平面的正 Y 轴范围上指定点：捕捉 D 点（UCS 正 Y 轴）

此时，坐标系变为 UCS 用户坐标系，坐标原点为 A 点，平面 ABCD 为 UCS 的新平面。如图 6-1-8 所示。

4. 绘制圆柱体和长方体

（1）绘制圆柱体

命令：【常用】→【建模】→【圆柱体】或输入"Cylinder"

指定底面的中心点或 [三点（3P）/二点（2P）/相切、相切、半径（T）/椭圆（E）]：单击确定中心点

指定底面半径或 [直径（D）] <40>：输入半径

指定高度或 [两点（2P）/轴端点（A）] <40>：输入高度。

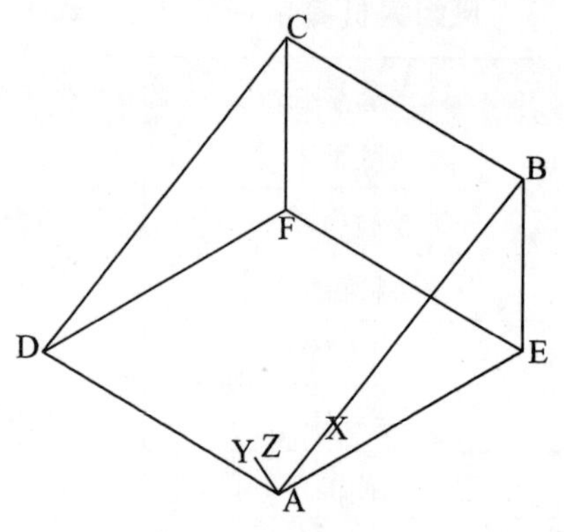

图 6-1-8　变换坐标

（2）绘制长方体

命令：【常用】→【建模】→【长方体】或输入"Box"

指定第一个角点或输入 [中心（C）]：单击确定第一个角点

指定其他角点或 [立方体（C）/长度（L）]：单击确定第二个角点

指定高度或 [两点（2P）] <60>：输入高度值

完成后如图 6-1-9 所示。

图 6-1-9　简单几何体

任务二　布尔运算

任务描述

很多组合体是布尔运算后得到的。这类组合体图形只需要作出原基本几何体，在基本几何体上进行布尔运算，便可得到组合体的三维图形。所以，在组合体的绘制过程中，布尔运算尤为重要。

任务目标

● **知识目标**

1. 了解组合体的组合方式；
2. 掌握布尔运算概念；
3. 掌握组合体作图方法；
4. 掌握布尔运算的作图步骤。

● **能力目标**

1. 会对组合体进行作图分析；
2. 会根据实际情况运用布尔运算绘制组合体。

● **素质目标**

1. 养成共同探讨、查阅资料分组学习的习惯；
2. 具备严谨认真的制图态度。

任务准备

一、并集运算

1. 命令名称：并集（UNION）。
2. 功能：将两个或两个以上的实体合并成一个实体，它们的公共部分合并。
3. 启动方法。

（1）命令行：UNION。

（2）切换工作空间至三维基础【默认】→【编辑】→【并集】按钮。如图6-2-1（a）所示。

（3）切换工作空间至三维建模【常用】→【实体编辑】→【并集】按钮。如图6-2-1（b）所示。

并集命令如图6-2-1所示。

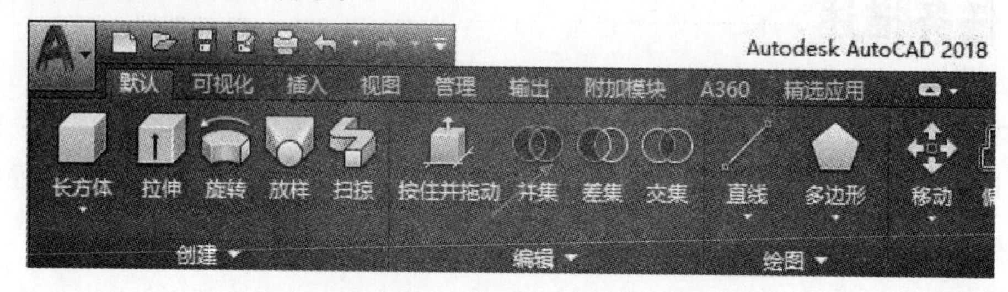

（a）

（b）

图6-2-1　并集命令

（4）操作示例：创建一个如图6-2-2所示的实体。

操作方法：

用长方体命令创建一个长方体。

用球体命令创建一个球体。

用直线命令在长方体的上底面上以两对角点为端点画一条辅助线。

用移动命令将球体移动到长方体上来，捕捉球体的中心，移动到长方体上底面上的辅助直线的中点。

（5）启动并集命令。

命令行提示：选择对象：用左键选择长方体。

命令行提示：选择对象：用左键选择球体。

命令行提示：选择对象：回车。

结果如图6-2-2所示。

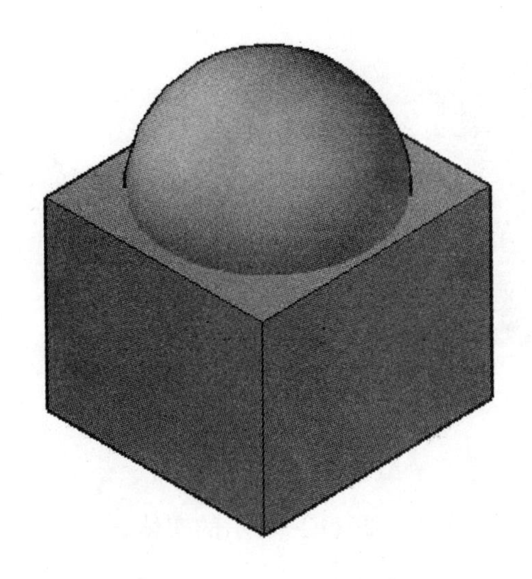

图6－2－2　并集示例

注意：

1. 示例中用移动命令时，一定要用捕捉命令捕捉球心到辅助直线的中点；

2. 并集命令可以将两个相交的对象合并，也可以将两个不相交的对象合并。

二、交集运算

1. 命令名称：交集（INTERSECT）。

2. 功能：从两个或两个以上相交的实体中求得公共部分，原来的实体不重叠的部分就不再保留。

3. 启动方法

（1）切换工作空间至三维基础【默认】→【编辑】→【交集】按钮；如图6－2－3（a）所示。

（2）切换工作空间至三维建模【常用】→【实体编辑】→【交集】按钮；如图6－2－3（b）所示。

（3）输入命令：INTERSECT回车。

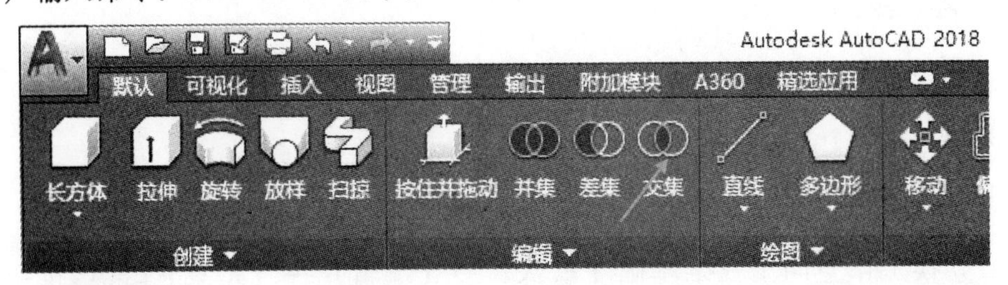

（a）

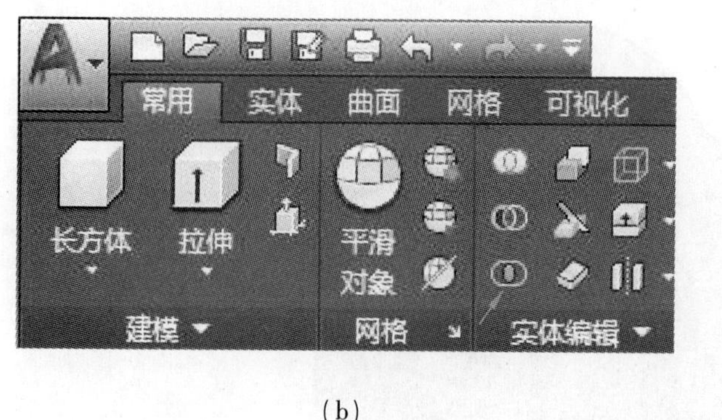

(b)

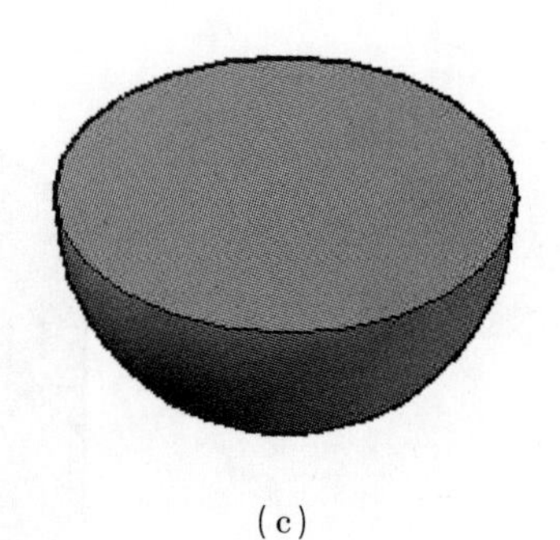

(c)

图6-2-3 交集命令

操作示例：创建一个如图6-2-3（c）所示的实体。

操作方法：

用长方体命令创建一个长方体。

用球体命令创建一个球体。

用直线命令在长方体的上底面上以两对角点为端点画一条辅助线。

用移动命令将球体移动到长方体上来，捕捉球体的中心移动到长方体上底面上的辅助直线的中点。

启动交集命令。

命令行提示：选择对象：用左键选择长方体。

命令行提示：选择对象：用左键选择球体。

命令行提示：选择对象：回车。

结果如图6-2-3（c）所示。

注意：

1. 示例中用移动命令时，一定要用捕捉命令捕捉球心到辅助直线的中点；
2. 交集命令只可以将两个相交的对象求交集，不能将两个不相交的对象求交集。

三、差集运算

1. 命令名称：差集（SUBSTRACT）。
2. 功能：从一个实体中减去另外一个实体。
3. 启动方法

（1）切换工作空间至三维基础【默认】→【编辑】→【差集】按钮；如图6-2-4（a）所示。

（2）切换工作空间至三维建模【常用】→【实体编辑】→【差集】按钮；如图

6－2－4（b）所示。

（3）输入命令：SUBSTRACT 回车。

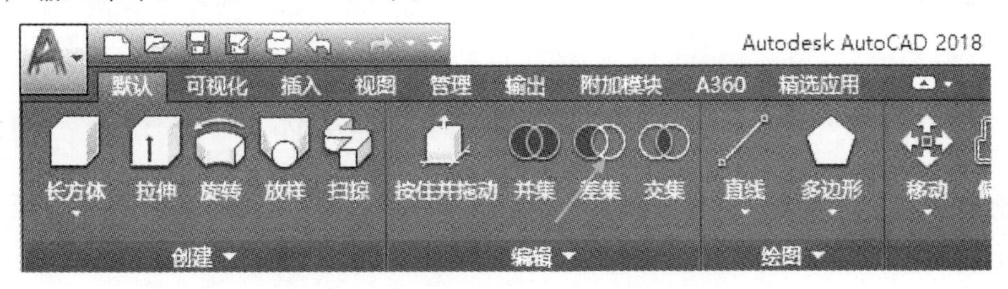

（a）

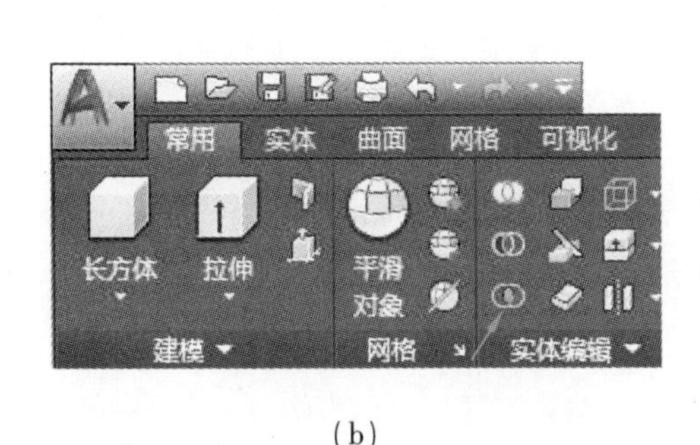

（b）

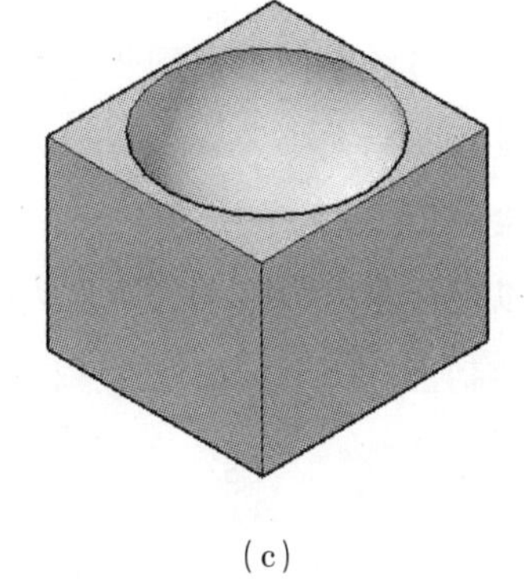

（c）

图 6－2－4　差集命令

（4）操作示例：创建一个如图 6－2－4（c）所示的实体。

用长方体命令创建一个长方体。

用球体命令创建一个球体。

用直线命令在长方体的上底面上以两对角点画一条辅助线。

用移动命令将球体移动到长方体上来，捕捉球体的中心移动到长方体上底面上的辅助直线的中点。

启动差集命令。

命令行提示：选择对象：用左键选择长方体，回车

命令行提示：选择对象：用左键选择球体，回车。

结果如图 6－2－4（c）所示。

注意：

示例中用移动命令时，一定要用捕捉命令捕捉球心到辅助直线的中点；

差集命令可以将两个相交的对象相减，也可以将两个不相交的对象相减。

任务实施

利用布尔运算绘制三维实体

绘制六角扳手：构成的基本对象是矩形、正六边形和圆。绘制二维的矩形、正六边形和圆，形成面域后进行布尔运算，拉伸成所需的实体。

一、绘制六角扳手平面图

1. 按图尺寸绘制矩形、圆、正六边形

（1）设置图幅大小为 A3（420×297）。

（2）绘制 264×50 的矩形。

（3）以矩形左侧数值线的中点为圆心绘制 R=46 的圆。

（4）绘制正六边形。如图 6-2-5 所示。

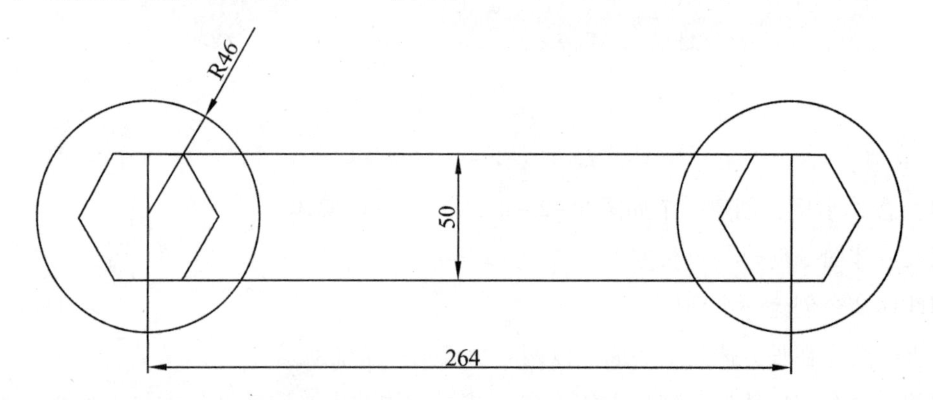

图 6-2-5　扳手基本对象构成图

2. 编辑图 6-2-5

移动正六边形，结果如图 6-2-6 所示。

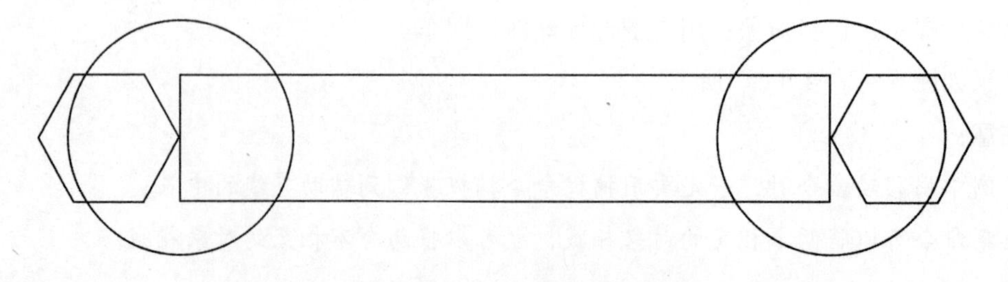

图 6-2-6　移动正六边形

3. 命令：【常用】→【绘图】→【面域】或输入“Region（REG）”

选择对象：指定对角点：找到 5 个

选择图 6－2－6 中的所有对象

选择对象：

已提取 5 个环。

已创建 5 个面域。

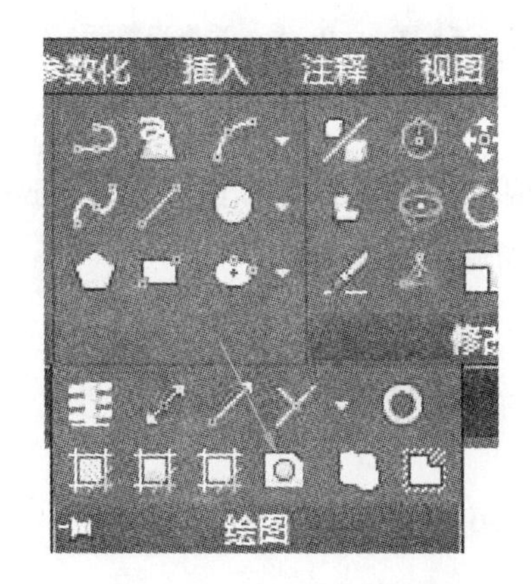

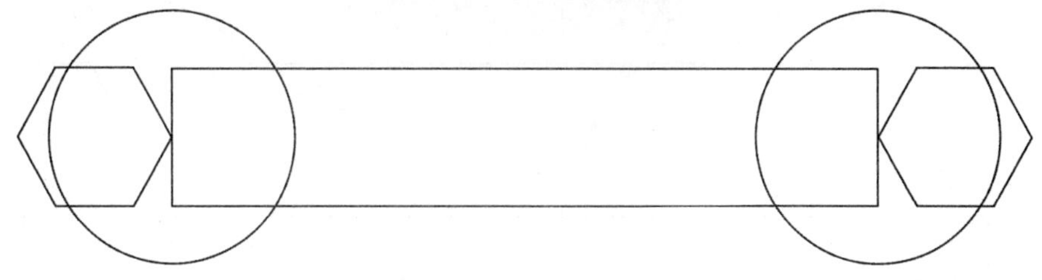

图 6－2－7　定义面域

注： 面域与封闭的线框有本质的不同，线框没有实体的性质，而面域则是一个二维的实体对象。可看作是一个平面实心区域。面域不能直接创建，只能使用“面域”命令将绘制好的封闭二位线框转换成面域，转换面域后原有的线宽消失。

4. 并集和差集运算

（1）并集运算

命令：【常用】→【实体编辑】→【并集】或输入“Union（UNI）”

选择对象：指定对角点：找到 3 个选择矩形和两个圆

选择对象：

并集后结果如图 6－2－8 所示。

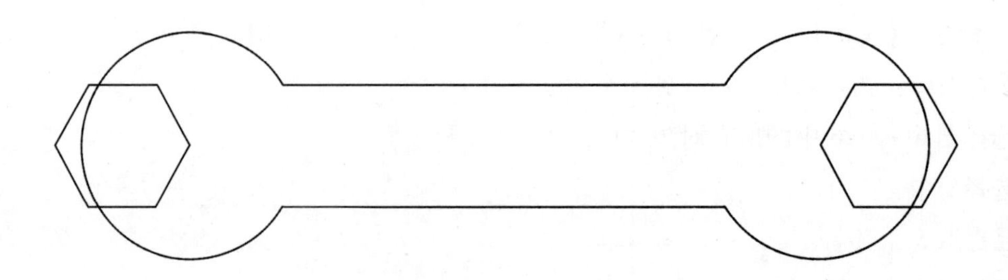

图 6-2-8 并集运算后

（2）差集运算

命令：【常用】→【实体编辑】→【差集】或输入“Subtract（SU）”

选择要从中减去的实体或面域…选择轮廓

选择对象：找到 1 个

选择要减去的实体或面域……选择两个正六边形

选择对象：

差集运算后结果如图 6-2-9 所示。

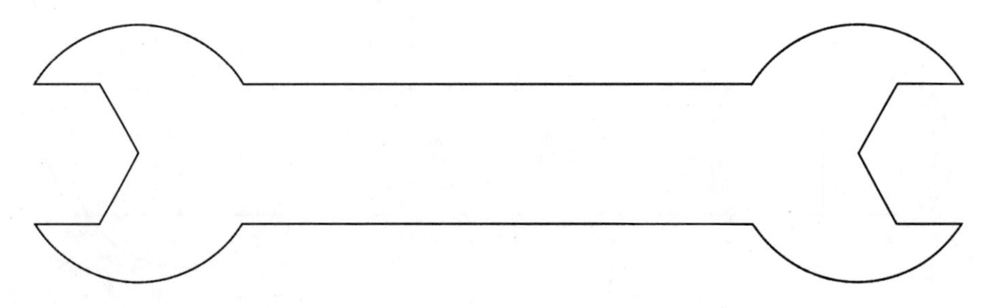

图 6-2-9 六角扳手平面图

布尔运算分为并、差、交三种运算方式，在 AutoCAD 中通常用来绘制组合实体。灵活巧妙地运用布尔运算可以绘制出各种复杂的二维、三维实体。

二、拉伸建模

1. 转换视图

命令：【可视化】→【西南正等轴测图】

2. 拉伸生成三维实体

命令：【常用】→【建模】→【拉伸】或输入“Extrude（EXT）”

当前线框密度：ISOLINES = 4

选择要拉伸的对象：选择扳手平面面域

选择要拉伸的对象：

指定拉伸的高度或方向（D）/路径（P）/倾斜角（T）<50.0000>：20

完成后如图6－2－10所示。

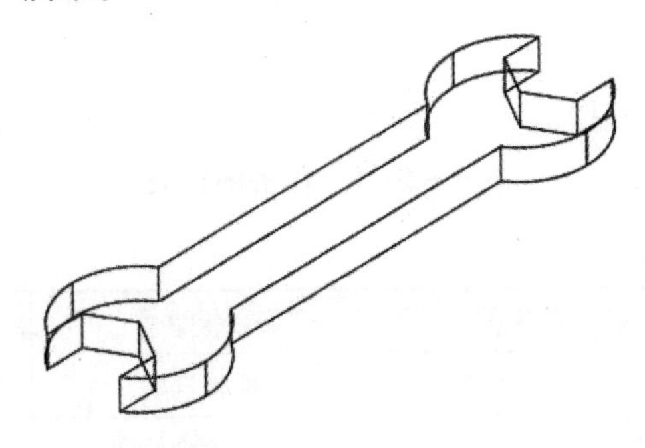

图6－2－10　拉伸后

3. 显示观察

（1）命令：【可视化】→【概念】

观察实体，结果如图6－2－11所示。

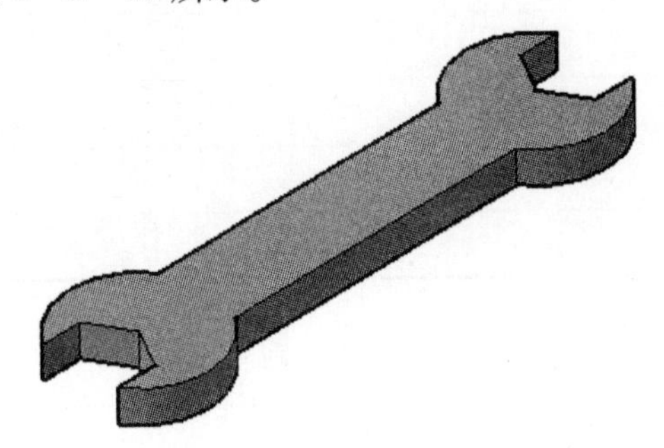

图6－2－11　六角扳手

知识链接

拉伸就是将一个平面图形沿着特定的路径拉伸形成一个实体图形。通过拉伸绘制三维实体图形必须要有两个元素：一个是拉伸截面，另一个是拉伸路径。

拉伸截面可以是一个封闭的二维对象，也可以是面域。其中，可以拉伸的封闭的二维对象有圆、椭圆、用正多边形命令绘制的正多边形、用矩形命令绘制的矩形、封闭的样条曲线和封间的多段线等。用直线、圆弧等绘制的封闭曲线的不能直接拉伸，必须将其定义成一个面域，然后拉伸。

拉伸路径则必须是一条多段线，如有多条必须通过菜单“绘图/多段线”命令将其转化为一条多段线。如果拉伸形成的实体为柱状体，也可以不定义路径而直接输入高度。

任务测试

任务测试表（表6-2-1）。

表6-2-1　任务测试表

班组人员签字：

任务名称	直线类命令的使用	规格型号	
检查数量		检验日期	年　月　日
检查数量		检验日期	年　月　日
检验项目	质量标准	测量方法	检验结果
并集	绘制图形	目测	
交集	绘制图形	目测	
差集	绘制图形	目测	
备注			
作品自我评价			
小组			
指导教师评语			

任务拓展

布尔运算应用技巧：在进行差集（SUBTRACT）运算时，要先选择主体确定后，在选择需要减去的实体。因此，不能同时选择主体和被减实体。

任务三　创建基本三维实体的特征操作

任务描述

很多组合体是实体编辑后得到的，这类组合体图形只需要作出原基本几何体，再进行实体编辑，便可得到组合体的三维图形。

任务目标

● **知识目标**

1. 了解组合体的组合方式；
2. 掌握实体编辑命令的运用；
3. 掌握组合体作图方法；
4. 掌握实体编辑的作图步骤。

● **能力目标**

1. 会对组合体进行作图分析；
2. 会根据实际情况运用实体编辑绘制组合体。

● **素质目标**

1. 具有分析问题和解决问题的能力；
2. 具有创新意识和获取新知识、新技能的能力。

任务准备

一、拉伸命令

1. 命令名称：拉伸（EXTRUDE）。

2. 功能：沿一定的高度和角度或者路径将平面图形拉伸为立体图形。

3. 命令选项：对拉伸对象沿路径拉伸。可以为路径的对象有：直线、圆、椭圆、圆弧、椭圆弧、多段线、样条曲线等。

4. 启动方法：

（1）切换工作空间至三维基础【默认】→【创建】→【拉伸】按钮。

（2）切换工作空间至三维建模【常用】→【建模】→【拉伸】按钮。

（3）命令行输入 EXTRUDE（快捷命令：EXT），回车。

操作示例：创建一个如图 6－3－1（c）所示的立体。

利用长方形命令画一个边长 50×100 的长方形，如图 6－3－1（a）。

启动拉伸命令

启动命令后，命令行提示：选择要拉伸的对象；用左键在刚才画的长方形的任意一条边上单击选择此长方形为要拉伸的对象。

命令行提示：找到一个

命令行提示：选择要拉伸的对象：回车表示不再选择。

命令行提示：指定拉伸的高度或： ［方向（D）/路径（P）/倾斜度（T）］：输入“100”作为拉伸的高度。结果如图 6－3－1（b）所示。

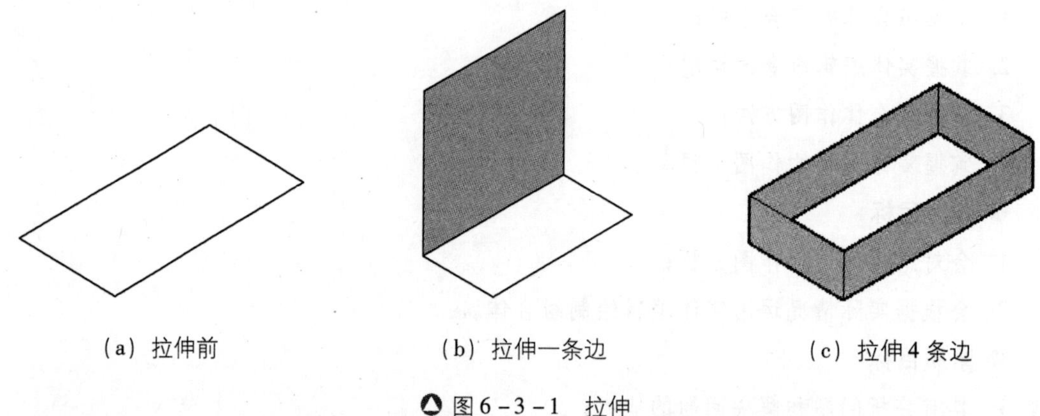

（a）拉伸前　　（b）拉伸一条边　　（c）拉伸 4 条边

图 6－3－1　拉伸

启动命令后，命令行提示：选择要拉伸的对象；用左键在刚才画的长方形的边上单击选择此长方形要拉伸的对象。

命令行提示：共计四个

命令行提示：选择要拉伸的对象：回车表示不再选择。

命令行提示：指定拉伸的高度或：［方向（D）/路径（P）/倾斜度（T）］：输入“20”作为拉伸的高度。结果如图 6－3－1（c）所示。

二、旋转命令

1. 命令名称：旋转（REVOLVE）

2. 功能：将平面图形绕某一轴旋转生成实体。

3. 命令选项：

（1）定义轴参照

捕捉两个端点指定旋转轴，旋转轴方向从先捕捉点指向后捕捉点。

对象（O）：选择一条已有的直线作为旋转轴。

X 轴（*X*）或 *Y* 轴（*Y*）：选择绕 *X* 或 *Y* 轴旋转。

（2）旋转轴方向

捕捉两个端点指定旋转轴时，旋转轴方向从先捕捉点指向后捕捉点。

选择已知直线为旋转轴时，旋转轴的方向从直线距离坐标原点较近的一端指向较远的一端。

（3）旋转方向

旋转角度正向符合右手螺旋法则，即用右手握住旋转轴线，大拇指指向旋转轴正向，四指指向为旋转角度方向。

（4）旋转角度为0°～360°之间。

4. 启动方法：

（1）切换工作空间至三维基础【默认】→【创建】→【旋转】按钮。

（2）切换工作空间至三维建模【常用】→【建模】→【旋转】按钮。

（3）命令行输入 REVOLVE（快捷命令：REV），回车。

5. 操作示例：

利用二维绘图命令画出平面图形，如图6－3－2（a）所示，包括旋转轴。

启动旋转命令。

启动旋转命令后，命令行提示：选择要旋转的对象：用左键在刚才画的图形的任意一条边上单击选择长方形为要拉伸的对象。

命令行提示：找到一个。

命令行提示：选择要旋转的对象：回车，表示不再选择。

命令行提示：指定轴起点或以下选项之一定义轴：［对象（O）/X/Y/Z］：用左键在刚才画的旋转轴上的一端单击选择此旋转轴为旋转中心。

命令行提示：指定轴端点：用左键在刚才画的旋转轴上的另一端单击选择此旋转轴为旋转中心。

命令行提示：指定旋转角度或［起点角度（ST）］<360>：回车。

结果如图6－3－2（c）所示。

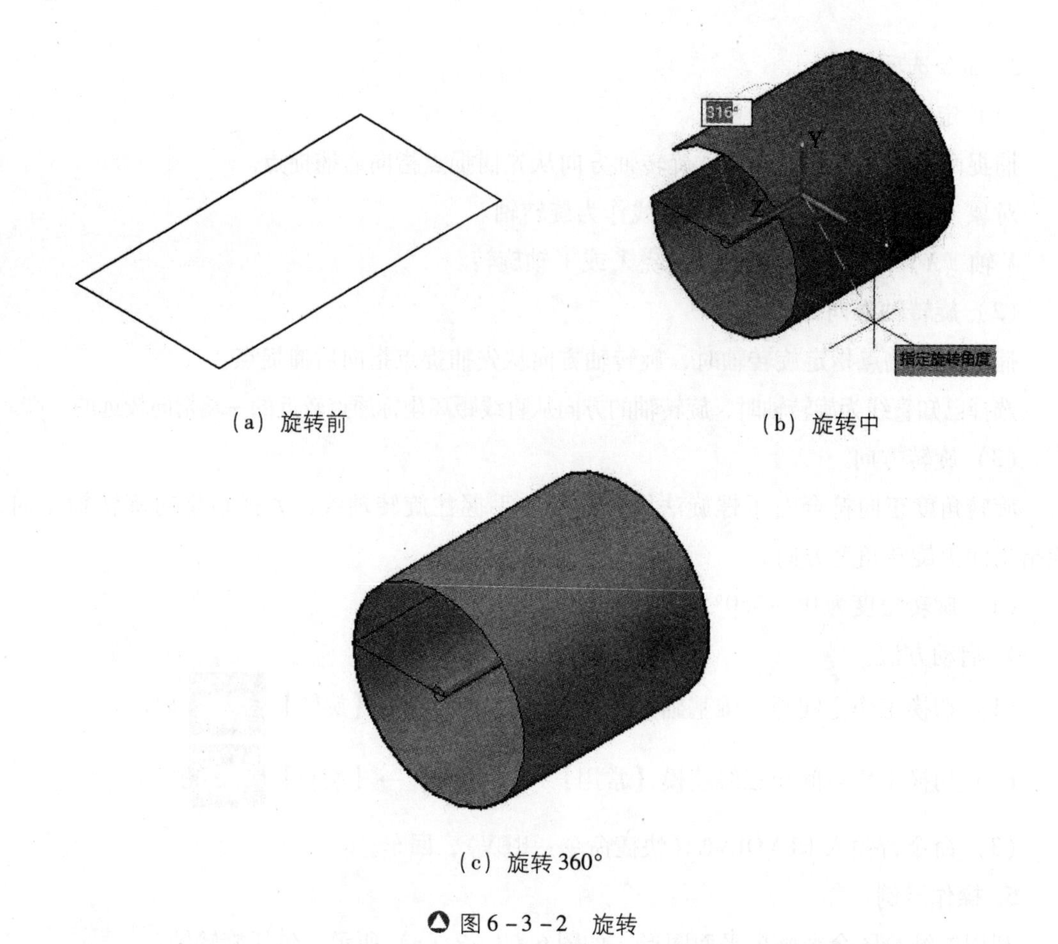

(a) 旋转前　　(b) 旋转中

(c) 旋转 360°

图 6－3－2　旋转

注意：

旋转轴可以是 X 轴、Y 轴、直线、多段线或两个指定的点。

要旋转的对象可以是闭合多段线、多边形、圆、椭圆、和面域等，但不一定像拉伸一样一定要做成面域。

旋转的角度可以是 0°～360°范围内的任意角度。

三、扫掠命令

1. 命令名称：扫掠（SWEEP）

2. 功能：扫掠命令通过沿指定路径延伸轮廓形状来创建实体或曲面。沿路径扫掠轮廓时，轮廓将被移动并与路径垂直对齐。

3. 启动方法：

(1) 切换工作空间至三维基础【默认】→【创建】→【扫掠】按钮。

(2) 切换工作空间至三维建模【常用】→【建模】→【扫掠】按钮。

（3）命令行输入 SWEEP，回车。

操作示例：

利用二维绘图命令画出平面图形，包括扫掠路径，如图 6－3－3（a）所示。

启动扫掠命令。

启动扫掠命令后，命令行提示：选择要扫掠的对象：用左键单击选择圆形为要扫掠的对象。

命令行提示：找到一个，回车。

命令行提示：选择扫掠路径或［对齐（A）/基点（B）/比例（S）/扭曲（T）］：选择扫掠路径。

结果如图 6－3－3 所示。

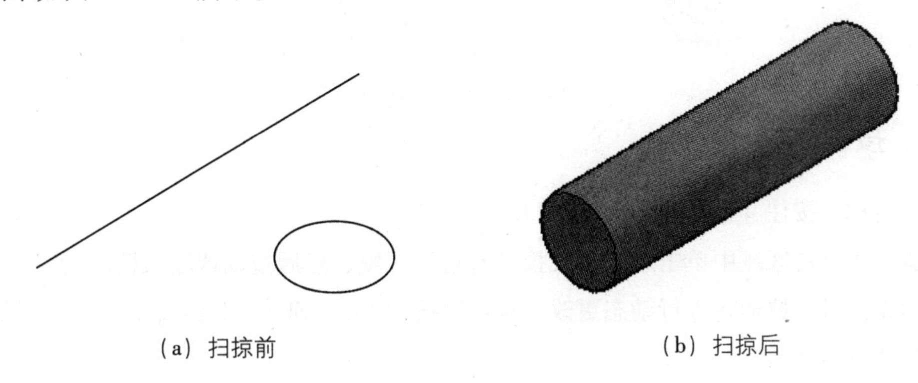

（a）扫掠前　　（b）扫掠后

图 6－3－3　扫掠路径

四、放样命令

命令名称：放样（LOFT）

功能：通过在包含两个或更多横截面轮廓的一组轮廓中，对轮廓进行放样来创建三维实体或曲面。

1. 启动方法

（1）切换工作空间至三维基础【默认】→【创建】→【放样】按钮。

（2）切换工作空间至三维建模【常用】→【建模】→【放样】按钮。

（3）命令行输入 LOFT 回车。

操作示例

命令：LOFT

当前线框密度：ISOLINES＝4，闭合轮廓创建模式＝实体

按放样次序选择横截面或［点（PO）/合并多条边（J）/模式（MO）］：

按放样次序选择横截面或［点（PO）/合并多条边（J）/模式（MO）］：选中截面

输入选项［导向（G）/路径（P）/仅横截面（C）设置（S）］＜仅横截面＞：P，回车。结果如图6－3－4所示。

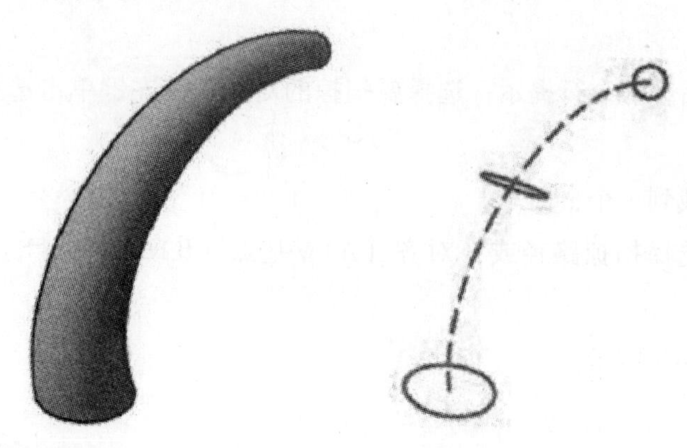

图6－3－4　放样

五、按住并拖动命令

命令名称：按住并拖动（PRESSPULL）

功能：通过在区域中单击来按住或拖动有边界区域，然后拖动或输入值以指明拉伸量。

移动光标时，拉伸将进行动态更改。也可以按住 Ctrl + Shift + E 组合键并单击区域内部以启动按住或拖动活动。

1. 启动方法

（1）切换工作空间至三维基础【默认】→【创建】→【按住并拖动】按钮。

（2）切换工作空间至三维建模【常用】→【建模】→【按住并拖动】按钮。

（3）命令行：PRESSPULL。

操作示例

命令：PRESSPUIL

选择对象或边界区域

指定拉伸高度或（多个（M））：

指定拉伸高度或（多个（M））：1

已创建1个拉伸

选择有限区域后，按住鼠标左键并拖动，相应的区域就会进行拉伸变形，如图6－3－5所示，为选择上表面，按住并拖动的结果。

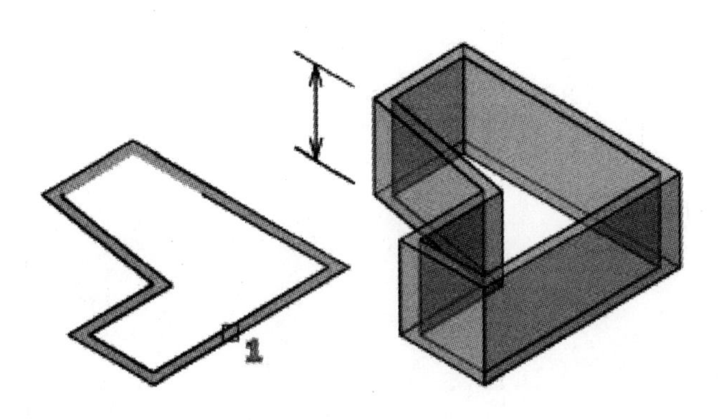

图6－3－5　拖拽

注意：可以按住或拖动以下任一类型的有边界区域：

可以按住或拖动的有边界区域。

可以通过以零间距公差拾取点来填充的区域。

由交叉共面和线性几何体（包括边和块中的几何体）围成的区域。

具有共面顶点的闭合多段线、面域、三维面和二维实体的面。

由与三维实体的面共面的几何图形（包括二维对象和面的边）封闭的区域。

提示列表将显示以下提示：

在有边界区域内单击以进行按住或拖动操作。

指定要修改的闭合区域。单击并拖动以设置要进行按住或拖动操作的距离，也可以输入一个值。

任务实施

基本三维实体特征创建案例

绘制手柄零件。手柄零件属于同轴回转体的组合，图形可由手柄的纵向截面轮廓绕中心轴线旋转360°而成。

绘制手柄平面图

1. 绘制手柄的纵向截面图，设置绘制环境，绘制如图6－3－6所示的平面图。

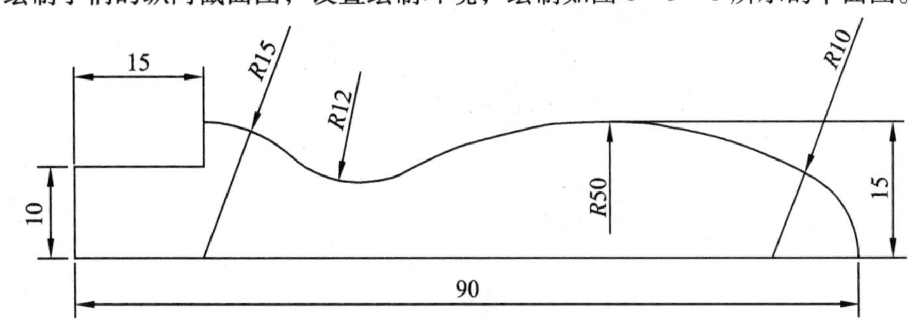

图6－3－6　手柄的纵向截面图

2. 定义面域

命令：REG

选择对象：选择所有对象

选择对象：

已提取一个环。

已创建一个面域。

3. 转换视图

命令：可视化→西南正等轴测图

将视图转为西南正等轴测图。

4. 旋转生成实体

命令：【常用】→【建模】→【旋转】或输入“REV”

当前线框密度：ISOLINES = 4

选择要旋转的对象：

指定轴起点或根据以下选项之一定义轴［（对象）O/X/Y/Z］：捕捉 A 点

指定轴端点：捕捉 B 点

指定旋转角度或［起点角度（ST）］ <360>：

手柄零件完成。

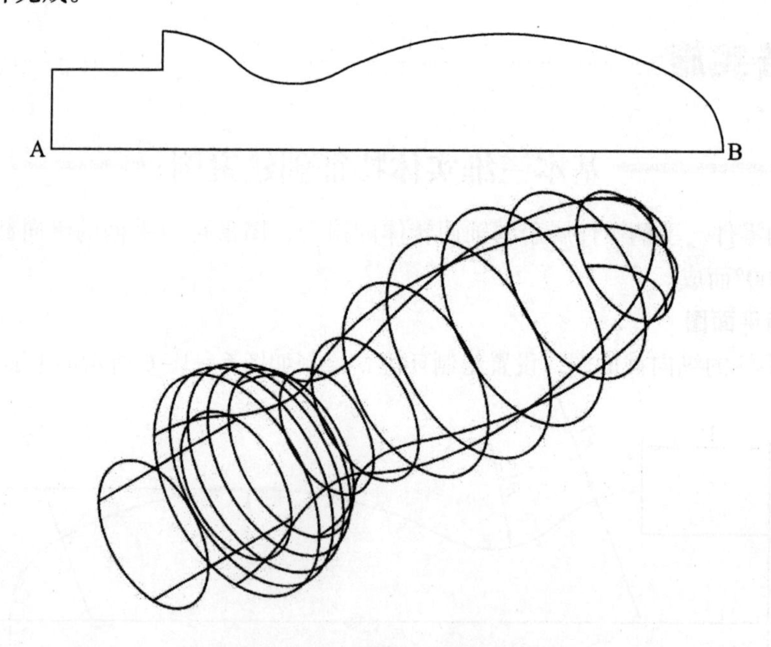

图 6-3-7　旋转生成手柄零件实体

5. 显示观察

命令：可视化→概念

观察实体，结果如图 6－3－8 所示。

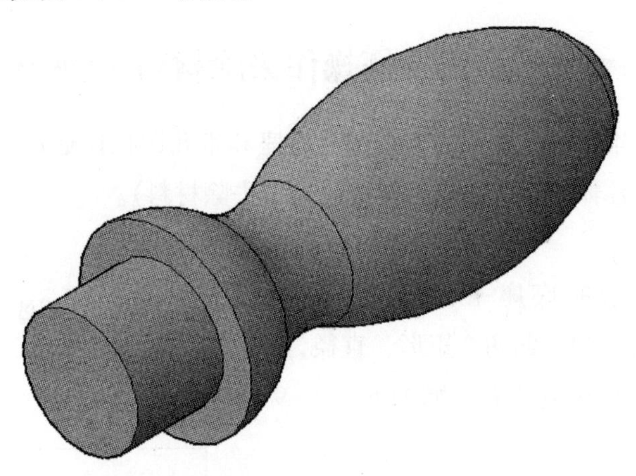

图 6－3－8 手柄

任务测试

任务测试表（表 6－3－1）。

表 6－3－1 任务测试表

班组人员签字：

<table>
<tr><td>任务名称</td><td>直线类命令的使用</td><td colspan="2">规格型号</td><td></td></tr>
<tr><td>检查数量</td><td></td><td colspan="2">检验日期</td><td>年 月 日</td></tr>
<tr><td>检验项目</td><td>质量标准</td><td colspan="2">测量方法</td><td>检验结果</td></tr>
<tr><td>拉伸</td><td>绘制图形</td><td colspan="2">目测</td><td></td></tr>
<tr><td>旋转</td><td>绘制图形</td><td colspan="2">目测</td><td></td></tr>
<tr><td>扫掠</td><td>绘制图形</td><td colspan="2">目测</td><td></td></tr>
<tr><td>放样</td><td>绘制图形</td><td colspan="2">目测</td><td></td></tr>
<tr><td>拖拽</td><td>绘制图形</td><td colspan="2">目测</td><td></td></tr>
<tr><td>备注</td><td colspan="4"></td></tr>
<tr><td>作品自我评价</td><td colspan="4"></td></tr>
<tr><td>小组</td><td colspan="4"></td></tr>
<tr><td>指导教师评语</td><td colspan="4"></td></tr>
</table>

任务拓展

运用特征操作去除材料

绘制支座零件。本图可分为两部分组成：底座和带孔圆柱体通过支撑肋板相连；底座是由长方体被一个圆柱体和长方体切割而得（差集去除材料）。

绘制支座底座

1. 在俯视图中绘制底座平面图，分别绘制（160，150）和（160，70）的两个矩形、直径为100的圆，用移动命令移到相应位置，如图6－3－9所示，具体操作略。

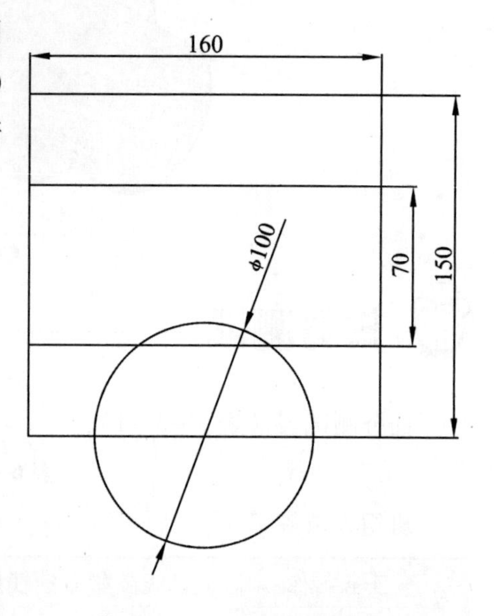

图6－3－9　底座平面图

2. 变换视图

命令：可视化→西南正等轴测图。

3. 拉伸矩形、圆到一定高度

命令：EXT

EXTRUDE

当前线框密度：ISOLINES＝4

选择要拉伸的对象：找到1个，选择大矩形

选择要拉伸的对象：找到1个，总计2个，选择圆对象

选择要拉伸的对象：

指定拉伸的高度或［方向（D）/路径（P）/倾斜角（T）］<20.0000>：40

命令：EXTRUDE

当前线框密度：ISOLINES＝4

选择要拉伸的对象：找到1个//选择小矩形

选择要拉伸的对象：

指定拉伸的高度或［方向（D）/路径（P）/倾斜角（T）］<40.0000>：20

分别将大矩形、圆拉伸40，小矩形拉伸20，结果如图6－3－10所示。

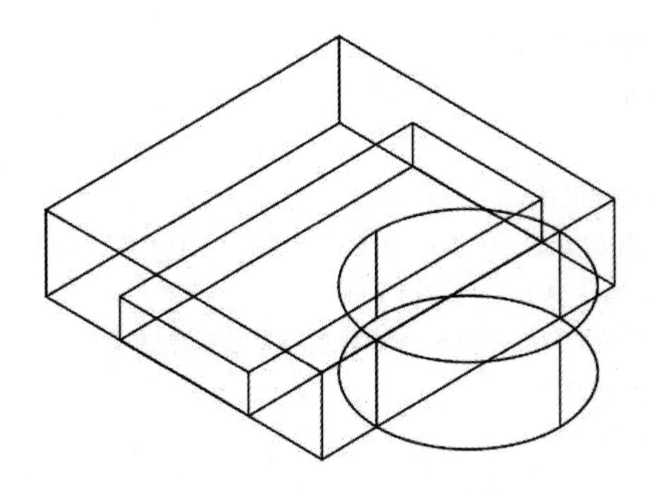

图 6－3－10　拉伸后的底座

4. 差集运算

命令：SU

SUIBTRACT 选择要从中减去的实体或面域

选择对象：找到 1 个/选择大长方体

选择对象：

选择要减去的实体或面域

选择对象：找到 1 个/选择小长方体

选择对象：找到 1 个，总计 2 个//选择圆柱体

选择对象：

用大长方体减去小长方体和圆柱体，结果如图 6－3－11 所示。

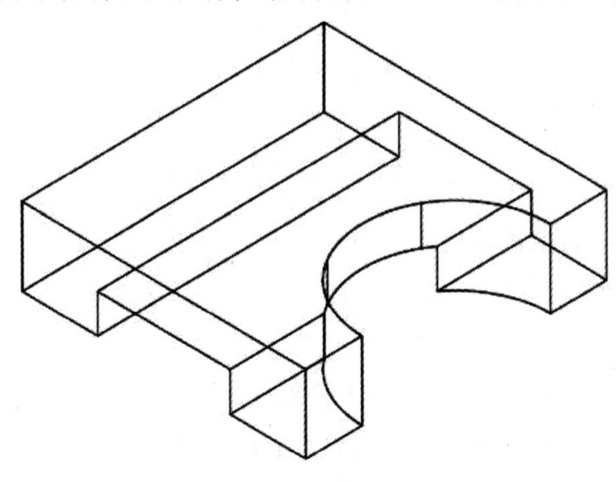

图 6－3－11　底座的差运算

绘制支撑板与带孔圆柱体

1. 旋转用户坐标系

命令：UCS

当前 UCS 名称：*世界*

指定 USC 的原点或［面（F）/命令（NA）/对象（OB）/上一个（P）/视图（V）/世界（W）/X/Y/Z 轴（ZA）］ <世界>：X

指定能绕 X 轴的旋转角度 <90>///坐标系绕 X 轴旋转 90 度。

2. 改变用户坐标系原点

命令：输人“UCS”

当前 UCS 名称：*没有名称*

指定 UCS 的原点或［面（F）/命名（NA）/对象（OB）/上 - 个（P）/视图（V）/世界（W）/X/Y/Z 轴（ZA）］ <世界>：

指定新原点 <0，0，0>，单击新原点，可以看到坐标系原点移到了新指定点。如图 6-3-12所示。

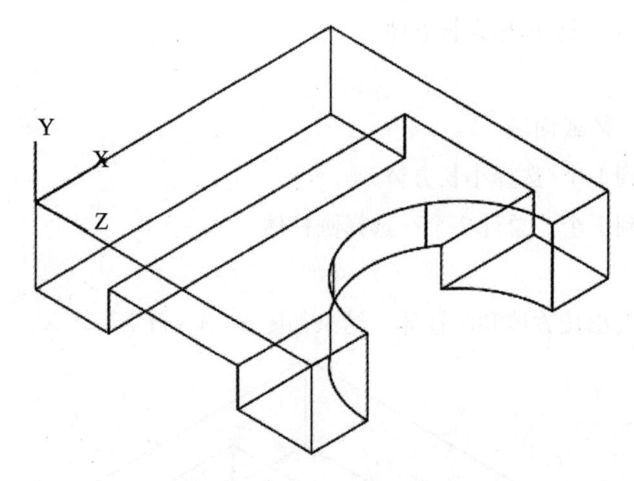

图 6-3-12　新原点位置

3. 绘制支撑板与带孔圆柱体的平面图

（1）绘制圆和直线。

先确定圆心位置。

用圆命令绘制半径为 50 和半径为 28.5 的两同心圆。

直线命令绘制半径为 50 的圆的切线（设置捕捉“切点”）。

原位置复制半径为 50 的圆。

（2）修剪。

以两切线为剪切边，修剪刚复制的半径为 50 的圆，使修剪后的圆弧与线形成封闭的图形对象。

（3）定义面域。

将修剪后圆弧与两切线形成封闭的图形对象定义生成面域。

上述操作结果如图 6－3－13 所示。

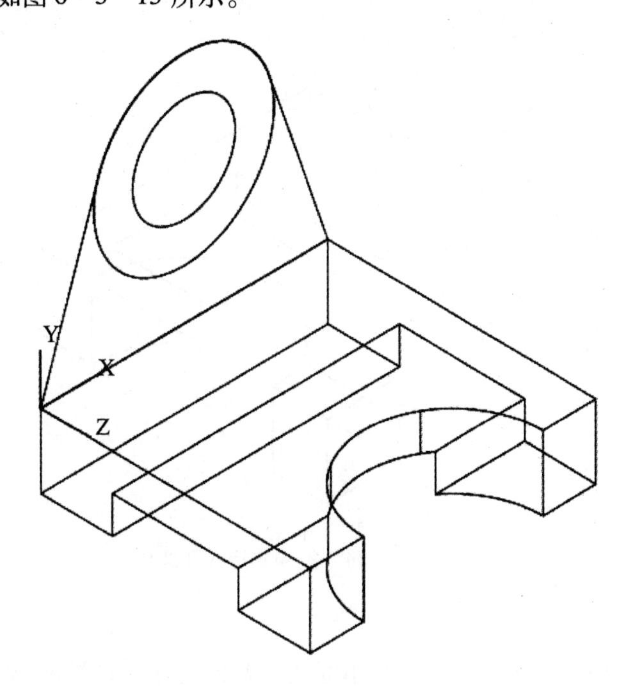

图 6－3－13　支撑板及圆柱平面图

4. 拉伸

命念：EXT　EXTRUDE

当前线框密度：ISOLINBS＝4

选择要拉伸的对象：

指定要拉伸的高度或［方向（D）/路径（P）/倾斜角（T）］＜20.0000＞：15

命令：EXTRUDE

当前线框密度：ISOLINBS＝4

选择要拉伸的对象：找到 1 个//选择大圆

选择要拉伸的对象：找到 L 个，共计 2 个//选择小圆

选择要拉伸的对象：

指定要拉伸的高度或［方向（D）/路径（P）/倾斜角（T）］＜20.0000＞：25

将支撑板面域沿 UCS 的 Z 轴正方向拉伸 15，两圆沿 UCS 的 Z 轴正方向拉伸 25，结果如图 6－3－14 所示。

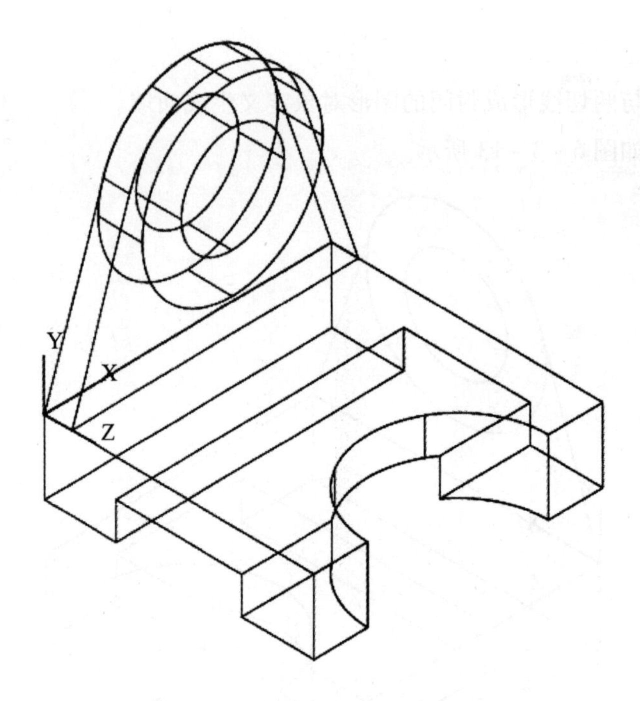

图 6－3－14　拉伸支持板及圆柱

5. 布尔运算

支撑板和大圆柱作并集运算，然后与小圆柱作差集运算。如图 6－3－15 所示。

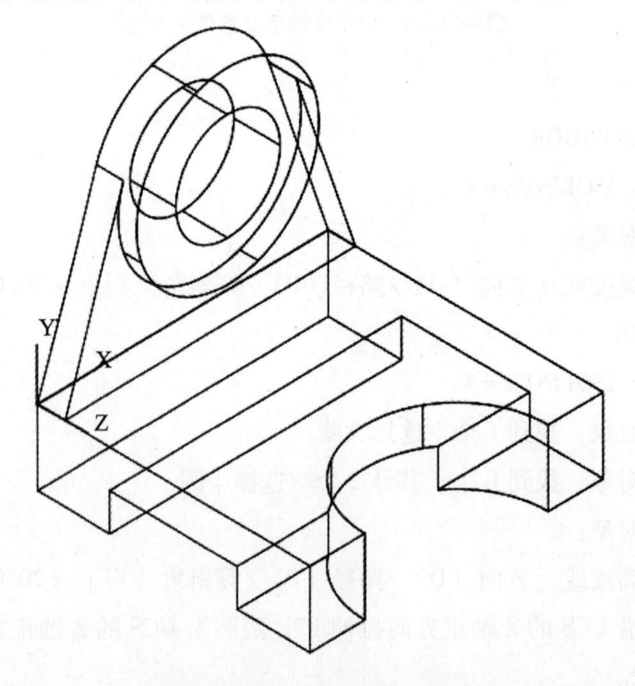

图 6－3－15　布尔运算

6. 显示观察

命令:【视图】→【概念】

观察实体，结果如图 6－3－16 所示。

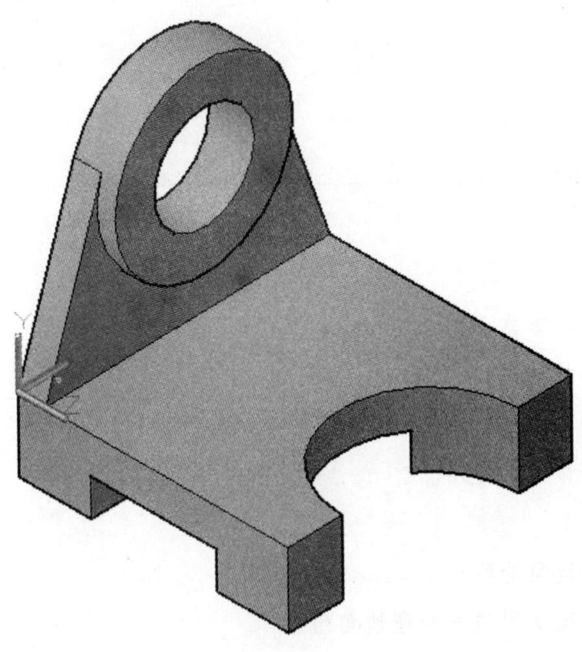

图 6－3－16　支架“概念”视觉样式

任务四　三维模型的边角处理

任务目标

● **知识目标**

1. 了解边角处理的方式；
2. 掌握倒角命令的运用；
3. 掌握圆角命令的运用；
4. 掌握干涉检查命令的运用。

● **能力目标**

1. 会三维模型的边角处理；
2. 会根据实际情况运用边角处理边角组合体。

● **素质目标**

1. 具有灵活运用命令的能力；
2. 具有接受新技能的能力。

任务准备

一、倒角命令

1. 命令名称：倒角（CHAMFEREDGE）。
2. 功能：为三维实体边和曲面边建立倒角。
3. 启动方法

（1）切换工作空间至三维基础【默认】→【编辑】→【倒角】按钮。

（2）切换工作空间至三维建模【常用】→【实体编辑】→【倒角】按钮。

（3）命令行：CHAMFEREDGE。

4. 操作步骤

（1）绘制长方体。

（2）输入 CHA，倒角距离 1。

命令行提示与操作如下：

选择第一个对象或［放弃（U）/多段线（P）/距离（D）/角度（A）/修剪（T）/方式（E）/多个（M）］：基面选择单击上表面的任一条线

输入曲面选择选项［下一个（N）/当前（OK）］<当前（OK）>：N 选择上表面为基面

输入曲面选择选项［下一个（N）/当前（OK）］<当前（OK）>：

指定基面的倒角距离：1

指定其他曲面的倒角距离 <1.0000>：1

选择边或［环（L）］：L 选择环

选择边环或［边（E）］：再次单击上表面任一条边

选择边环或［边（E）］：完成上表面的倒角。如图 6－4－1 所示。

图 6－4－1　倒角

二、圆角命令

1. 操作方法

（1）切换工作空间至三维基础【默认】→【编辑】→【圆角】按钮。

（2）切换工作空间至三维建模【常用】→【实体编辑】→【圆角】按钮。

（3）命令行：FILLETEDGE。

2. 操作步骤

（1）绘制长方体。

（2）单击“可视化”选项卡“视图”面板中的“西南等轴侧”按钮，将当前视图设为西南等轴侧视图。

（3）输入“F”，选择第一个对象或［放弃（U）/多段线（P）/变径（R）/修剪（T）/多个（M）］：选中长方体一短边。

（4）输入圆角半径：5。

（5）选择边或［链（C）/半径（R）］：选中长方体其他短边。

（6）选择边或［链（C）/半径（R）］：

结果如图6－4－2所示。

图6－4－2　圆角

三、干涉检查

装配过程中检查两个或多个实体之间的干涉情况，及时调整模型的尺寸和相对位置。

1. 操作方法

（1）切换工作空间至三维基础【默认】→【编辑】→【干涉】按钮。

（2）切换工作空间至三维建模【常用】→【实体编辑】→【干涉】按钮。

（3）命令行：INTERFERE。

在实体编辑选项板中单击干涉按钮，选取要执行干涉检查的实体模型长方体并按下回车键。选择执行干涉检查的另一个模型圆柱体，并按下回车键。此时，干涉区域将以深红显示，效果如图6－4－3所示。

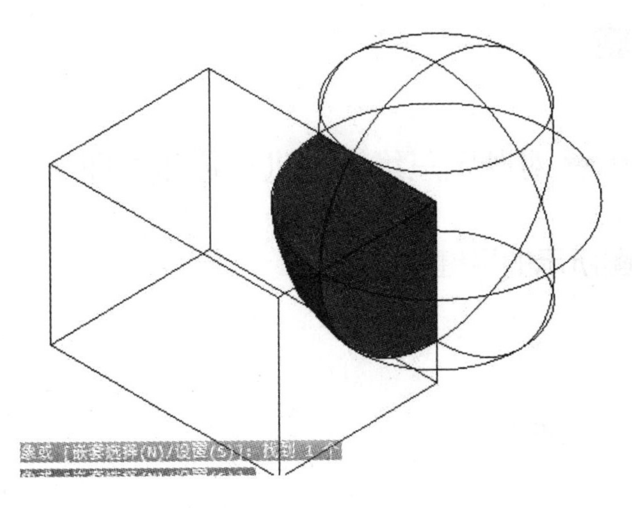

图 6-4-3　干涉检查

在显示检查效果的同时，系统将打开【干涉检查】对话框。如图 6-4-4 所示。在该对话框中可以设置模型间的亮显方式，其中启用【关闭时删除已创建的干涉对象】复选框，并单击【关闭】按钮即可删除干涉对象。

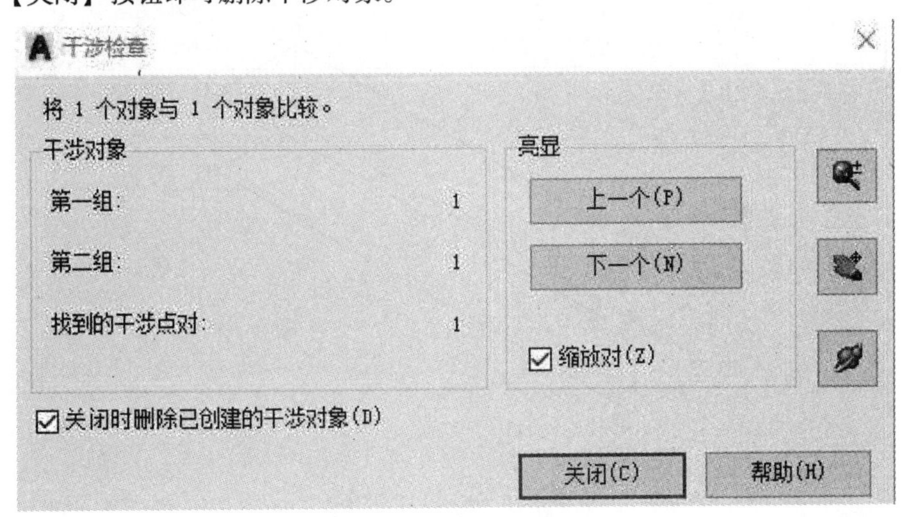

图 6-4-4　干涉检查

此外，当选择【干涉检查】工具后，在命令行中输字母 S，并按下回车键，此时系统将打开【干涉设置】对话框。在该对话框中可以设置干涉对象的视觉样式、颜色以及视觉样式。

任务实施

对既定三维模型进行边角处理

一、绘制如图所示的平键

1. 绘制长方体

转换视图

命令：可视化→西南正等轴测图

绘制长方体

命令：常用→“长方体”或输入“BOX”

指定第一个角点或［中心（C）］：单击绘图区任一点

指定其他角点或［立方体（C）/长度（L）］：@52，10，8

结果如图6-4-5所示。

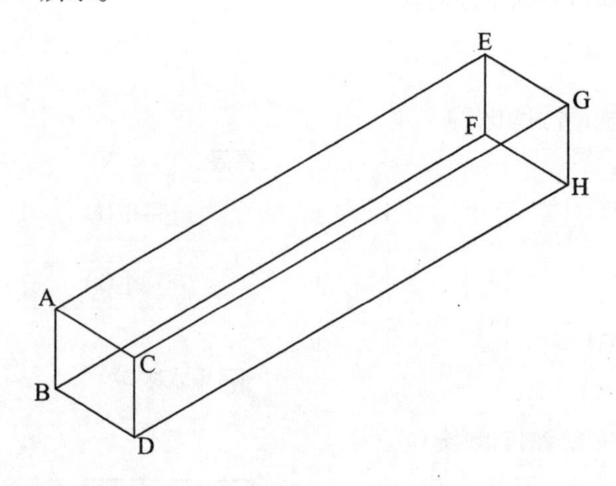

图6-4-5 长方体

二、三维圆角与倒角

1. 圆角

命令：【常用】→【修改】→【圆角】或输入“Fillet（F）”（三维圆角命令与二维相同，但系统提示不同）

选择第一个对象或［放弃（U）/多段线（P）/变径（R）/修剪（T）/多个（M）］：选中长方体AB边

输入圆角半径：5

选择边或［链（C）/半径（R）］：选中长方体 CD、EF、GH 边

选择边或［链（C）/半径（R）］：

完成圆角如图 6－4－6 所示。

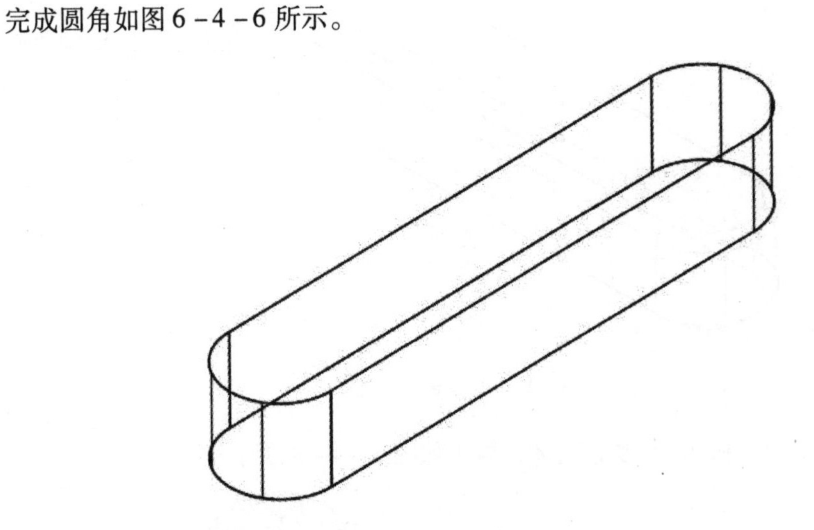

图 6－4－6　倒圆角

2. 倒角

命令：【常用】→【修改】→【倒角】或输入“Chamfer（CHA）”（三维圆角命令与二维相同，但系统提示不同）

选择第一个对象或［放弃（U）/多段线（P）/距离（D）/角度（A）/修剪（T）/方式（E）/多个（M）］：基面选择单击上表面的任一条线

输入曲面选择选项［下一个（N）/当前（OK）］<当前（OK）>：N 选择上表面为基面

输入曲面选择选项［下一个（N）/当前（OK）］<当前（OK）>：

指定基面的倒角距离：1

指定其他曲面的倒角距离 <1.0000>：1

选择边或［环（L）］：L 选择环

选择边环或［边（E）］：再次单击上表面任一条边

选择边环或［边（E）］：完成上表面的倒角

重复倒角命令，完成下表面的倒角，结果如图 6－4－7 所示。

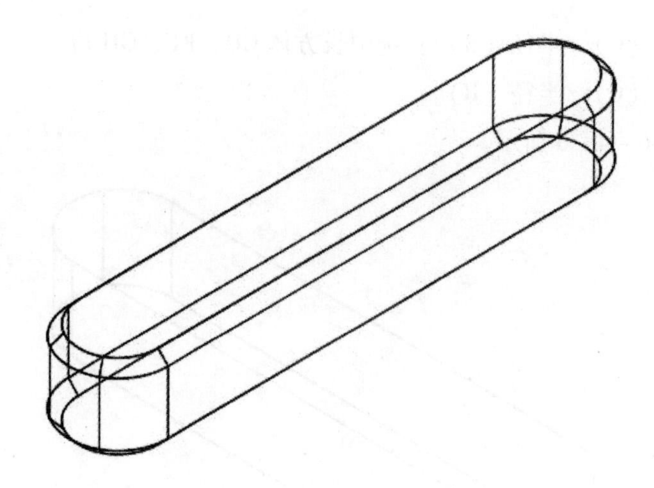

图6-4-7 倒角的操作

将视图样式切换到［概念］，观察实体，效果如图6-4-8所示。

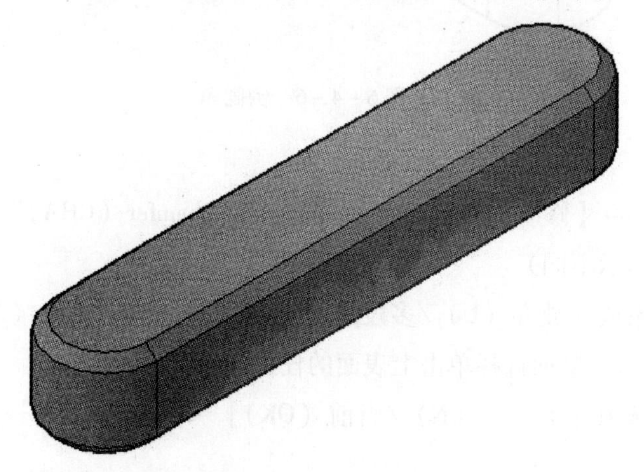

图6-4-8 平键实体

任务测试

任务测试表（表6-4-1）。

表6-4-1 任务测试表

班组人员签字：

任务名称	直线类命令的使用	规格型号	
检查数量		检验日期	年 月 日
检验项目	质量标准	测量方法	检验结果
倒角	绘制图形	目测	

续表

任务名称	直线类命令的使用	规格型号	
圆角	绘制图形	目测	
干涉检查	绘制图形	目测	
备注			
作品自我评价			
小组			
指导教师评语			

任务拓展

干涉检查的合理利用

在 CAD 的装配过程中，用户经常会遇到模型和模型之间的干涉现象，受到不必要的干扰。因而，在执行两个甚至更多的模型装配时，需要进行干涉检查操作，就可以随时方便对模型的尺寸和位置等参数进行调整，从而保证较为适当的装配效果。干涉区间会以不同颜色的实体显示，有利于设计师快速查找出干涉的问题，避免造成设计错误。

项目小结

本项目主要介绍了基本三维图形的绘制命令，通过四个任务，同学们掌握了三维图形各相关绘制命令的含义及使用方法以及最基本的操作技巧，熟练使用三维绘图命令及实体编辑命令，绘制组合实体。 锻炼同学们的实际动手能力和解决问题的能力，为以后的学习、工作打下一个坚实的基础。

项目思考题

1. AutoCAD 三维建模首先应做什么？
2. 如何灵活使用三维坐标？
3. 哪些二维绘图中的命令可以在三维模型空间继续使用？
4. 如何保证三维建模时作图的清晰快捷？

项目七

项目描述

通过本项目的学习，学生们能熟练掌握 AutoCAD，不仅允许将所绘图形以不同样式通过绘图仪或打印机输出，还能将不同格式的图形导入 AutoCAD 或将 AutoCAD 图形以其他格式输出。

项目目标

● 知识目标

1. 了解图形的打印设置的方法和步骤；
2. 了解图纸尺寸的自定义方法；
3. 了解模型空间与图纸空间之间的切换；
4. 掌握创建和管理布局的方法；

5. 掌握图形的输入方法；

6. 掌握图形的输出方法。

● **能力目标**

能熟练掌握图形输入输出和模型空间与图形空间之间切换的方法，并能够打印 AutoCAD 图纸。

● **素质目标**

1. 具有能将模型空间与图纸空间的转化能力。

2. 具有分析及解决实际问题的能力；

3. 具有创新意识及获取新知识、新技能的学习能力。

任务一　图形的打印输出

任务目标

● 知识目标

1. 学会打印设置的方法；
2. 学会自定义图纸的尺寸；
3. 学会模型空间与图纸空间的切换。

● 能力目标

1. 能够设置打印设备及纸张；
2. 能够在模型空间打印既定图纸；
3. 在图纸空间打印既定图纸。

● 素质目标

1. 培养学生在使用计算机的过程中具有安全操作及规范操作的意识；
2. 培养学生在绘图的过程中具有认真严谨的态度和吃苦耐劳的精神。

任务准备

图形的打印输出

一、打印设置

1. 打印设置
2. 自定义图纸尺寸

第一步，打开“文件”对话框，选择“打印（P）选项”，点“打印机图标”，或者按“CTRL + P”进入“打印 - 模型”界面。如图 7 - 1 - 1 所示。

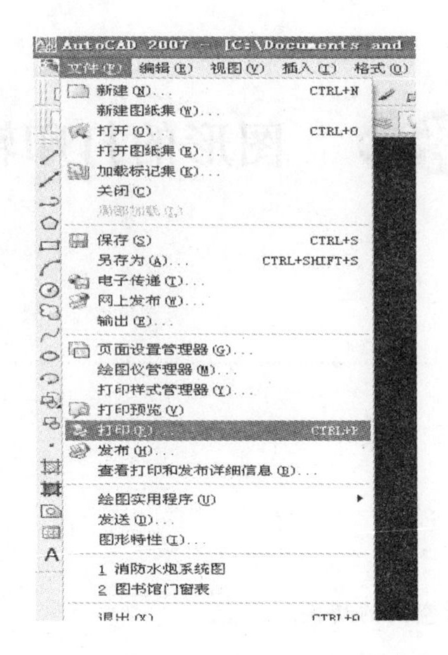

△ 图7-1-1 “文件”-“打印”界面

第二步，在“打印机/绘图仪”“名称”旁边的栏里选择你要使用的打印机，然后，把“图纸方向”，下面的“横向”点一下。(如果你的图纸为纵向，就点纵向。“图纸方向”的位置：在“打印-模型”里边的右下角有一个“ ”按钮，点一下就出来了)。如图7-1-2所示。

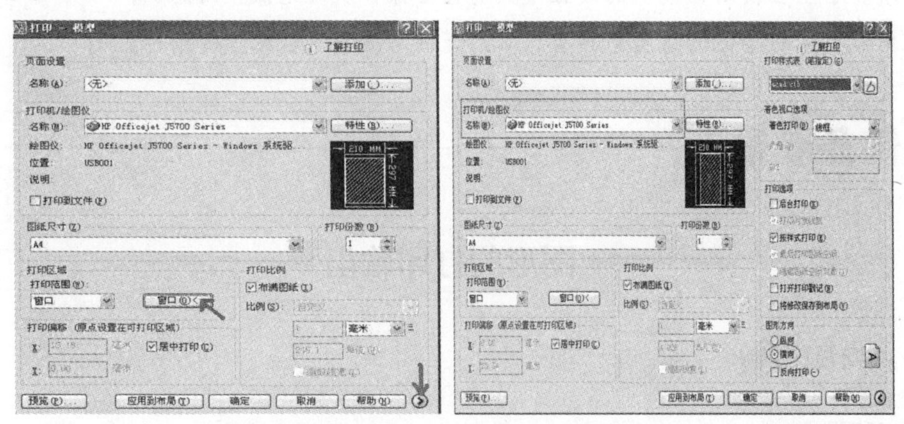

△ 图7-1-2 “打印-模型”界面

第三步，在“打印比例”下面的“布满图纸”方框打勾；在“打印偏移”下面的“居中打印”方框打勾。如图7-1-3所示。

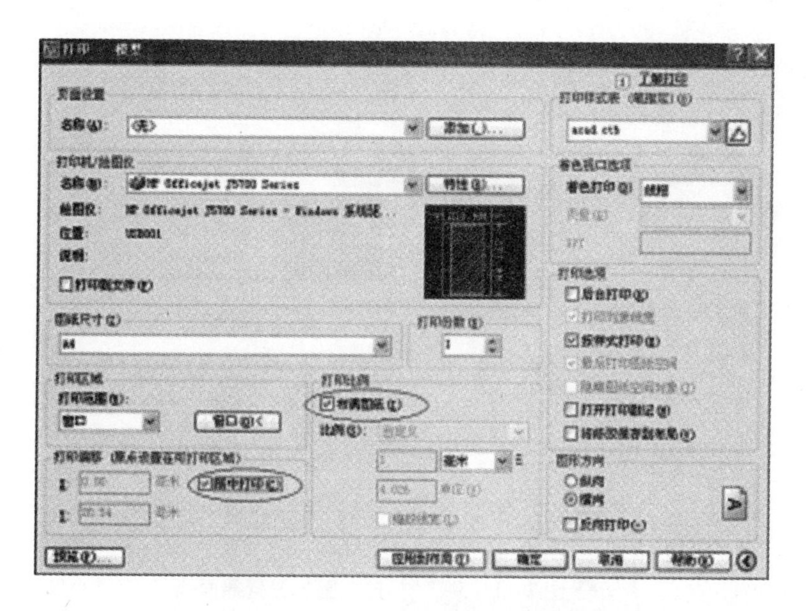

图 7－1－3　“打印比例”设置界面

第四步，在“图纸尺寸”下面的项目里边选择“A4”。如图 7－1－4 所示。

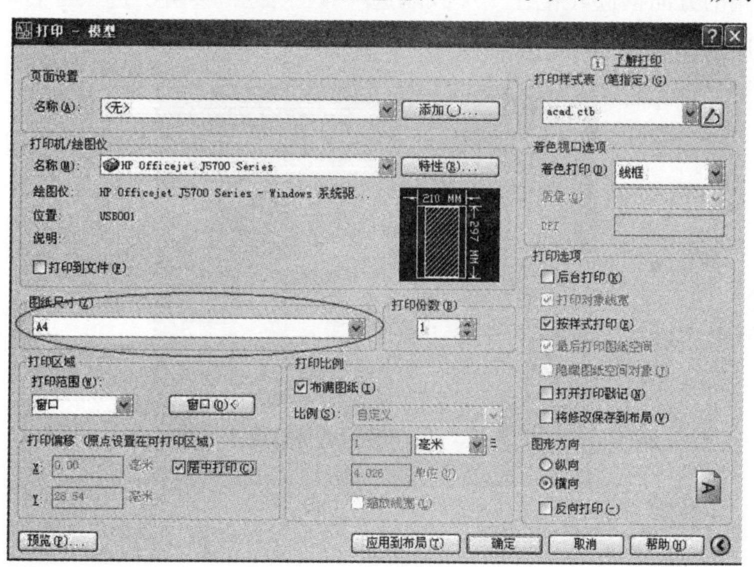

图 7－1－4　“图纸尺寸”设置界面

第五步，拉开“打印范围”下面的“显示”菜单栏，选择“窗口”选项。鼠标左键点击右面的“窗口”。如图 7－1－5 所示。

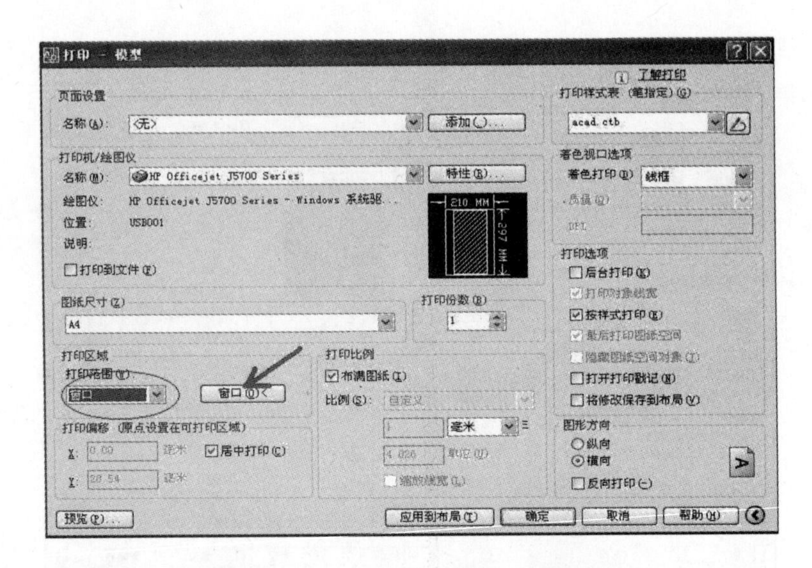

图 7-1-5 “打印范围”设置界面

第六步，此时“打印－模型”界面会消失，进入绘图界面，把你要打印的图纸区域从右下角到左上角的方向框选（记住一下只能选一张图纸），会再次进入“打印模型”界面。如图 7-1-6 所示。

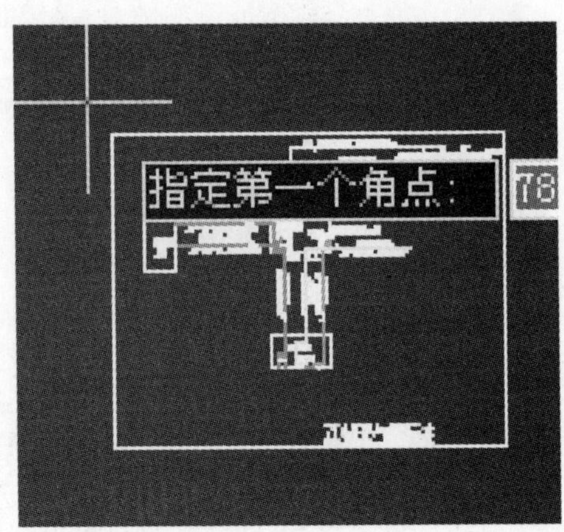

图 7-1-6 “打印模型”界面

第七步，单击空白处，再次出现打印的对话框，左键单击“预览”则出现打印区域的预览页面；若左键单击“确定”，则开始打印。如图 7-1-7 所示。

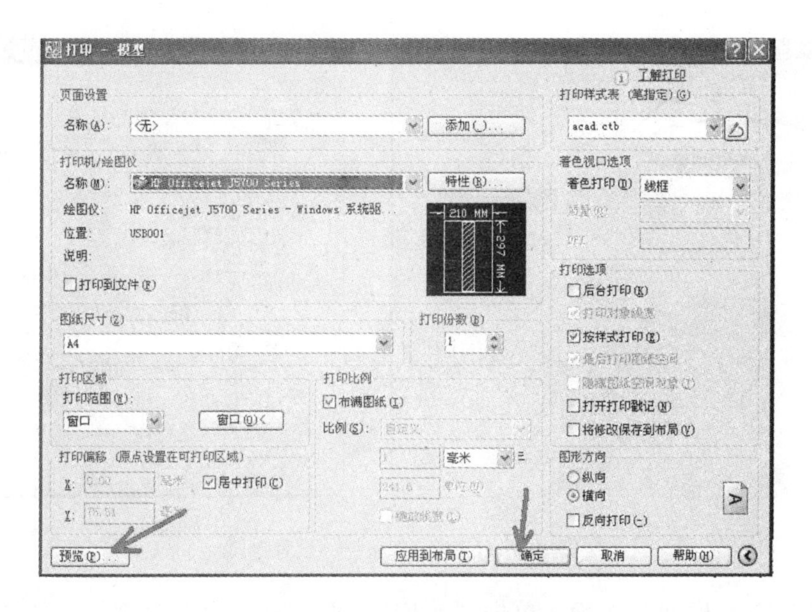

图 7－1－7　选择“预览”界面

另外，如果打印仪是黑色，左键单击“特性”项目，进入绘图仪配置编辑器页面，左键单击“自定义特性”。如图 7－1－8 所示。

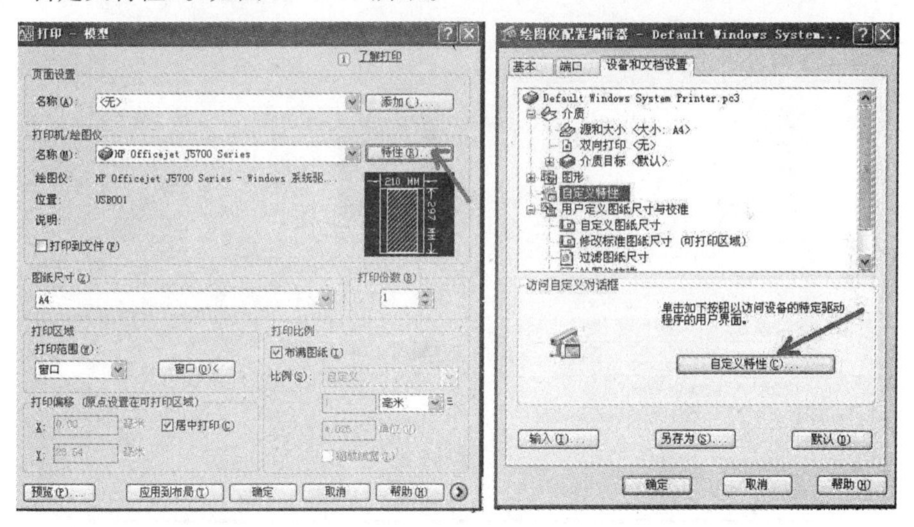

图 7－1－8　“自定义特性”设置界面

进入打印机文档属性页面，左键单击“颜色”、在颜色选项选择“灰度打印”，下拉框中选择“仅黑色墨水”后，单击“确定”，进入“绘图仪配置编辑器”页面后，单击“确定”，如图 7－1－9 所示。

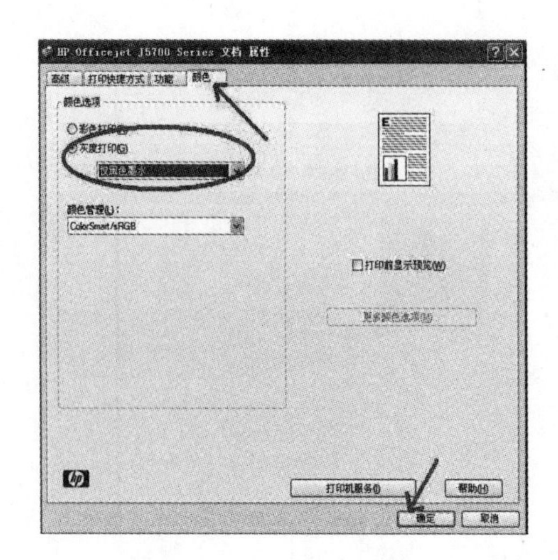

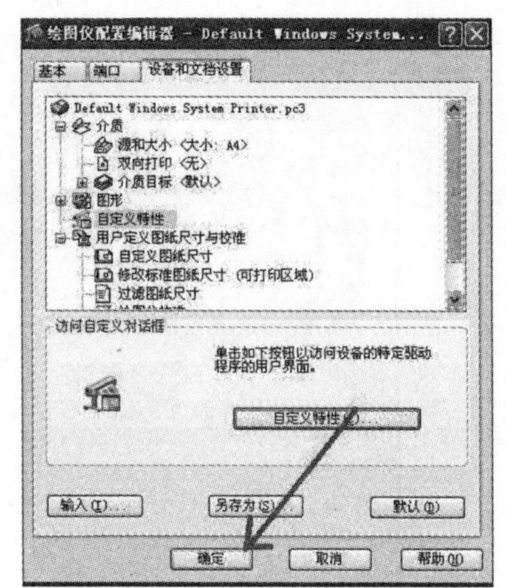

图7-1-9　“颜色”设置界面

回到“打印-模型”界面，单击“确定”，即可打印出黑色文档。如图7-1-10所示。

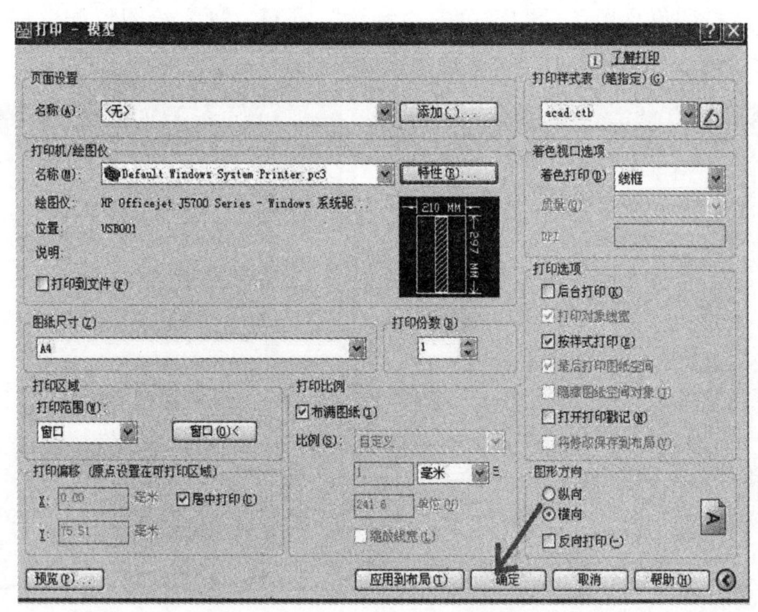

图7-1-10　“打印-模型”界面

3. 模型空间与图纸空间

模型空间是放置AutoCAD对象的两个主要空间之一。典型情况下，几何模型放置在称为模型空间的三维坐标空间中，而包含模型特定视图和注释的最终布局则位于图纸空间。图纸空间用于创建最终的打印布局，而不用于绘图或设计工作。可以使用布局选项卡设计图纸空间视口。而模型空间用于创建图形，最好在“模型”选项卡中进行设计工作。如果你仅仅绘制二维图形文件，那么模型空间和图纸空间没有太大差别，都可以进行设计工作。但如果是三维图形设计，那情况就完全不同了，只能在图纸空间进行图形的文字编辑、图形输出等工作。

模型空间与图纸空间的关系是：

“模型空间”，就是指你画的实物，比如一个零件、一栋大楼。因为还没造出来，还只是个模型，但它反映了真正的东西，所以叫“模型空间”。

“图纸空间”，就是一般的图纸样子，图纸与实物最简单的区别就是比例。从图纸空间到真正的图纸就是1∶1打印。

从模型空间直接打印图纸，靠的是打印比例，现在，你完全可以把模型空间到图纸空间也理解成“打印”。而“打印”比例就是视口比例，也就是说，预先把模型打印到图纸空间。

模型空间的图与打印出来的物理图纸是“实物”与图纸的关系，图纸空间与打印出来的物理图纸是电子文件与物理图纸的关系，就像Word文件与打印出来的书面文章之间的关系一样。

这样，模型空间与图纸空间的关系是：

（1）平行关系

模型空间与图纸空间是个平行关系，相当二张平行放置的纸。

（2）单向关系

如果把模型空间和图纸空间比喻成二张纸的话，模型空间在底部，图纸空间在上部，从图纸空间可以看到模型空间（通过视口），但模型空间看不到图纸空间，因而它们是单向关系。

（3）无连接关系

正因为模型空间和图纸空间相当于二张平行放置的纸张，它们之间没有连接关系，也就是说，要么画在模型空间，要么画在图纸空间。在图纸空间激活视口，然后在视口内画图，它是通过视口画在模型空间上，尽管所处位置在图纸空间，相当于我们面对着图纸空间，把笔伸进视口到达模型空间编辑，这种无连接关系使得明明在图纸空间下仍把它称为模型空间，只是为了区别加个“浮动”。

我们要注意这种无连接关系，它不像图层，尽管对象被放置在不同的层内，但图层与图层之间的相对位置始终保持一致，使得对象的相对位置永远正确。模型空间与图纸空间的相对位置可以变化，甚至完全可以采用不同的坐标系，所以，我们至今尚不能做到部分对象放置在模型空间，部分对象放置在图纸空间。

可以这样理解，想象模型空间就像一张无限大的图纸，你想画的图形尺寸是多少就输入多少，即按1∶1绘图，而图纸空间就像一张实际的图纸，如A1，A2，A3，A4这么大，所以，要想在图纸空间出图，需要在图纸空间内建立视口，目的是将模型空间的图形显示在图纸空间，选中视口的边框，在查看属性即可调整显示比例，也就是说将模型空间的图形缩放你想最终打印出的图纸上（如 A1，A2，A3，A4），在图纸空间的同一张图纸上，可多建视口，以设定不同的视图方向，如主视，俯视，右视，左视等。

CAD 图纸空间里的图纸转化到模型空间的步骤。

在图纸空间里：选择【另存为】→【将布局另存为图形】→【输入文件名】操作进行输转换，此时的格式仍为 dwg。

打开所转换的图形，它已出现在模型空间里了，但该图形是一个块，如需编辑还得将它分解。转为 AutoCAD 的可编辑图形时，操作如图 7-1-11 所示。

图 7-1-11　CAD 图纸空间里的图纸转化到模型空间界面

任务实施

将如图 7-1-12 所示的图纸用 A4 纸打印出来。

要求：实现图示中 A4 图纸的布局设置。

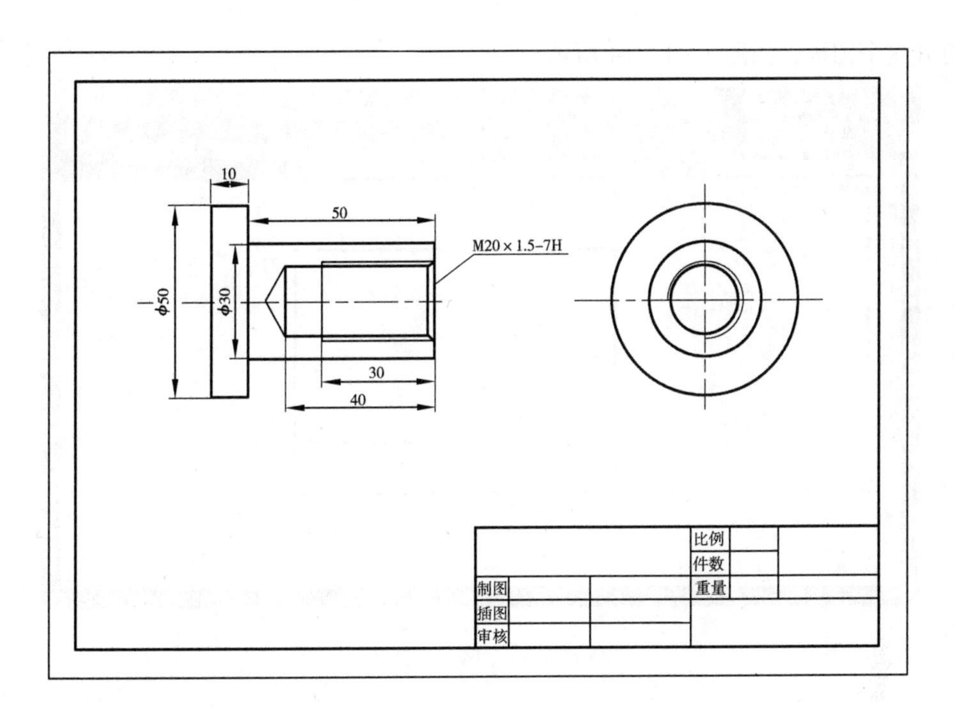

图 7－1－12　A4 图纸的布局

第一步，先准备一个标准的 CAD 的 A4 图框（210×297 mm），可以照着机械制图的书上画。如图 7－1－13 所示。

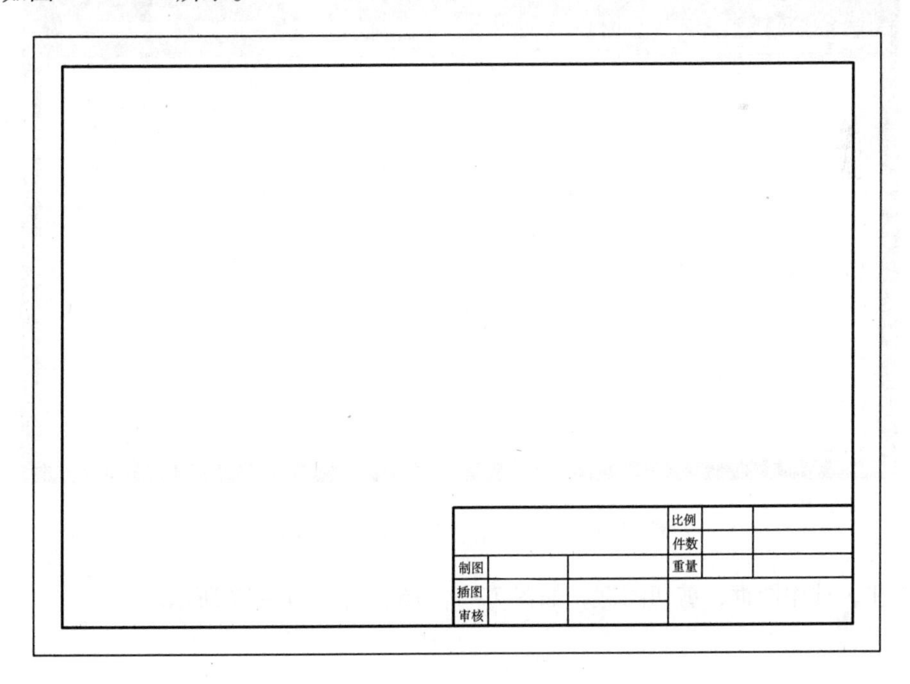

图 7－1－13　CAD 的 A4 图框

打开这个图框，如图 7－1－14 所示。

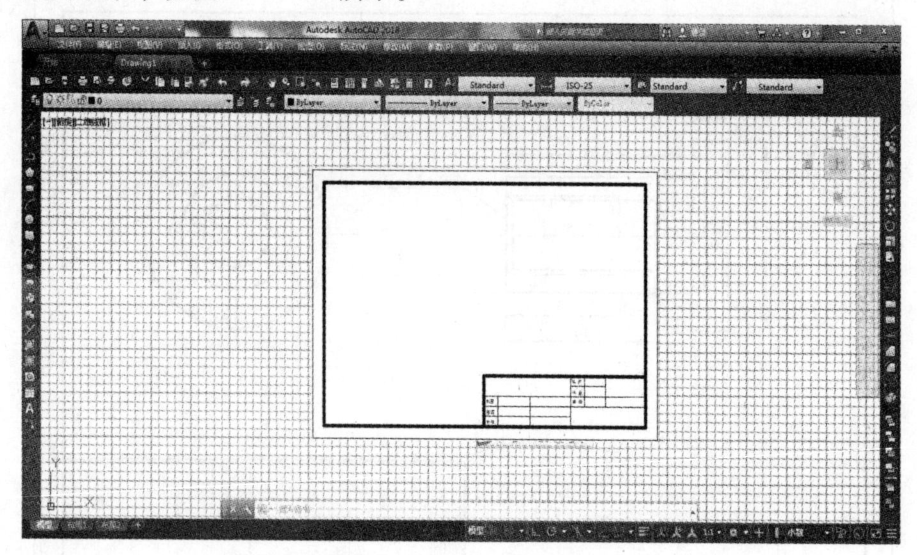

图 7－1－14　打开图框

在模型里面绘制 CAD 图，模型 布局1 布局2，如图 7－1－15 所示。

注意：先不要标注尺寸，后面再标注。

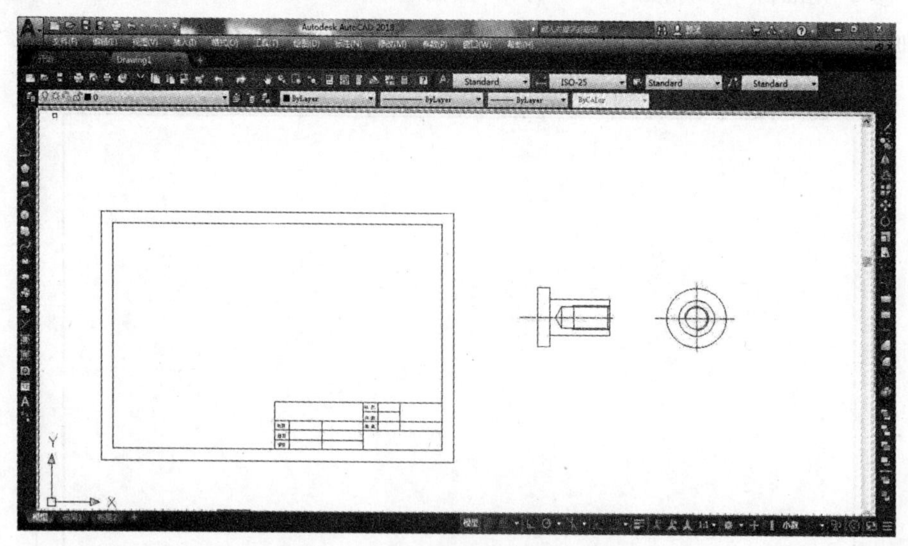

图 7－1－15　在模型里面绘制 CAD 图

第二步，选中图框，剪切图框，如图 7－1－16、图 7－1－17 所示。

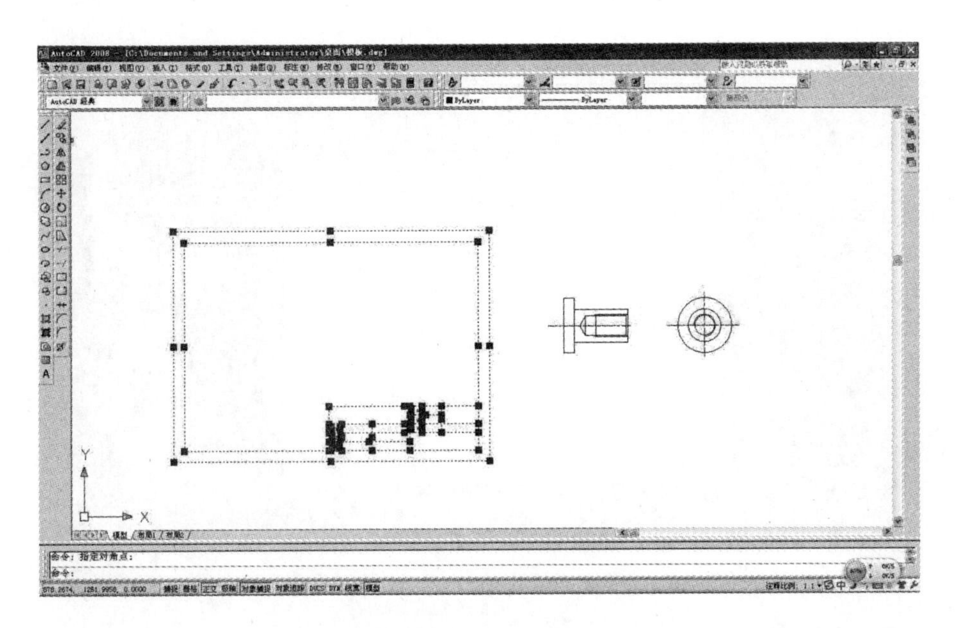

图 7－1－16　选中图框

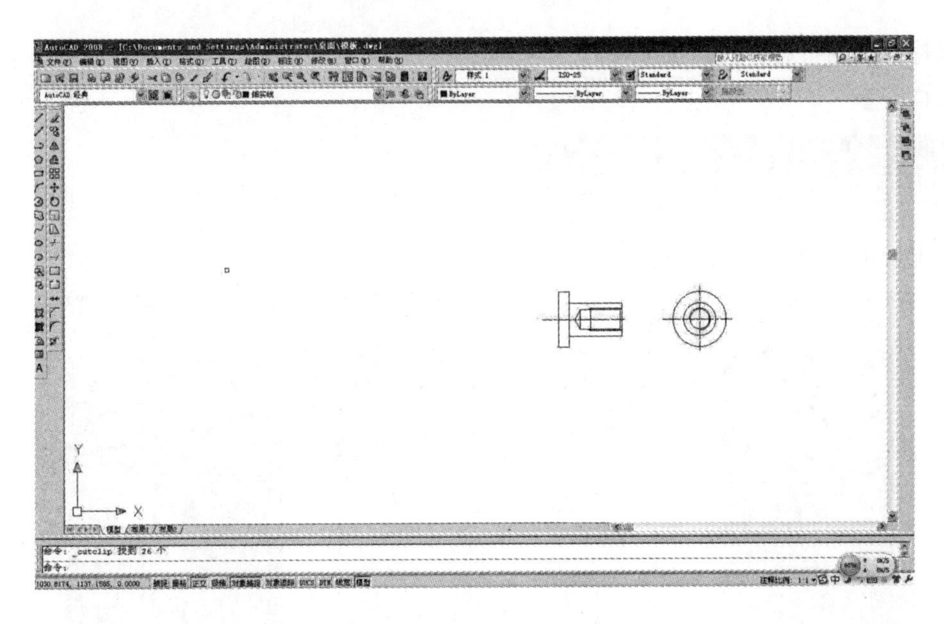

图 7－1－17　剪切图框

选中布局 1，模型 布局1 布局2，进入布局 1 中，如图 7－1－18 所示，

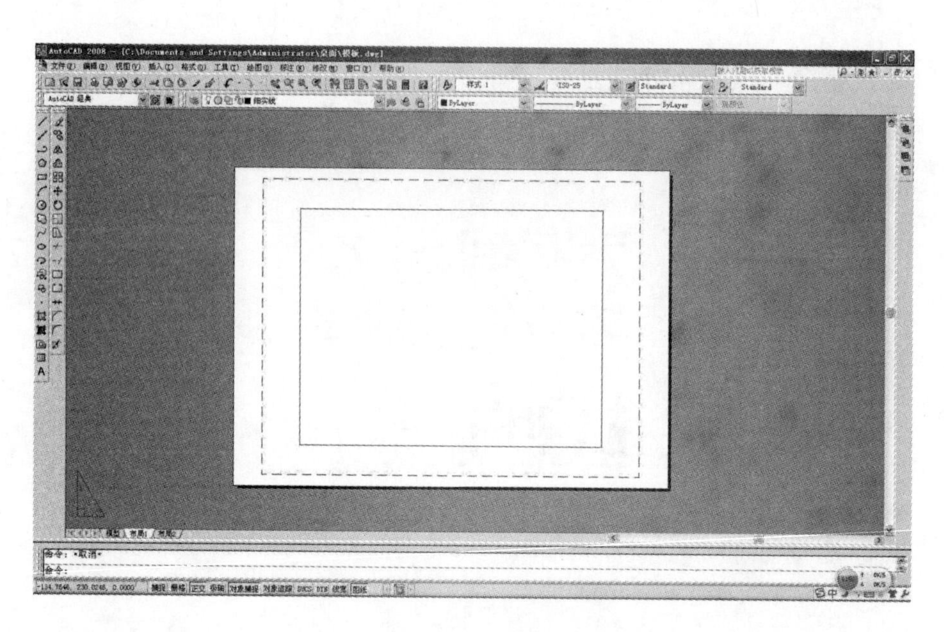

图 7－1－18　任务实施框图

鼠标移动到布局 1 上，在布局 1 上单击鼠标右键，在弹出的对话框中选择页面设置管理器（G）。

弹出如图 7－1－19 所示的对话框。

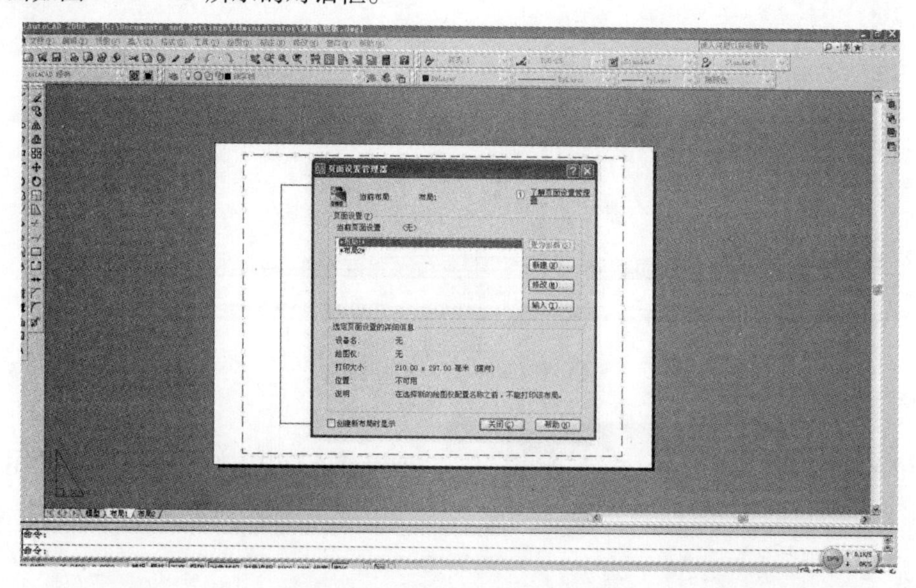

图 7－1－19　页面设置管理器

选择修改，弹出如图 7－1－20 的对话框。

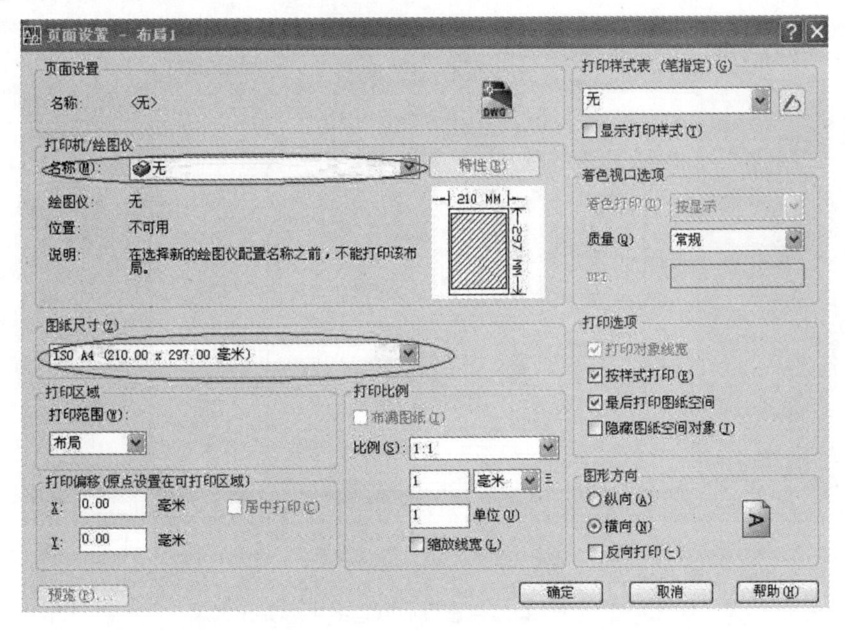

图 7－1－20　选择修改

上图中主要修改画红圈的两项，其他的不用改。

名称选择我们之前安装的虚拟打印机 doPDFv7，图纸尺寸选择 A4Rotated。如图 7－1－21 所示。

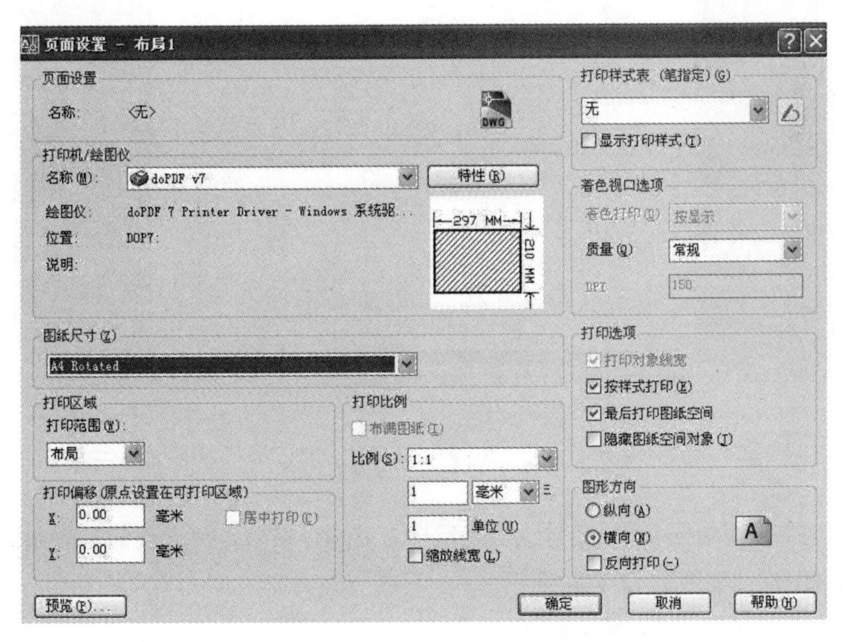

图 7－1－21　图纸尺寸选择

点击上图中的确定选项，再点击页面管理器中的关闭选项，如图 7 - 1 - 22 所示。

图 7 - 1 - 22　点击页面管理器中的关闭选项

删除上图中间的实线框，如图 7 - 1 - 23 所示。

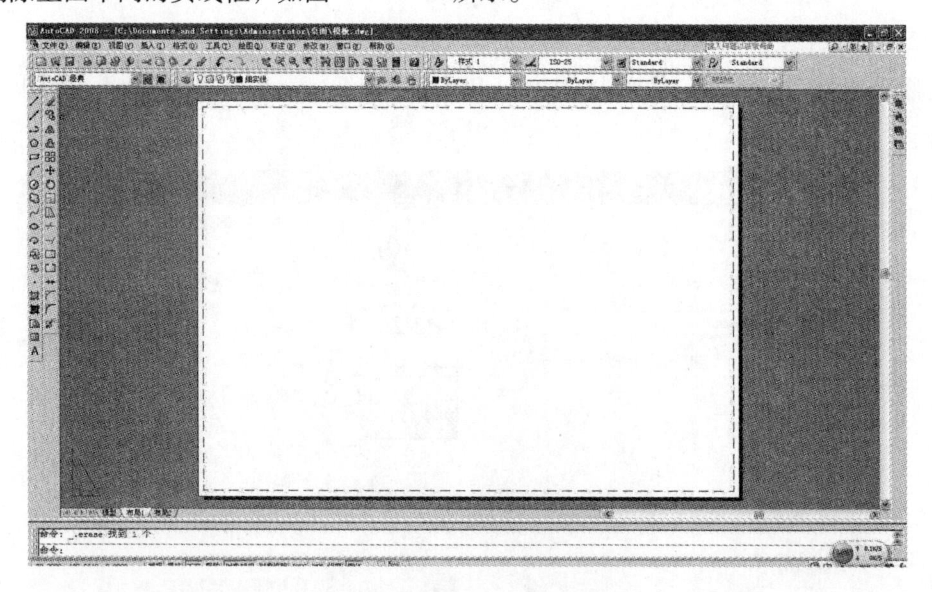

图 7 - 1 - 23　删除实线框

然后在这个界面中按 Ctrl + V 键或者是鼠标右键选择粘贴，出现我们之前在模型中剪切的 A4 的标准图框，如图 7 - 1 - 24 所示。

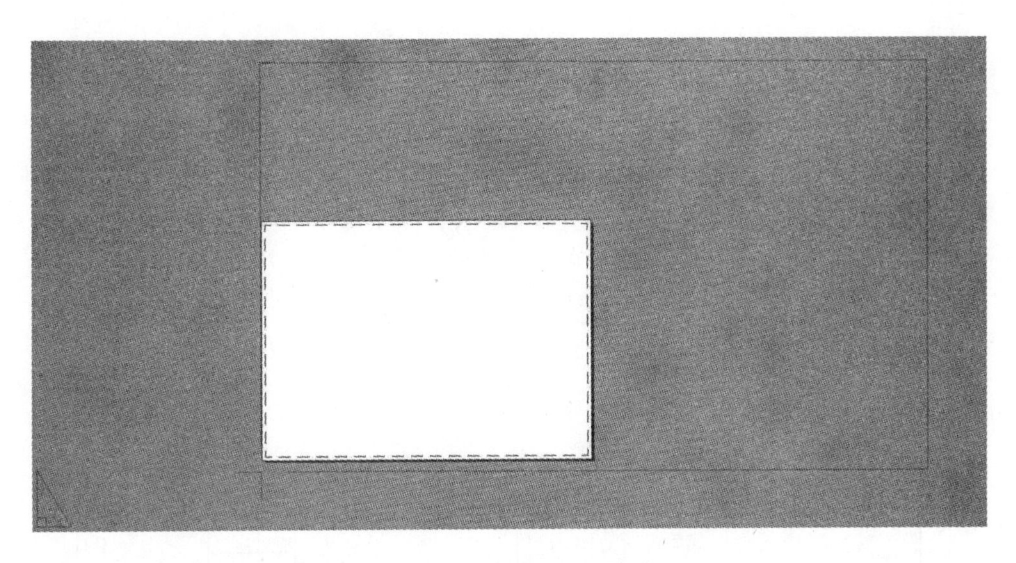

图 7－1－24 粘贴剪切的 A4 标准图框

用鼠标滚轮或者中键放大这块白色的布局，让十字型的交叉点与白色布局的左下角交叉点重合，如图 7－1－25 所示，点击鼠标左键确定，出现如图 7－1－26 的界面，这样我们就把标准的 A4 图框粘到布局 1 中了，现在的布局 1 就相当于一张标准的 A4 图纸。

图 7－1－25 放大白色布局

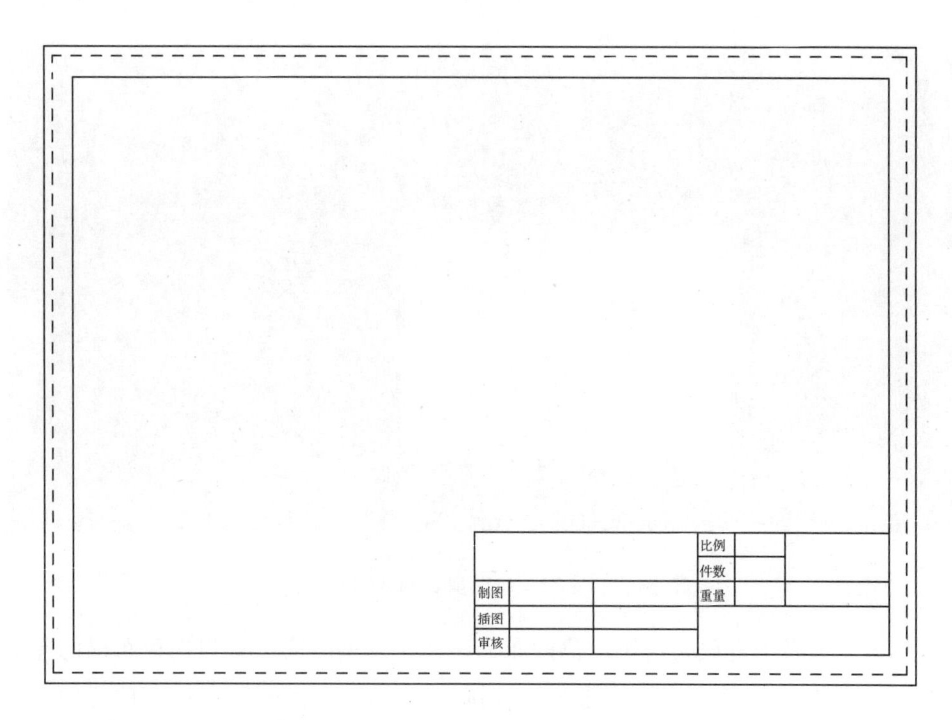

图 7-1-26　把标准的 A4 图框粘到布局 1 中

任务测试

任务测试表（表 7-1-1）。

表 7-1-1　任务测试表

班组人员签字：

任务名称	打印设置	规格型号	
检查数量		检验日期	年　月　日
检验项目	质量标准	测量方法	检验结果
设置打印设备以及纸张	A4 纸张打印合适	目测	
在模型空间打印既定图纸	符合比例	目测	
在图纸空间打印既定图纸	符合比例	目测	
备注			
作品自我评价			
小组			
指导教师评语			

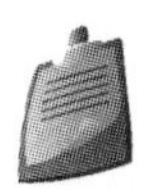

任务拓展

布局空间的设置

画好的 CAD 图纸，如图 7－1－27 所示。

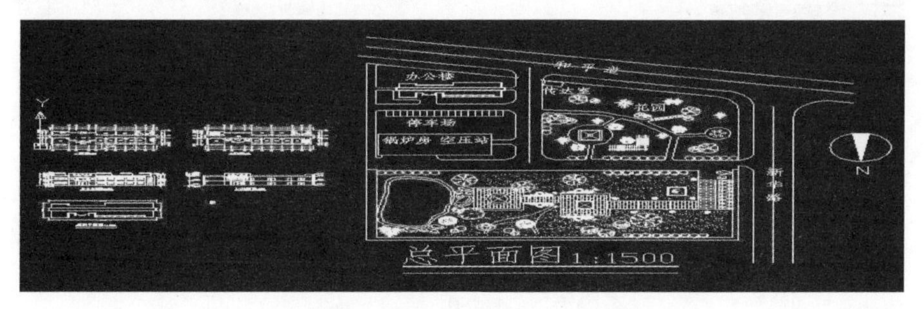

图 7－1－27　画好的 CAD 图纸

点击下面的“布局 1”，如图 7－1－28 所示。

图 7－1－28　“布局”

切换到布局页面后，把使用的图层改为“Defpoints”，如图 7－1－29 所示。

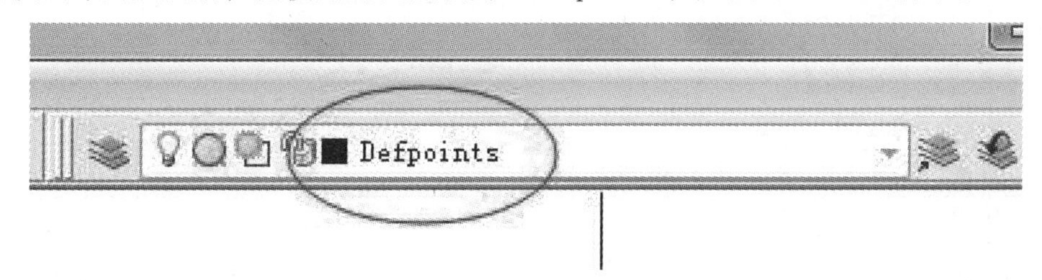

图 7－1－29　更改图层为“Defpoints”

命令“op”空格，按截图圈出来的设置，如图 7－1－30 所示。

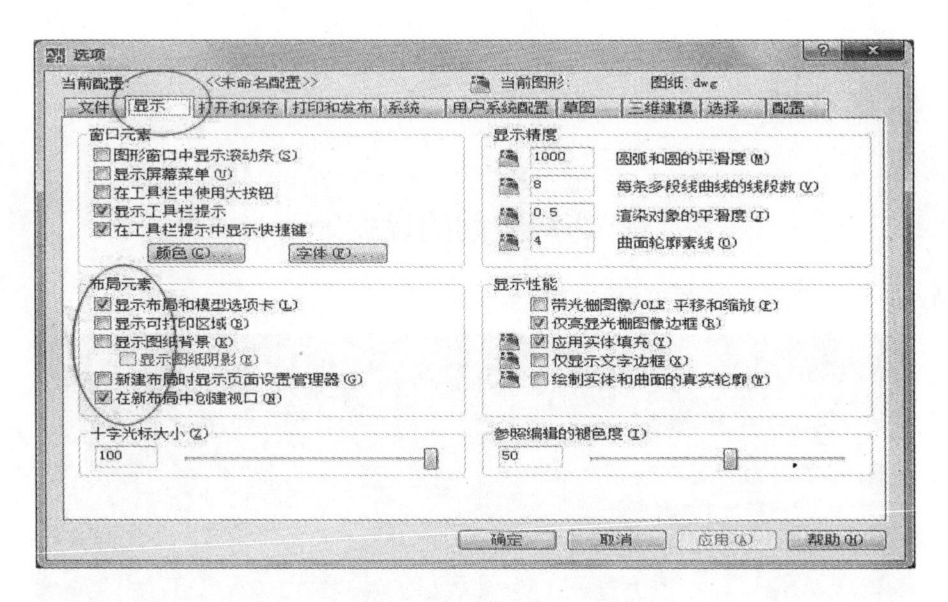

图 7－1－30　命令“op”

按截图设置，如图 7－1－31 所示。

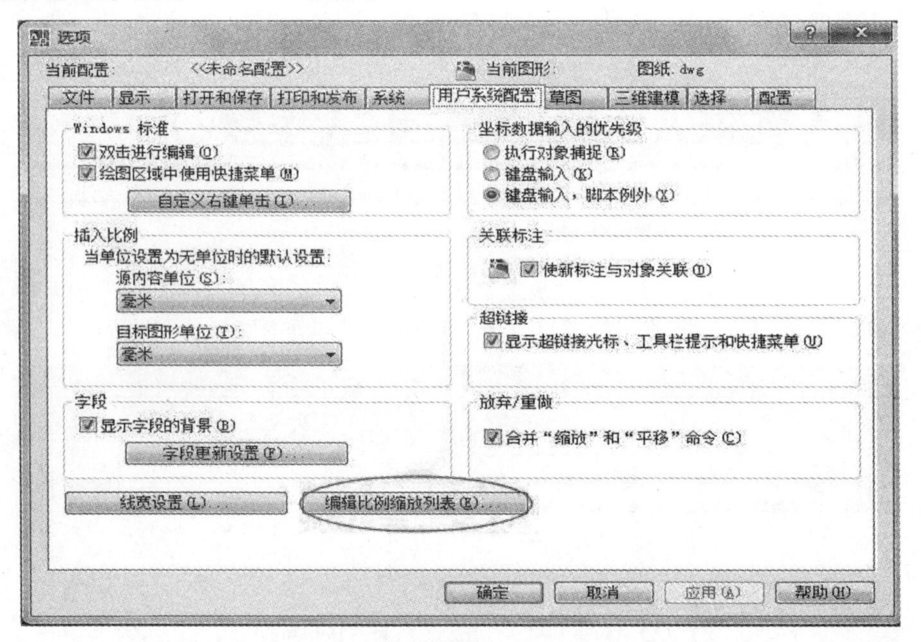

图 7－1－31　“选项”设置

按截图设置，如图 7－1－32 所示。

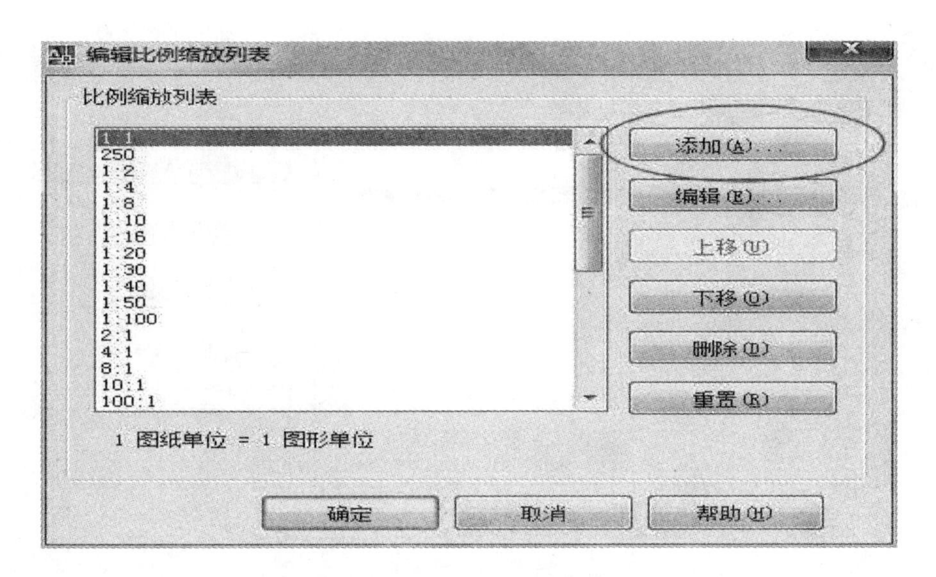

图 7－1－32　“比例缩放”设置

按截图设置，如图 7－1－33 所示。

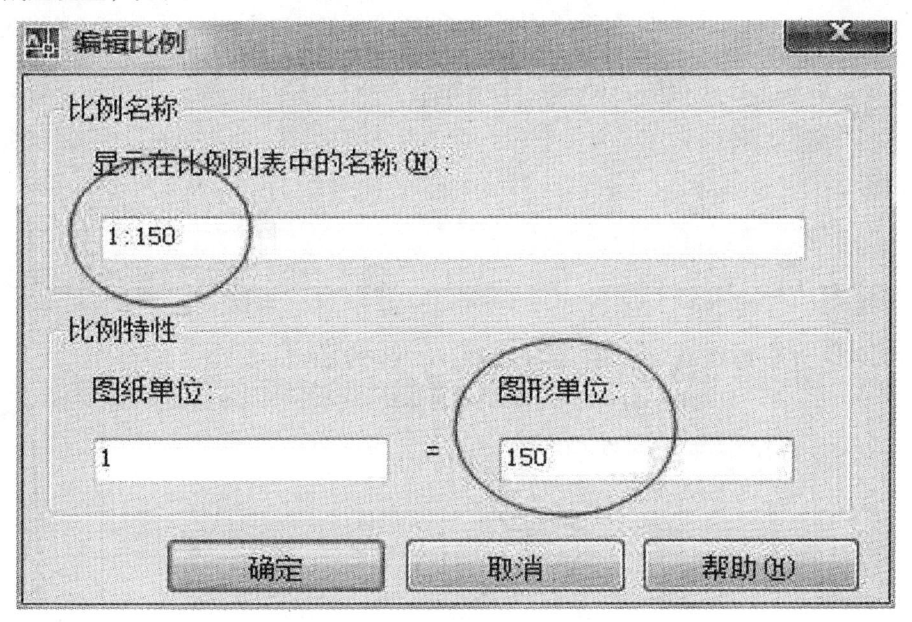

图 7－1－33　“编辑比例”设置

1:100，1:150，1:200，1:1500，1:20 全部添加好，如图 7－1－34 所示。

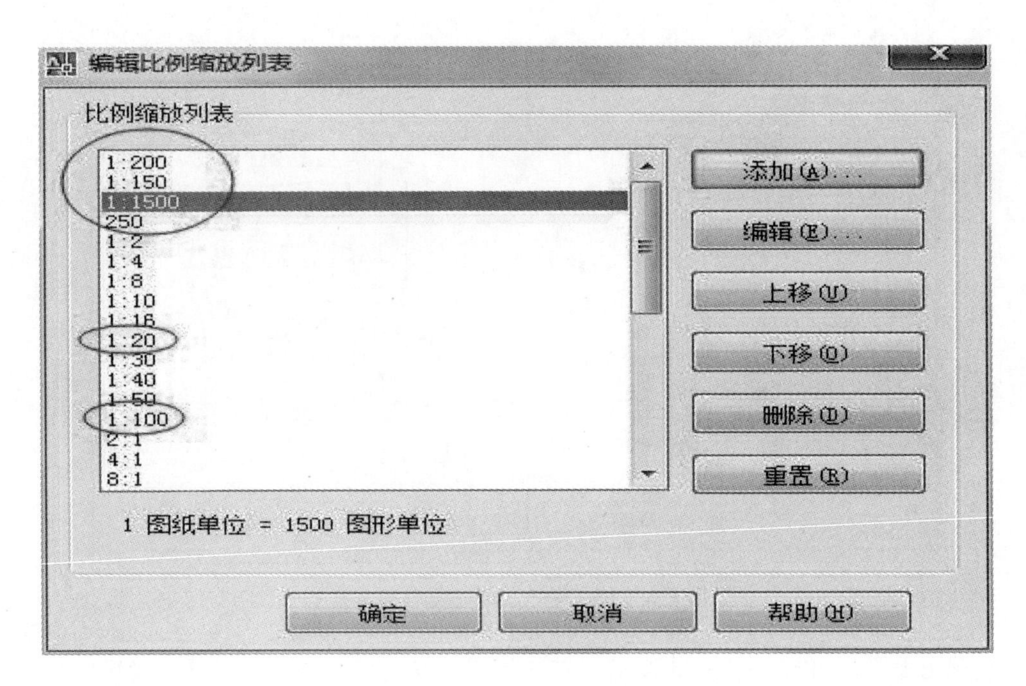

图7－1－34　“编辑比例缩放”列表

确认设置好后，在“布局1”中画A2的矩形（594＊420），命令“rec”空格。先点第一个起点，然后根据命令提示“D”空格，输入矩形的长宽，长“594”空格，宽“420”空格，如图7－1－35所示。

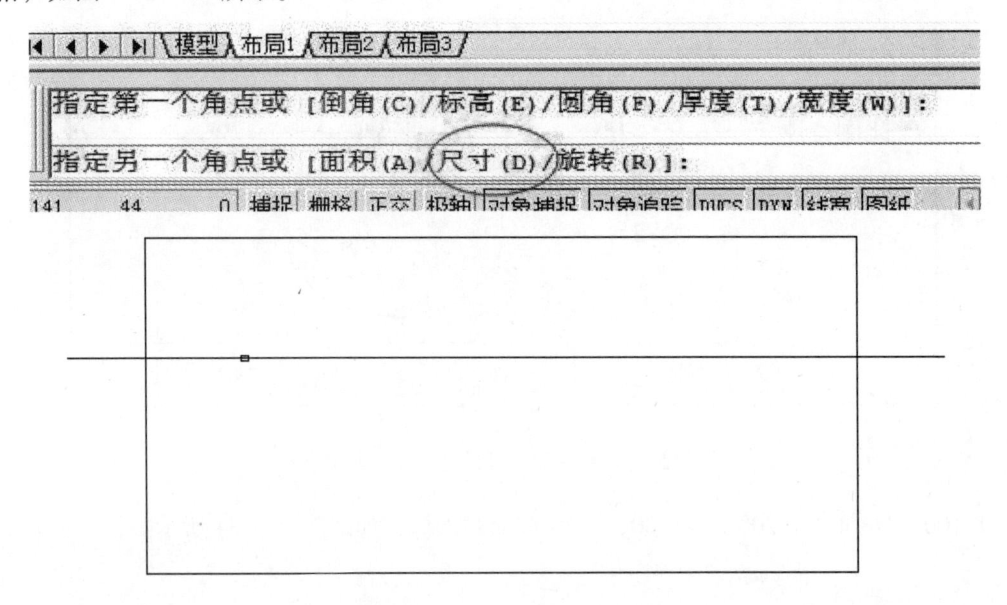

图7－1－35　编辑矩形长和宽

矩形画好后，可能太大，无法显示全部。输入“Z”空格，再“A”空格，可显示全部。如图7－1－36所示。

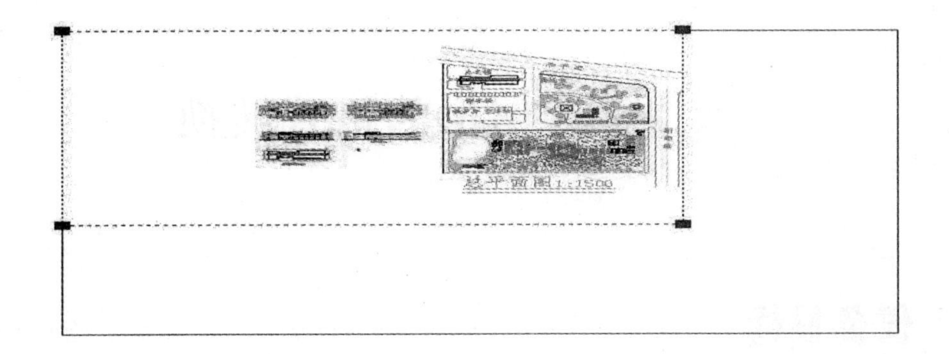

图 7 - 1 - 36　显示全部

在画好的矩形框中，输入“MV”空格，画布局的矩形，如图 7 - 1 - 37 所示。

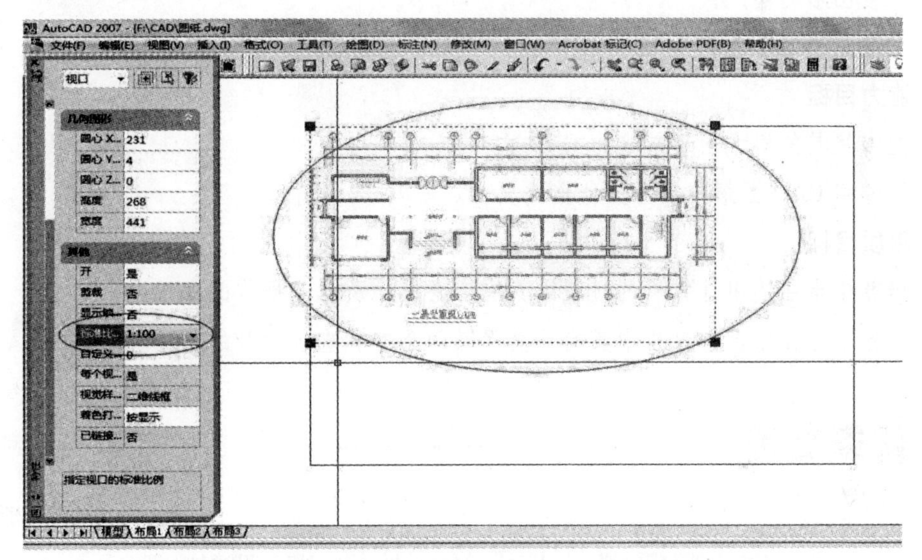

图 7 - 1 - 37　“MV”快捷键

选择 MV 的框，选择“标准比例 1∶100”，

点击“打印”，自行保存。

任务二　图形的格式转换

任务目标

● 知识目标

1. 学会图形的输入；
2. 学会图形的输出。

● 能力目标

1. 能够将其他格式图形转换为 CAD 文件；
2. 能够将 CAD 图形转换为其他格式文件。

● 素质目标

1. 培养学生在使用计算机的过程中具有安全操作及规范操作的意识；
2. 培养学生在绘图的过程中具有认真严谨的态度和吃苦耐劳的精神。

任务准备

图形的格式转换

一、图形的输入

1. 命令功能

用于导入其他格式的文件。

2. 命令调用

（1）菜单:【插入】→【3DStudio】→【ACIS 文件】→【Windows 图形文件】。

（2）键盘输入：命令：IMPORT↙

3. 命令及提示

执行上述命令后，系统弹出【输入文件】对话框，在【文件类型】下拉列表框中选择要导入的图形文件名称，单击【打开】按钮即可完成【图元文件】、【ACIS】或【3DStudio】图形格式的文件的输入。

输入与输出 dxf 文件

1. 命令功能

dxf 格式文件是图形交换文件，AutoCAD 2008 可以把图形保存为 dxf 文件，也可以打开 dxf 格式文件。

2. 命令调用

（1）菜单：【文件】→【打开】或【保存】→【保存】或【另存为】。

（2）命令行：DXFIN ↙

DXFOUT ↙

3. 命令及提示

执行上述命令后，在弹出的对话框中，选择 dxf 文件类型，完成 dxf 文件的输入与输出。

二、图形的输出

1. 命令功能

将图形文件以不同的类型输出。

2. 命令调用

（1）菜单：【文件】→【输出】。

（2）命令行：EXPORT ↙

3. 命令及提示

执行上述命令后，系统弹出【输出数据】对话框，在其文件下拉列表框中包括：【图形文件（*.ml)】，【ACIS（*.sat)】、【平版印刷（*.stl)】、【封装 PS（*.esp)】、【DXX 取（*.dxx)】、【位图（*.bmp)】、【3DSTUDIO（*.3ds)】及【块（*.dwg)】等，从中任选一个类型，即可完成该种类型图形的传输。

任务实施

上机练习打印 CAD 图纸

1. 打开 CAD 图纸以后，点击左上角“打印”按钮，进入“打印－模型”窗口；如图 7－2－1所示。

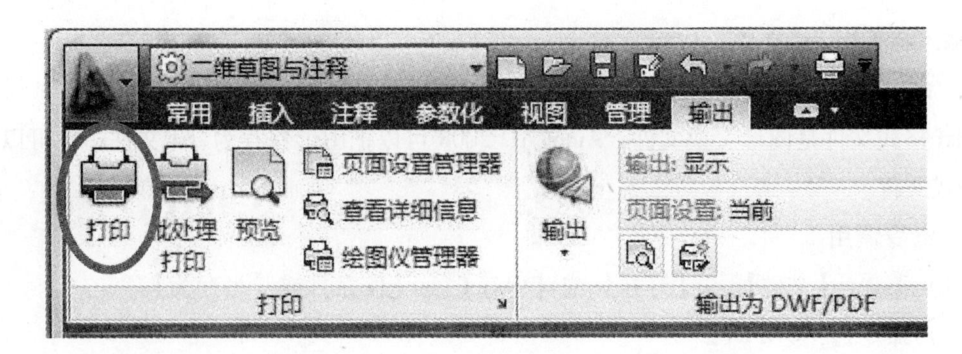

图7－2－1　“打印－模型”窗口

2. 打印－模型窗口出现，鼠标点击下拉左边的“打印机/绘图仪”的名称，选中你所使用的打印机，如图7－2－2所示。

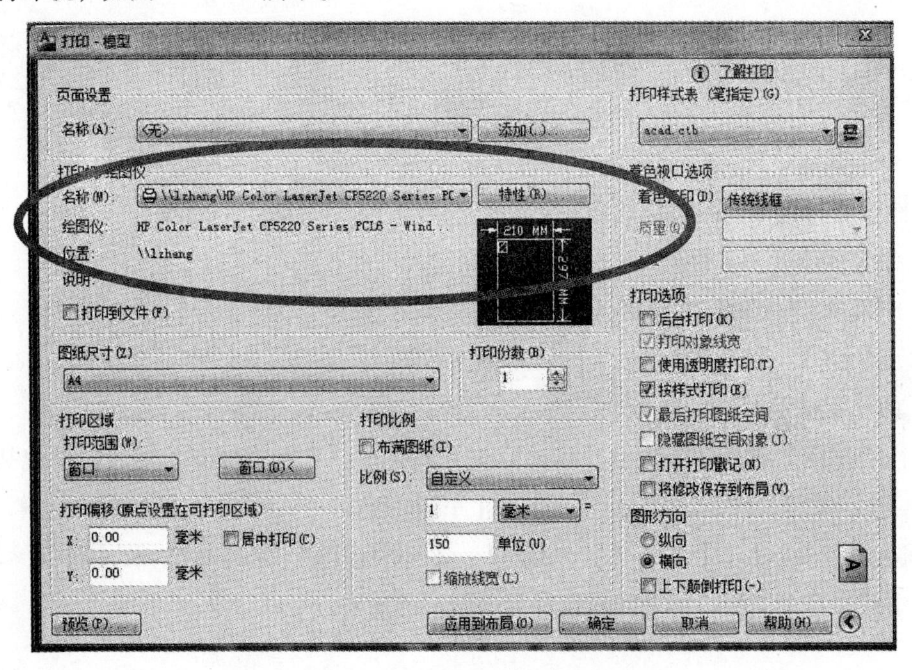

图7－2－2　“打印机/绘图仪”设置界面

3. 鼠标点击下拉左边的“图纸尺寸”，选中你要打印的图纸类型，如图7－2－3所示。

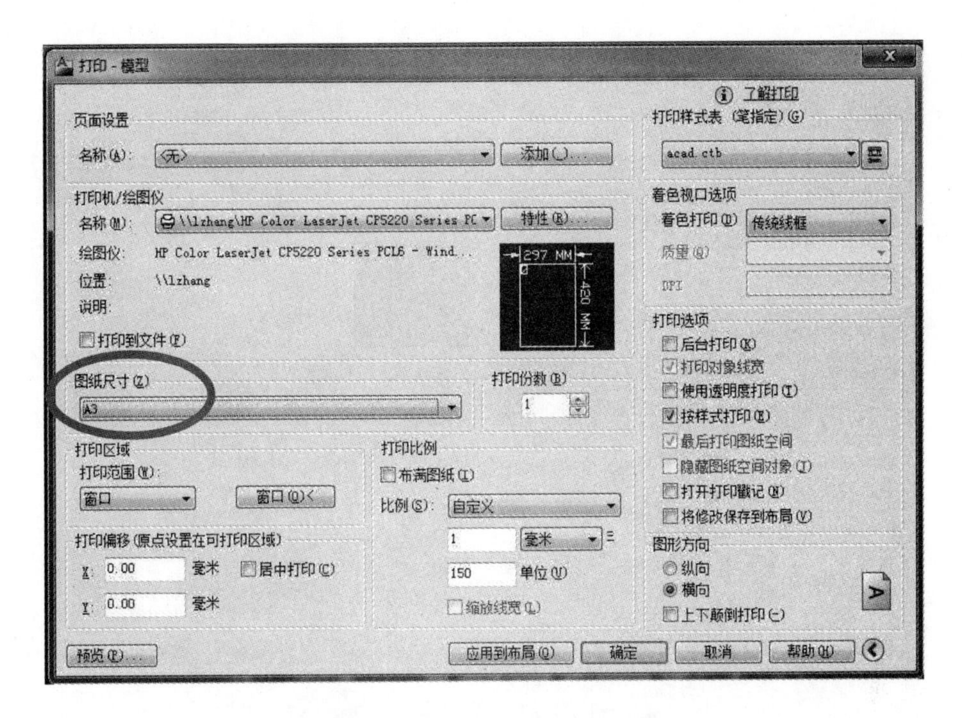

图 7－2－3　“图纸尺寸”设置

在“打印范围”的下拉列表中选择“窗口”，如图 7－2－4 所示。

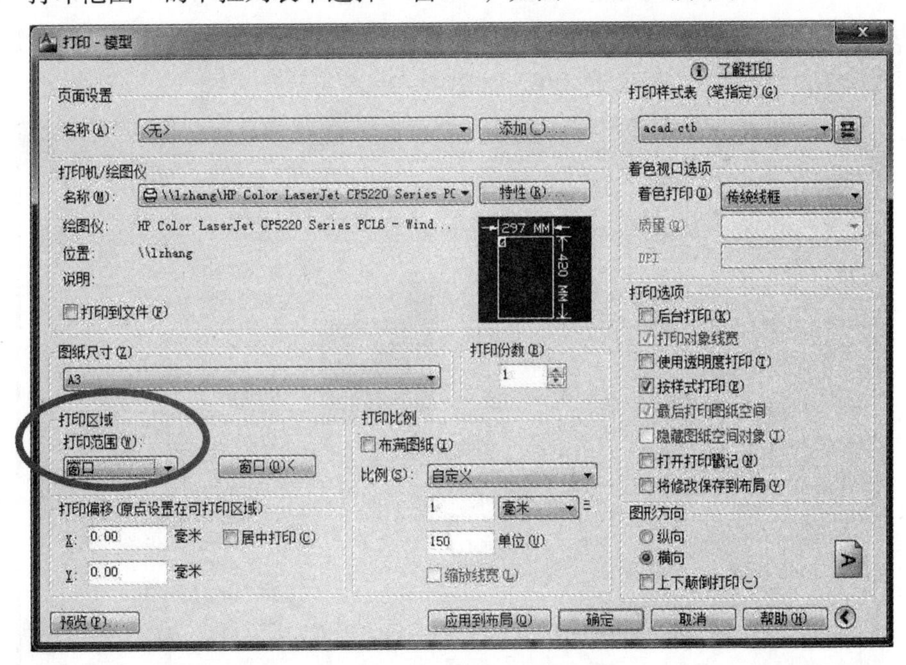

图 7－2－4　“打印范围”设置

4. 点击“窗口”按钮，便进入绘图区，选择要打印的图纸，然后点击一下左键，这样图纸就被选中了，随后，又回到“打印－模型窗口”，如图 7－2－5 所示。

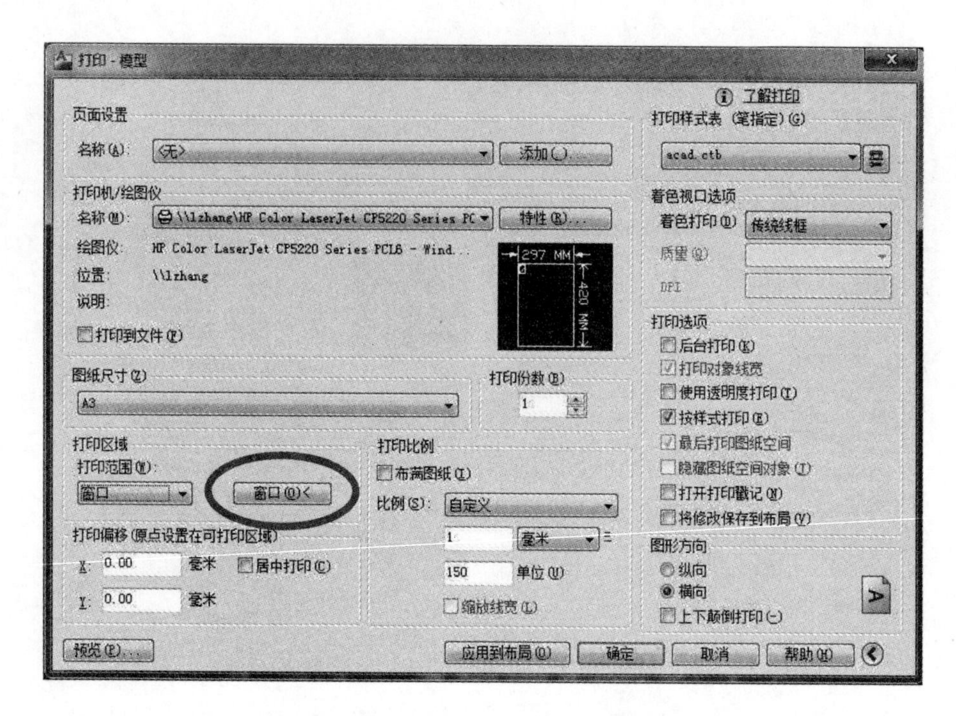

图 7－2－5　回到“打印－模型窗口”

5. 在“打印比例”处选择“布满图纸”；“打印偏移”处选择“居中打印”；“图形方向”处选中图纸的方向。横向、纵向取决于图纸的规格大小，然后点击确定即可打印。打印前也可先点击“预览”查看设置效果，如图 7－2－6 所示。

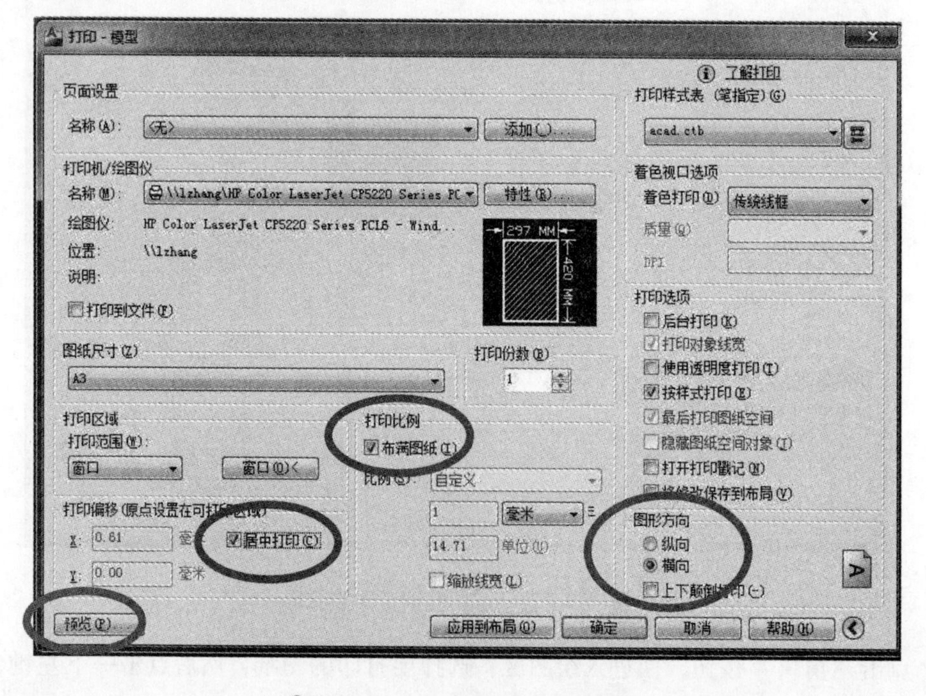

图 7－2－6　“打印比例”设置

任务测试

任务测试表（表7－2－1）。

表7－2－1　任务测试表

班组人员签字：

任务名称	打印设置	规格型号	
检查数量		检验日期	年　月　日
检验项目	质量标准	测量方法	检验结果
将其他格式图形转换为CAD文件	是否转换成功	文件转换格式	
将CAD图形转换为其他格式文件	是否转换成功	文件转换格式	
备注			
作品自我评价			
小组			
指导教师评语			

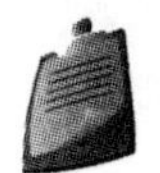

任务拓展

如何在打印时将CAD图纸转换为PDF文件。

在布局1这个窗口中（注意：一定要在布局1窗口中）选择文件－打印，

AutoCAD 2008 - [C:\Documents and Settings\Administrator\桌面\气缸压头.dwg]

文件(F)　编辑(E)　视图(V)　插入(I)　格式(O)　工具(T)　绘图(D)　标注(N)　修改(M)　窗口(W)　帮助(H)

弹出如图7－2－7的对话框。

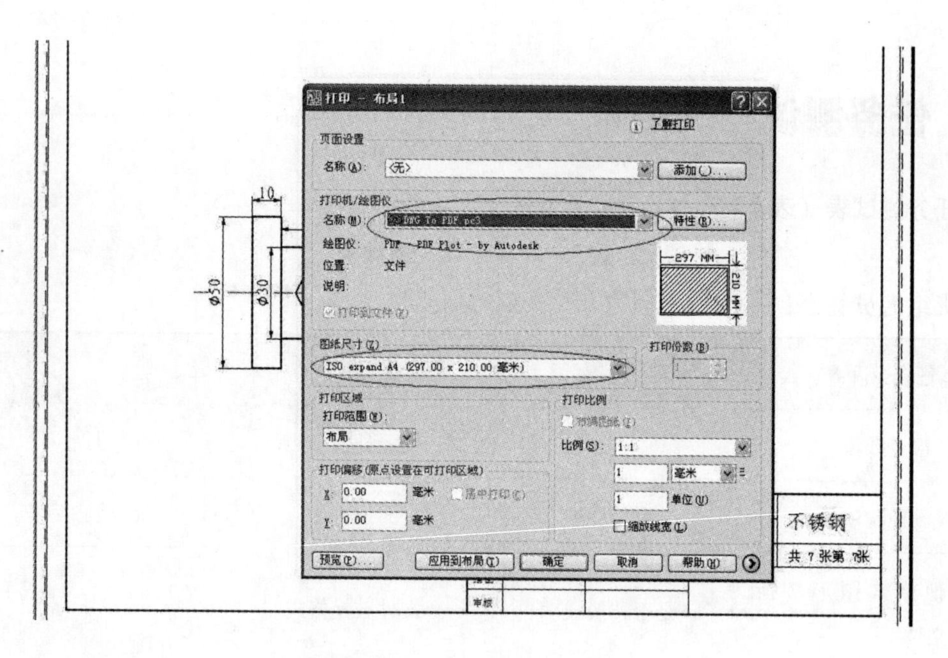

图7-2-7　文件-打印

修改上图对话框中的红色圈内部分选项。

名称选择 doPDFv7，图纸尺寸选择 A4Rotated，点击确定，选择储存位置，打印。效果如图7-2-8所示。

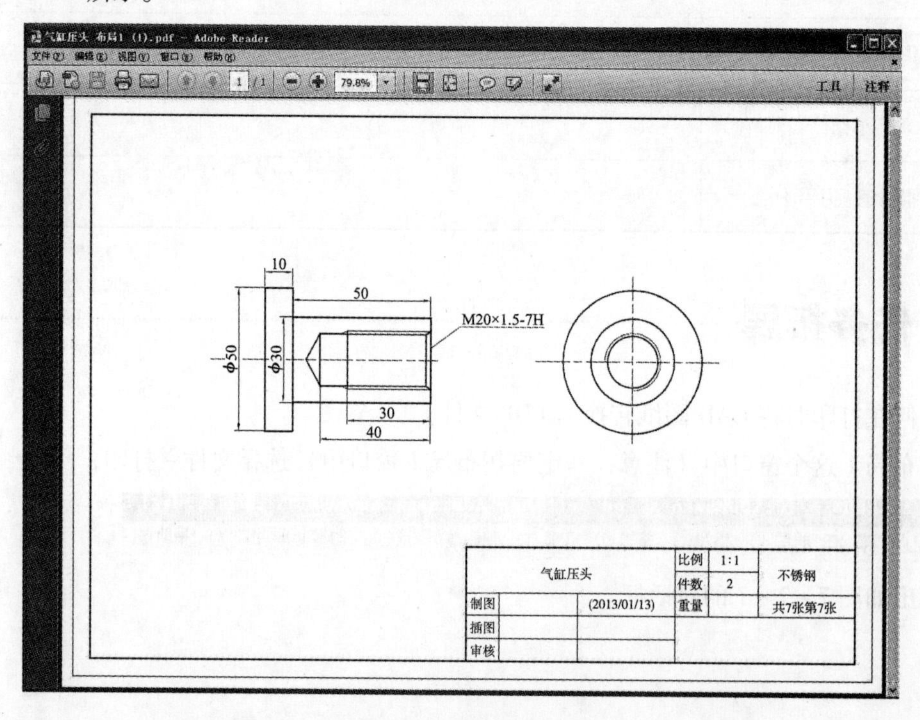

图7-2-8　打印效果

项目小结

通过本章的学习，学生不仅可以将其他应用程序处理好的数据传输到 AutoCAD 中，还可以将 AutoCAD 绘制好的图形信息打印输出或传输到其他的应用程序。另外，还可以使用软盘或网络进行交流或保存，也可以用图形输出设备(打印机或绘图机)将图样打印输出到纸上。在打印图纸时，很多情况下，需要在一张图纸中输出图形的多个视图、添加标题块等，这时，就要使用图纸空间。图纸空间是完全模拟图纸页面的一种工具，用于在绘图之前或之后安排图形的输出布局。

项目思考题

1. 说明模型空间和图纸空间有何区别?
2. 模型空间主要用于设计建模，不可以打印，这样的说法对吗?
3. 简述 AutoCAD 打印一般图形的过程。

项目八

典型制冷系统

项目描述

通过本项目的学习，掌握制冷系统施工图图例绘制的方法，能看懂制冷系统施工图。能使用直线、圆、多段线等基本绘图命令，能通过修剪、延伸、复制等基本修改命令绘制制冷系统施工图，同时对制冷系统设计有所了解。

如何准确熟练地绘制出标准的制冷系统施工图图纸是本章的任务。首先，要牢记制冷图例，可以迅速地绘制基础部件。其次，需熟悉制冷系统中管道的走向原则及如何通过绘制图纸表达。

项目目标

知识目标

1. 了解制冷系统设计的依据；

2. 掌握制冷工艺常用图例符号的绘制；

3. 掌握单线式管道及阀门图例绘制。

● 能力目标

能熟练使用 AutoCAD 软件进行制冷系统施工图的绘制。

● 素质目标

1. 具有规范的图纸绘制意识；

2. 具有识读制冷系统图纸的能力。

 制冷系统设计说明及绘制

任务目标

● **知识目标**

1. 掌握二维图形的绘制；
2. 掌握图纸的标注；
3. 熟悉制冷系统流程。

● **能力目标**

具备根据制冷系统施工图进行施工的能力。

● **素质目标**

1. 培养学生在使用计算机的过程中具有安全操作及规范操作的意识；
2. 培养学生在绘图的过程中具有认真严谨的态度和吃苦耐劳的精神。

任务准备

制冷系统设计说明

制冷系统的选型是根据当地夏季通风室外计算温度、夏季空气调节日平均室外计算温度、夏季通风室外相对湿度等参数；并依据《冷库设计规范》GB 50072－2010、《工业金属管道设计规范》GB 50316－2000（2008年版）、《设备及管道绝热设计导则》GBT 8175－2008、《建筑设计防火规范》GB 50016－2014、冷库制冷设计手册等规范进行设计。

了解所设计冷库的使用特点，结合用户及当地调研情况进行合理的设计。制冷系统施工图包括：制冷系统原理图、制冷系统系统图、制冷系统机房图、制冷系统局部剖面图等。这些图纸相互交叉辅助施工顺利进行。

任务实施

1. 制冷工艺常用图例符号的绘制

如图 8－1－1 所示。

符号	名称
	安全阀
	三通阀
	三通电磁阀
	止回电磁阀
	直通式截止阀
	直角式截止阀
	直通式节流阀
	直角式节流阀
	电磁阀
	视境
	温度计套管
	铂电阻
	压力棒式温度控制器
	压力螺旋式温度控制器

图 8－1－1　制冷工艺常用图例符号的绘制

2. 单线式管道及阀门图例绘制

如图 8 –1 –2 所示。

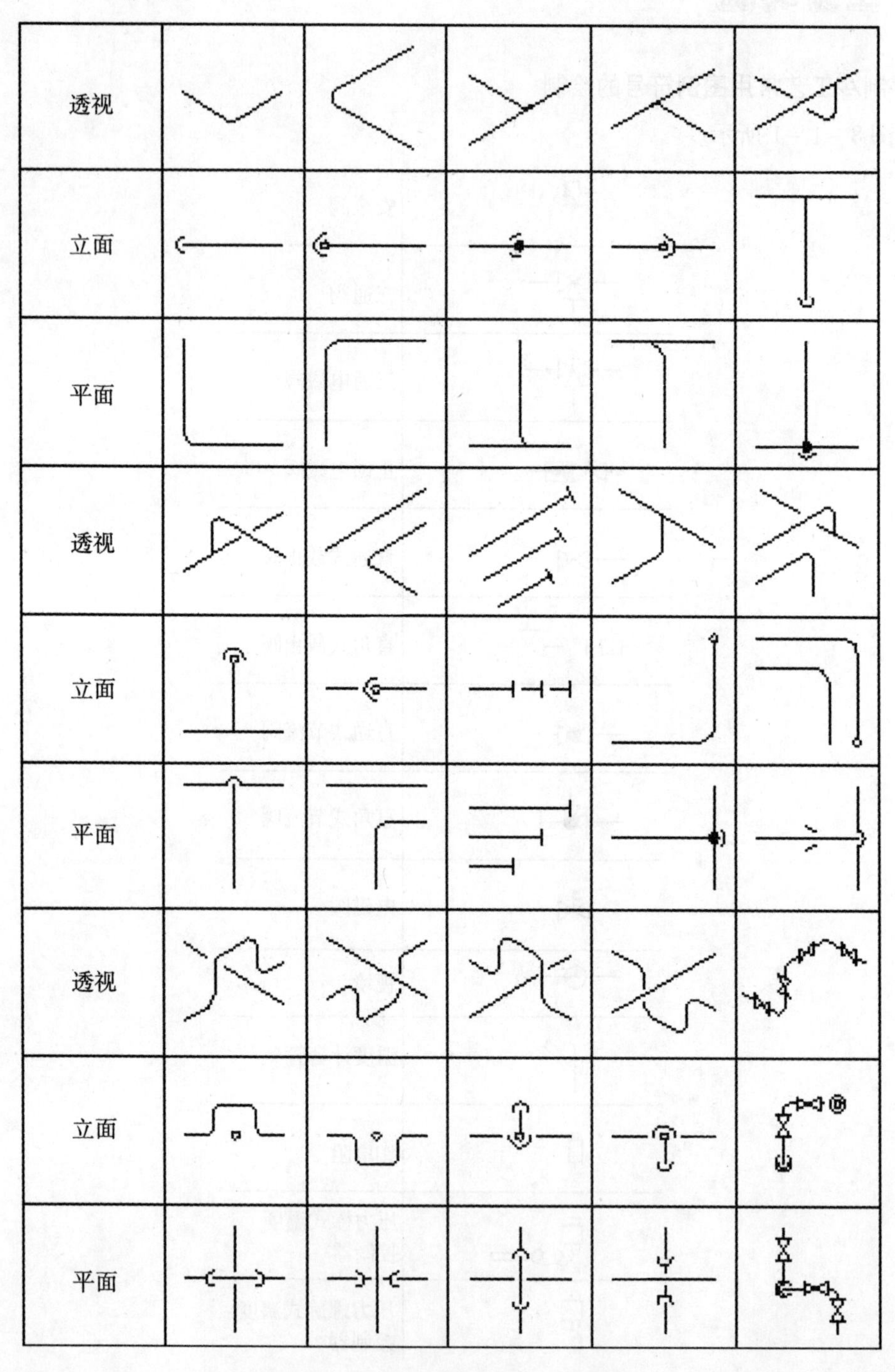

图 8 –1 –2　单线式管道及阀门图例绘制

任务测试

任务测试表（表 8-1-1）。

表 8-1-1 任务测试表

班组人员签字：

任务名称	直线类命令的使用	规格型号	
检查数量		检验日期	年 月 日
检验项目	质量标准	测量方法	检验结果
原理图绘制	制冷原理图	目测	
备注			
作品自我评价			
小组			
指导教师评语			

任务拓展

氟利昂管道设计要求：

1. 必须保证从每台压缩机带出的润滑油经过冷凝器、蒸发器后仍全部回到该台压缩机曲轴箱。一般宜用独立机组系统。若采用多台压缩机并联运行，务必采取使润滑油均匀回到每台压缩机的措施。

2. 对每台压缩机设置单独的吸气管，该吸气立管按上升回气立管最小负荷设计，呈 U 型弯管，其底部装有吸油管。

3. 管道流动阻力损失大，易走短路。保证各蒸发器得到均匀、充分地供液。

 典型制冷系统原理图的绘制

 任务目标

● **知识目标**

1. 掌握二维图形的绘制；
2. 掌握图纸的标注；
3. 熟悉制冷系统流程。

● **能力目标**

熟练掌握制冷系统施工图。

● **素质目标**

1. 具有安全操作的意识；
2. 具有识读能力。

 任务准备

典型制冷系统原理图的绘制

1. 切换至草图与注释界面。
2. 打开正交（F8）。
3. 利用 Autocad 二维绘图命令绘制图形，如图 8－2－1 所示。

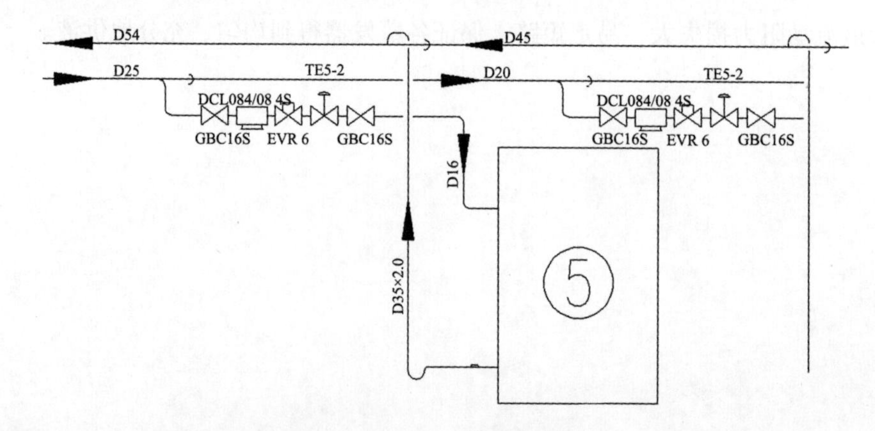

图 8－2－1　风机局部原理图

任务实施

典型的制冷系统原理图绘制

1. 切换至草图与注释界面。
2. 打开轴测图，如图 8－2－2 所示。

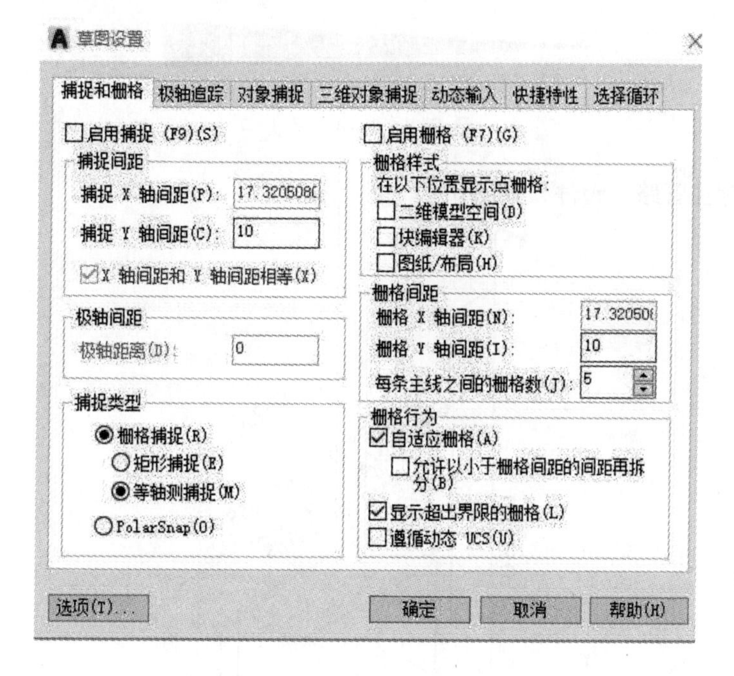

图 8－2－2　轴测图设置

3. 打开正交（F8），如图 8－2－3 所示。

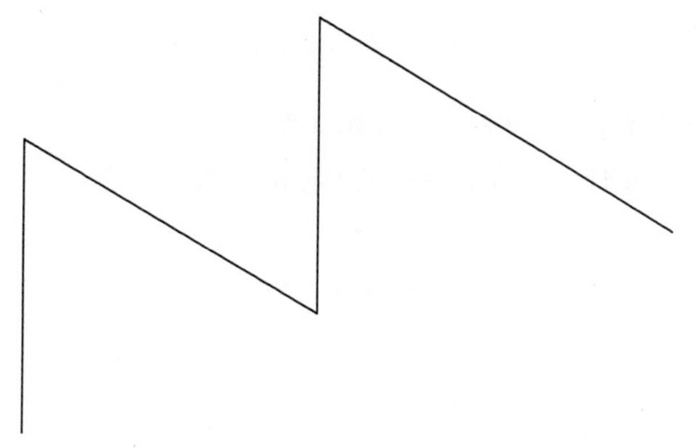

图 8－2－3　正交

4. 箭头的绘制，如图 8 -2 -4 所示。

命令：_ pline

指定起点：

当前线宽为 0.0000

指定下一个点或［圆弧（A）/半宽（H）/长度（L）/放弃（U）/宽度（W）]：W

指定起点宽度 <0.0000 >：0

指定端点宽度 <0.0000 >：10

指定下一个点或［圆弧（A）/半宽（H）/长度（L）/放弃（U）/宽度（W）]：

图 8 -2 -4　箭头

5. 绘制及标注管路、阀件，如图 8 -2 -5 所示。

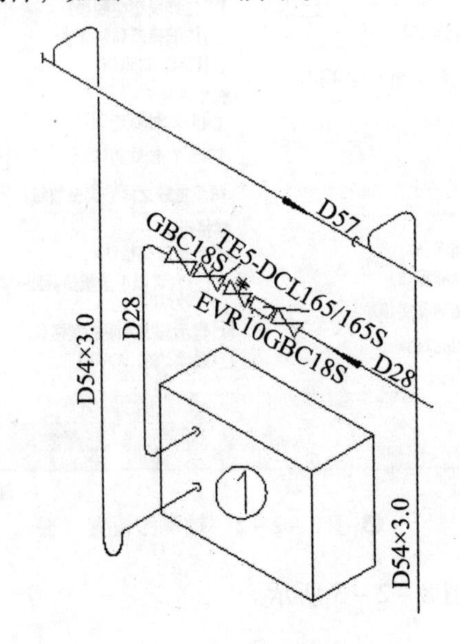

图 8 -2 -5　风机局部系统图

注：管径标注 D（型号）　球阀标注 GBC（型号）

热力膨胀阀标注 TE（型号）　电磁阀标注 EVR（型号）

任务测试

任务测试表（表 8 -2 -1）。

表 8 -2 -1　任务测试表

班组人员签字：

任务名称	直线类命令的使用	规格型号	
检查数量		检验日期	年　月　日
检验项目	质量标准	测量方法	检验结果
系统图绘制	制冷系统图	目测	
备注			
作品自我评价			
小组			
指导教师评语			

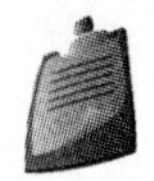

任务拓展

1. 吸气管设计要求：压缩机吸入管应大于或等于 0.02 的坡度，必须坡向压缩机。

2. 排气管设计原则：在多台压缩机并联系统，要仔细选择各台压缩机排气支管与共用总管的连接。

3. 排气管设计要求：当冷凝器位于压缩机上部，排气管在上升至冷凝器前都应弯到压缩机附件的地面（如冷凝器靠压缩机很近，则在压缩机处不需要这段弯管）。

项目小结

制冷系统施工图，由 AutoCAD 二维绘图及修改命令共同完成，灵活运行绘图及修改命令是绘制制冷系统施工图的关键。绘制制冷系统施工图，关键是对系统管路的走向有所了解，多看多观察现场，便于制冷系统施工图的绘制。制冷系统施工图需要从多个方面进行表达，需要绘制大量图纸。对于设计绘图人员来说，掌握大量快捷键可以节约画图时间，准确快速地绘制图纸是设计绘图人员的合格标准，平时需要加以练习。

项目思考题

1. 绘制制冷系统图首先应做什么？
2. 如何灵活使用 AutoCAD 二维命令？
3. 如何保证制冷系统施工图作图的清晰、快捷？